我的

宠物朋友

The Healing Power of Pets

〔美国〕马蒂·贝克尔 达内尔·莫顿 著 钟蓓 译

Marty Becker & Danelle Morton

译林出版社

我们将此书献给为人类家庭慷慨奉上疗愈天赋的每一只宠物伙伴。我们欠你们的恩情实在太多了。

献给以维护宠物的健康、快乐和长寿为先的家庭。

献给发扬、捍卫并提倡身心整合的医学概念，把动物的疗愈力量用于促进人类健康与福祉的所有医护人员。

献给研究人员，他们终于证实了我们知之甚笃的事情：宠物不仅抚慰我们的心灵，而且有助于我们的身体健康。

献给赐予我们动物以及所应允的另一个伊甸园的上帝。

目 录

序 人和动物的牵系——在科学与灵魂之间

我是那种早上一睁眼睛便立刻跳下床，脑子里把一整天的行程以及接下来几周的计划飞快转过一遍的人。然而，在 2000 年 11 月某个礼拜三的早晨，我的身体却很不配合。我像平时一样跳下床，可当我的脚一落地，顿时传来一阵刺麻，就像我刚在及膝深的雪地里赤脚梦游一般。当我伸手扶着床撑住身子坐稳时，却发现指尖到手肘也同样感到刺麻。随后我拖着僵硬的下肢，蹒跚地移动到浴室，同时自我安慰：大概是昨晚睡姿不良吧。

我一面直视着浴室镜中的自己，一面活动着手指和臂膀，试着恢复肢体感觉。同时出于医生自身的角度考虑，我把这些症状可能指向的几个主要病症都想了一遍，恐惧袭上心头。三年前某个早晨我的哥哥鲍勃醒来时，也出现了同样症状，后来被诊断为多发性硬化症。可是由于第二天我就要出差，走将近一周，先后要去纽约、科罗拉多斯普林斯和休斯敦开会；而且那年家里财务状况相当吃紧，妻子特雷莎和我把这归于金融风暴的影响。这些我即将参加的会议会帮我稍微平息家庭财务状况上出现的危机。我把这恼人的事抛开，心想：你可没空生病。我没对任何人提起这件事。

1

一整天稳稳当当地工作下来，四肢刺麻的感觉消失了，同时我安慰自己说，看来会慢慢好起来的。不料我一抵达纽约，头便痛了起来：眼部后方胀痛得好似要爆裂一般，那剧痛一波波地延伸至肩膀。我吞下大把治头痛的药，用指压法使劲掐住虎口，并在眼部敷上冰袋，设法让自己入睡。疼痛却丝毫未减。

　　在纽约不成眠地折腾了一夜之后，我搭上清晨六点的班机飞往科罗拉多斯普林斯，邀请我出席的吉姆·汉弗莱斯博士前来接机，他是哥伦比亚广播公司的撰稿兽医。吉姆察觉我的情况有异，极力劝我上急诊室就医。我说服他相信我感觉好多了。我们开完会后，他送我到机场。进入机场后，我的步伐开始摇晃。我打电话给相识四年的兽医同事史蒂夫·加纳博士，下一站在休斯敦的研讨会就是由他主持的。听到他对我的症状提出警告之后，我心头一震。

　　在候机室等候时，我的手机响起。第一通是吉姆打来的，他越想越觉得我的状况不对劲，打算回机场载我去急诊室，但我婉言谢绝了他的好意。接着是史蒂夫打来电话通知我，他已经安排他的朋友在机场等我，是一位任教于贝勒大学的脑神经科医生，待我一降落就可以让他问诊。但我一心只想回家，我跌跌撞撞地在候机室找了个位子坐下，眼睛因疼痛而变得斜视。我脑海中出现了特雷莎和孩子们（14岁的女儿米克尔和10岁的儿子雷克斯），就像那个夏天里的无数个黄昏一样，我们坐在位于爱达荷州邦纳斯费里的家中前廊上，身旁伴着一群宠物。从我们家可以俯瞰三十英里长的冰河峡谷，我们总喜欢趁夕阳余晖消失在天际之前，眺望一群群的鹿、驼鹿或偶尔出现的北美麋迁移跋涉过谷地，还有老鹰或秃鹰在头顶上盘旋的景象。倘若我真的病入膏肓，我想要看着这个景象，闻着那些气息，有家人陪在身边。我打电话给家庭医生威尔·麦克瑞特，他说出了我的心声：回家吧。

正当我走上登机道准备登机时，史蒂夫再次打来电话。他的脑神经科医生朋友听了他的转述后，认定我极可能是脑膜出血。"千万别上飞机。"他这样叮嘱。飞机起飞时舱压的变化很可能会要了我的命，他要我立即在当地找家医院就医。我告诉史蒂夫我决定回家，并从川流的旅客中退到一旁默默祷告，祈求上帝帮助我做出正确的决定。于是我登上飞机，内心的忐忑不安使得那次飞行成了我生平最漫长的一段航程。幸好我安然抵达。当晚十一点飞机落地时，麦克瑞特已经替我做好安排，第二天早晨去见科达伦的一位脑神经科医生，并预约了核磁共振检查。

那位医生神情凝重地帮我做完检查，提出了四种可能性：中风、脑肿瘤、多发性硬化症以及蛛网膜下腔出血，即脑膜出血的正式医学名称。接受核磁共振检查前，医护人员告诉我，检查的过程中会有嘈杂声，而且密闭空间会让人恐慌。他们说，就连一些当地的矿工平躺在核磁共振机器内时也会惊恐不已。他们问我全身扫描时要不要来点音乐，我选了收录福音音乐的 CD 来听。你可以想见，当我耳边传来舒缓的吟唱声"主耶稣轻柔地召唤着：归来吧，归来吧，疲惫不堪的人儿归来吧"时，我有多惊慌。早知道就选克里登斯清水复兴合唱团的专辑了。

幸好，核磁共振的结果是我预料中最好的状况，单纯是身体机能上出了问题——颈部椎间盘突出，内容物膨出压迫脊髓。位于脊椎骨节之间具有缓冲作用的椎间盘，其构造就像果冻面包圈：外圈比较硬，中间则比较软，似胶状。通常椎间盘滑出只会影响身体的一侧部位，但我的情况比较严重，由于整个脊椎神经承受极大的压迫，所以身体两侧都麻木了。头痛则是肌肉痉挛和焦虑所致。我需要动手术进行椎间盘置换，把受损的椎间盘取出，同时植入筹码大小的圆形牛骨片，以保持脊椎间的适当间隔，并用钛金属薄片来维持脊椎的灵活度。医生给我开了一些抗焦虑的肌肉松弛剂，给我脖子上套上护颈圈，至少在我下次来看神经外科医生前都不能拆下，而我预约的门诊时间是在六周后的 12 月底。医生建议，在这期间我所有的动作都要放慢，并要做好长期康复的心理准备。

诊断结果不是我所害怕的那四种状况之一，让我着实松了一口气，但一举一动都要放慢，也让我吃足了苦头。五年前我们搬到邦纳斯费里，特雷莎见这片土地犹如沙漠中宁静优美的绿洲，于是把它命名为"世外桃源"。我们设计了自家专用的信纸信封，上面还印了"慢活"的标语。但这口号后来成了我家的一则笑话。自从我们搬到这里之后，我喊着要放慢步调生活的同时，却比以前更加卖力地工作。每回我完成了某项任务之后，另一项任务又接踵而来，我又得马不停蹄地奔忙。打理事业永远比照顾身体来得重要。事实上，自从我们搬到这幽静美丽的地方后，我重了 25 磅，而且患上了高血压。

特雷莎以此把危机化为契机，逼我言行一致，要我逐一查看未来六个月的工作行程，推掉一些我原本答应的事情。一想到自己要出尔反尔就让我觉得羞愧。我会不会错失什么？要是人家把我忘了怎么办？我开始打电话给朋友和同事抱怨诉苦，多少也顺势请他们体谅我的出尔反尔。他们异口同声地要我放慢生活的节奏，让自己有机会复原。

次日清晨，我和特雷莎走到马厩打理日常杂务，看着我们养的甜心、奇克斯、珀加索斯、加布里埃尔这四匹夸特马时，在我脑海里我仍和自己以后可能出现的状况争论。我向来身体强健，吃苦耐劳，有运动员那即便负伤也要咬牙上场或农村孩子那不顾病痛仍在暴风雨前抢收庄稼般的毅力。医生说我手术后的六周内甚至更长一段时间都不能乱动，我心想自己身体向来好得很快，说不定开刀后不出一个月，我就可以恢复原本强健的身躯了。

马匹在围场内奔跑，期待它们的早餐。特雷莎拉开马厩的门，让它们进到小隔间里来，此时我拿起干草准备喂它们吃东西。当我拿起干草叉，发现自己连一小捆干草都举不起来时，我觉得丢脸极了——连这项从五六岁起就每天干的活儿也办不到。但我没吭声，埋头使劲用力。农场里长大的孩子不时被叫去搬运比自己还重的东西，我把这过程中所摸索出的所有窍门全数用上了。自尊心逼着我一试再试，但光靠自尊心还是举不起那捆草。我不得不开口请特雷莎帮忙。

那年的第一场雪下得早，初雪又湿又重，很适合用来做能把人砸成"落汤鸡"的雪球，但马走在这种雪地上极为吃力。我看见那几匹马小心翼翼地踩在压实了的冰上，碎冰正好卡进马蹄内。我心想，自己起码可以帮它们把碎冰撬出来。我拿起长柄的螺丝起子，身子斜靠在甜心右前大腿上，把它的小腿往上弯，搁在我的大腿上。不料又一个打击迎面而来。我跟特雷莎坦白我没有力气做这工作时，再次激动得说不出话来。我只好再请我那身高只有一米六三的娇小妻子帮我做这件我做了不下百遍的活儿。

特雷莎帮甜心清理蹄内的碎冰，我拉着它身上的缰绳，心却深深地迷失在疾病所带来的身份危机里。我把自己看作耐力赛的冠军，不知疲倦地支撑家庭。假使我再也不能操持我一直以来在操持的工作——假使我必须做不同的事情，用不一样的方式做事——那么我是谁？这问题太吓人了，我不敢回答。甜心把它那巨大的头靠在我肩上，就像婴儿一般轻轻倚着，我反身去抚摸它的口鼻。很少有东西像马的口鼻这般柔软，它和天鹅绒有得一比。马用嘴巴来认识世界，它柔软灵敏的口鼻就像是它的手指。甜心的头略微上扬，开始在我颈间轻咬，它的触毛类似猫须，散布在口鼻表面，长短不一，而且具有触觉。甜心的口鼻在我颈间四处磨蹭，最后停留在我颈部疼痛的地方。

它方才在围场里跑跑跳跳，所以这会儿还冒着气，从鼻孔喷出一圈像鸵鸟羽毛般散开的热气。马的体温是华氏 101.5 度[①]，比人的体温高一些。在冰冷的马厩里，它热乎乎的气息喷在我脖子上，仿佛热敷一般。当它的头落定时，我根据它喷出的气流方向和落点调整姿势，这是事发至今我头一回感到放松。我活着，和我挚爱的人和动物在一起，在我的家园里。这三项我原本视为理所当然的平凡事差一点儿离我而去。动物一个简单的动作就能把你瞬间带回你熟悉的世界，甜心向我展现出康复之路的起点。

甜心的口鼻轻压在我头颈，像是用手轻覆住我脖子，在我和特雷莎走回屋内时，这感觉还留在我身上。我的负担确实重得让我无力承受，聪明才智和顽强决心也不足以撼动它。这念头让我很难受，因而我不能把这个疾病视为缺陷，而应当看成上苍赐给我的礼物——让我有机会充电并获得重生。当务之急就是要去除压力。

特雷莎和我把接下来六个月的行事计划摊开，一起列出必须取消的行程。该取消的行程取消之后，我多出了很多与家人相聚

---

① 约合38.6摄氏度。

的时间。有形的压力清除掉了，特雷莎尚不甘休。我的办公室有个抽屉里塞满许多没排定的事项，譬如主持募款活动、演讲、发起某项活动或审阅同事的稿子。现在我已拉不动那个抽屉了。特雷莎拉开抽屉，仪式般地把里头的文件全倒进垃圾桶。接着她开口要我送她一件圣诞节礼物：减掉25磅，控制好血压。

压力减轻后引发了不同的焦虑。我该如何自处？"医别人的病之前，先医好自己的病吧！"这句老话讽刺地描绘出我的处境。我向来喜欢宠物和动物，这些年来我身为一名职业兽医，看过无数个患者在被病魔打倒后，从他们和动物间的强韧关系中，找回自己求生意志战胜病魔的例子。我在职业生涯中称赞这种宠物和主人间的特殊关系为"默契"，对这种人与宠物之间有益健康的情感交流，科学界刚刚开始重视。但我从没真的生过病，也从没真的要仰赖动物指引我走向健康之路。对这个我说得口沫横飞的联系，我只以旁观者身份见识过。一旦亲身经历，一开始时我根本不晓得这关系怎么发挥疗愈作用。

我曾说过的话仍在我耳边响起——我经常援用那些故事、研究及统计数字，来说明宠物如何在主人的身体状况堪忧时发挥疗愈力量。譬如说，养宠物的人心脏病发作一年之后的存活率，比没养宠物的心脏病患者高八倍。宠物能减轻压力，因而让人减缓心跳，降低血压和胆固醇。养宠物的人看医生比较少，生病需要住院的时间比较短，而且病后复原期间能较轻松地适应新的生活作息。宠物有如社交的润滑剂，为患者提供疾病以外的可讨论的话题，击垮忧郁和孤独。最重要的是，和动物进行身体上的接触有益身心健康。轻抚宠物而宠物回报以亲吻或鼻子的磨蹭时，就具有疗愈效果，能让人在寂寞时得到亲密的抚慰。它们能刺激人运动，这是多半复原过程中所需的关键因素。不过，这强有力的关系中最令我惊讶的地方是，它让人有机会去照料另一个有生命的个体。当生病的人感觉到与世界脱节，无力履行本身的正常责任时，宠物让他们觉得自己仍被需要，仍有另一个个体极在乎他们的存在。

如果你问我，我和我家养的动物之间的联系有多密切，我会打满分。我家宠物的饮食都经过精心设计，还有定期的室内身体检查，大量做运动的机会，而且有一大家子人疼爱、溺爱它们。我的病让我体悟到，一如我珍惜生命中的许多事物一般，我终于有时间——如果我愿意耐着性子的话——纯粹享受与动物为伍的时光，留心它们如何滋润我的心灵。当我开始把注意力放在眼前的世界，而不是十万八千里之外的地方时，我发现，和它们的每次互动，甚至某些像回家这样简单的事，都能滋补心灵。

我的家人通常都能及时知道我什么时候会驶下山路，驶上通往我们木屋车道的最后两百米的坡路。如果我深夜才回家，此时特雷莎、米克尔、雷克斯已经躺在鹅绒被下，我不会期待他们离开暖烘烘的被窝来迎接我。不过，就算我傍晚六点钟到家，就算电视节目乏善可陈，而且没有人打电话来，他们也不会走出来迎接我进门。我从未在绕过最后一个路口时，看见特雷莎像浪漫小说中的情节那样，缓缓跑过院子，扑进我怀里迎接我。我把车慢慢开进车库停下时，也从没看见米克尔和雷克斯的脸紧贴着车窗，闪耀着灿烂的笑容向我挥手。

然而，我们家的黑色拉布拉多猎犬沙朗和怪怪狗莱奇（唤它怪怪狗是因为我搞不清楚它是什么品种），总是既期待又兴奋地等我回来，全年无休，24 小时不打烊，也不管晴天或雨天，从没因为打盹儿而告假，也从不因为厌烦而罢工。它们一见我的车驶来，便倏地奔向环形车道中间的草坪，随后立定，像是两只烧开的水壶般，只待我停好车步出车外，就要放声吠叫。

三条腿的莱奇总是拔得头筹，它一面奋力奔跑，一面发出像大鼓般低沉的吠声。四肢健全而敏捷的沙朗总落在它后头，这是猎犬的本性使然，它非得咬着一段木头、一根木棍、一个玩具、一颗松果或随便哪样代替骨头的东西，才会朝我奔来。它们的毛发因奔跑竖起，蜷着的尾巴有节奏地左右摇摆，傻乎乎地咧嘴露齿笑，欣喜若狂地跟我撞个满怀。斯库特则窝在米克尔房间里六英寸厚的鹅绒被下，不见踪影。

接下来轮到我了。我用每天下班团聚时才会出现的高八度嗓音呼唤它们的名字和昵称，摸索它们身上最爱被抓挠或磨蹭的地方。我一面在沙朗垂下的耳朵内搔痒，一面轻声说："军官，你是爸爸的乖孩子，是不？"我朝着莱奇喊："啵，出来呀，呵，呵，呵，呵！"我们有时候叫它"啵"，那是我们从巴哈马人乐队在2000年热门歌曲的歌词中得到的灵感，这些昵称独一无二，我特殊的嗓音也只归这些动物所有。

我凝视着它们充满爱意又水汪汪的眼睛，无从分辨它们眼里的光芒是因为我而闪耀，还是因为打开的狗食罐头而兴奋，但我不在意。我只知道，外在世界的压力不知不觉从我身边溜走，这些天天上演的戏码瞬间让我回到最单纯的快乐里，我表现得如何都无所谓。

某些夏天的夜晚，我回家晚了，安抚了这些狗之后并没直接进到屋子里，而是和它们躺在草地上凝望夜空。沙朗和莱奇依偎在我身旁，当我缓缓转动着头仰望天空时，它们的头也有模有样地随着我转动。星光穿透了油蜡般浓黑的夜空，流星偶尔划过山峦上方，拖曳出长长一道闪着冷光的星尘尾巴。因为有这些放下工作的时光，我看到了月亮的盈亏、星宿的变化、卫星的轨迹、北极星出现的位置，听到了夜间世界特有的声响——是你想象得到的最舒缓的背景音乐。

那就是它们能够源源不绝地给我的东西：喜乐的片刻、心的相通、召唤我凝视生活中的美好事物。经由这些礼物，动物帮助我疗愈。我逐渐明白，我帮助它们活得更美好的每一步，都反过来让我过得更健康、更快乐。我向来是个粗线条、大大咧咧、心直口快的人，知道自己已产生影响，但没耐心等着看到影响逐渐扩散。当我觉得自己在世上没什么用处时，它们能指引我在周遭的小世界里以更简单的方式让自己变得有用。它们展现出如何从亲密中获得力量，以一种不只对它们有益且让我们全家都受惠的方式，不断触动这力量。

当你看着我家的三剑客时，它们看起来一点儿也不像医生的助理、物理治疗师或心理治疗师，但它们对我来说确实扮演了这些角色。我很快体会到，动物不见得非要跳进火窟，忠心耿耿地把你从熊熊烈火之中拖出来，才称得上是英雄，它们在你不如意时天天陪在你身边，也同样英勇。

我们的爱犬斯库特是只小刚毛猎狐犬，性情有几分自大。它是只标准的猎犬，精力旺盛且骁勇好斗，看起来就一副机警凶猛的模样。我们亲昵地称它"毛毛公主"，彰显它是我们家唯一的室内犬的崇高地位以及它有办法对我们"不给零食"的家规找出权宜之计的神奇本领。它拥有各式各样的装备，譬如手织的项圈、各季的蜡染印花头巾，甚至有一套仿猫王的服饰，还配有与它身

10

体大小相匹配的吉他。

我把它当公主一般捧在手心里宠爱，从不期待它会注意到别人的需求。不过，在我动过脊椎手术后的复原期间，斯库特和我格外亲近。确诊后等待开刀的那艰难的几周，我大半的时间都坐在沙发里，手里拿着遥控器，像宇航员坐在航天飞机里准备发射升空般挺直身子——脖子后垫着枕头，两腿的膝窝由三脚架支撑着。斯库特会跳到沙发上，用它像大鼻子笑星吉米·杜兰特一样的鼻子，抬起我麻木的右手，向我示意，它就陪在我身边，需要的时候尽管吩咐。

如同我从斯库特身上感受到的那种通情达理的宽容一样，莱奇也无视自身的残疾依然乐观开朗，让我惊奇。莱奇身上烙印着幸运的标签，没有人能够阻挡它，它来到我们家之前，曾三次从鬼门关死里逃生。它原本生活在一户没有爱，甚至连最简单的关心也付之阙如的家庭里，前饲主饲养它，是希望它那部分德国牧羊犬的血统能让它成为勇猛凶狠的看门狗。无论它如何受虐吃苦，甚至被载货列车碾过而失去左前腿，这个强壮的家伙仍不改其温和秉性。我初次见到莱奇时，它的左前残肢因动手术移除骨头碎片而依然肿胀，它的脸也因为在高速公路上从时速65英里的车上摔下而挫伤破皮。连它完好无缺的右前脚掌上，也有根脚趾发炎，怪异地红肿着，像小番茄一般。

莱奇是我当兽医以来屡见不鲜的典型案例。遭逢重大意外或病痛的宠物，就像皮球撞上墙壁而反弹，泰然自若，不求人怜悯同情，也不会"得过且过"。对莱奇来说，失去一条腿或者从救护车上一跃而下三点着地，根本不算什么。据我们家的兽医霍尔医生说，莱奇发生这几次意外之后接受治疗期间，他从没看到过

11

它因痛苦而哀号或大声吠叫，也从没看到它停过摇动尾巴。它只想要食物（量很大，可能由于长期挨饿所致），还有一丁点儿的爱。如今它生活在我们家，这两者都不匮乏，它总是充满喜乐，毫无怨色。幼犬的淘气本性和它那酷似林肯的老成的脸正好相违。尽管少了一条腿，它跑步时爆发出来的速度和灵敏度每每令访客啧啧称奇。

斯库特和莱奇所展现出来的爱与勇气，让我看到了心灵和精神的疗愈中更私密而灵性的一面。在我的康复过程中，逐步增加身体的活动量也同样重要，这是我们家的黑色拉布拉多犬沙朗自告奋勇揽下的任务。

我们常开玩笑说，4岁大的沙朗头脑简单四肢发达。它悠游世界，从不知憎恨、苦难或忌妒为何物，无论何时见到它，它的尾巴都在亢奋地摆个不停。

我从小就在农场里养拉布拉多犬，对我来说，它是大地之母特别眷顾我们的充分证据。这种多才多艺的动物常被用来当导盲犬、缉毒或缉枪的警用犬，更是可信赖的家庭宠物。它们性情温和，忠心耿耿，沉着稳重，聪明而渴望取悦人。

沙朗系出名门，拥有冠军犬的基因，它的父亲是实地追猎选拔赛中颇负盛名的运动健将。它的身形优美，肌肉轮廓分明，曾有一位来 "世外桃源" 的访客称赞说，它美得可以去做米开朗基罗的大卫雕像的狗。

所以我有三只体魄强健的狗陪着我：正值壮年的沙朗、残而不废的勇犬莱奇、年老体弱却从不失志的斯库特。我努力重建自我的同时，也决定要为它们下个阶段的生活多用点儿心。我希望让斯库特多放松，我知道它的关节炎让它承受了多大的病痛。我希望让莱奇了解，它不会再挨饿受冻或孤单无依，它会一直生活在我们一家人充满爱的臂弯里，直到生命终点。我能给沙朗的最好礼物，是让它尽情展现活力、发挥它与生俱来的本领（虽然这本领正在逐渐走下坡路）。放松、舒适、活力，这三者也充分勾勒出我希望自己达到的状态。我渐渐发现，每做出一个强化和动物间关系的举动，我就会在康复之路上迈进一步。

对这几只狗付出更多关注的过程中，我们之间的沟通、信赖和互动也更深入。我留心我们家的猫狗竖起耳朵、摆动尾巴的方式，以及它们的眼神如何透露它们的心思。动物行为学家梅娜·米拉尼告诉我，狗可以听懂180个人类的词语，我感到很惊奇，但更让我惊奇的还在后头，她问我：你能分辨出几种狗吠和猫叫？

在我长期的研究和密切的观察中，我可以分辨的狗吠和猫叫声还不少。当我凝视它们的目光时，我可以分辨它们眼底闪烁的光芒是期待着玩耍还是零食，抑或是为迎面而来的联邦快递货车而心花怒放。我懂得它们关节炎发作时眼里的呆滞，以及食物盆空空如也时眼底的悲伤。有时候，我会看见它们眼里布满迷惑："这里谁做主呀？"这眼神和目光迷离的陶醉完全不同。尾巴轻轻一挥、咧嘴傻笑、大吠一声或轻喵一下、往我身上蹭或者和我四目相对，皆传达出我先前所未察觉的大量信息。

2001年元旦，颈部手术后的第四天，一则是听从医生指示，二则是为了兑现我的承诺（答应特雷莎的那个圣诞礼物），我开始每天早晨在跑步机上运动。特雷莎可以在跑步机上一跑好几个小时且乐此不疲，但对我来说，强迫自己走个半小时已经是极限。所以，我便开始每天下午在我的私人康复犬沙朗的陪同下进行户外散步。

一开始时试验性的散步只是从家走到马厩，约莫一个足球场的长度。我忘了每个想要向目标努力的人都是如此开始的。

　　一次一小步。

　　从家到马厩，一去一回。

　　然后是从家到马厩来回两趟。一个礼拜后，绕过马厩，走下山坡，再折回。这种活动让我疼痛不已。起初我循着同样的路线行走。我把这当成应尽的本分，我跟沙朗说"来吧，咱们散步去吧"时，语调哀婉胜过喜悦。不过，当我的力气逐渐恢复，行走起来也越发平稳时，我决定不再由我发号施令，改由沙朗带路。

　　我的散步路线全交由沙朗的敏锐知觉去负责。我看着前方的路径，不见有何特别，但透过沙朗，一切在我眼中现了形。看到它察觉出几百米外我视线所不及的某些动静而变得机警，或者尖吠一声，瞬时停下脚步，鼻子往下探，判断出许多分钟之前有只小鸟从此处走过，是相当叫人惊叹的事。

　　日复一日，几周过去了，原本拖着脚步行走的我，转眼间能在变化多端的地形里长时间阔步健行了。沙朗带头，我们走入山间，来到树木繁茂的沟壑，穿越溪床搜寻猎物，但我们无意加害它们。为了找到沙朗最新的重要发现，譬如一坨新鲜的鹿粪，我不时得跪下来在灌木丛中缓缓爬行。我们在岩石上休息，在爱达荷州北部的壮丽之中徜徉振奋精神。

　　不到三个月，我就甩掉了25磅的赘肉，穿起裤子来不再像包肉粽那样紧绷，也因为腰间掉了大腰包似的赘肉而不再背痛了。当我欣赏天际山峦起伏时，脖子可以再度转动自如。清新的空气、祥和的美景、宁静的四周，再加上忠犬陪伴，以及充分的运动，这一切正在彻底改造我。在我记忆中，我这是头一回远离危害，步入健康之路。

　　不过，沙朗给我的礼物，远比上述的更珍贵。从它对周遭的全神贯注当中，我学到了我们现代人所钦羡的能耐：全然专注于当下。当我把注意力集中到沙朗身上时，我不会想到回家后该做什么事。它不去想明年会如何，也不去想怎样把它作为拉布拉多犬的完全潜能发挥出来。说实在的，它甚至不会去思考，它鼻子底下的世界太令它着迷了。

　　沙朗喜欢玩我丢它接的游戏。它会叼一些它喜欢的小东西给我，譬如松果、树枝等，摇晃这些东西，逗我伸手把东西从它嘴里拿走。起初我没让它如愿，我太专注于完成每日所设定的运动量，无心欣赏它要送给我什么礼物。我受限于人类世界对游戏的狭隘观点。当你和人类伙伴玩游戏时，你是为了赢而玩：你想要赢，或者，最起码也不能表现得很蠢。但和宠物一起玩时，重要的是彼此打成一片。你的猫会随你所欲，一直挥打那团纱线球，有时甚至还会把纱线球让给你。你的狗会高兴地叼一截树枝和你玩你丢它捡的游戏，直到两方都累倒在地为止。它们不隐藏目的，不会摆姿态计算个人得失，不会口是心非。它们只为了好玩而玩。

　　医生建议患者找只宠物陪你运动时，很少会建议你找只猫。我们深信一句老话：猫就是不喜欢有人烦它。书架上我最常翻的一本书是《完美的宠物》，里头完全没有提到猫。尽管我们努力对生活里的所有事物一视同仁，猫却拒绝踏上平等线，甚至连靠近都不愿意。狗被认为是覆着毛皮的人类，而猫则不然，它们是傲慢的物种，至多只能忍受我们一时的兴致。

　　比起其他家养动物喜欢和人交流的天性，猫一般来说都小心翼翼地维持着与人类若即若离的关系，有时孤傲冷漠，有时出于自己的兴致而与人打交道，想的一般是自身的舒适。就很多和我一样爱猫的人来说，猫有不可捉摸、性喜孤独、沉浸在自己的世界里等特质，这使得它们在我们眼里深具魅力。我最喜爱的一本关于猫的书是《傻瓜养猫书》，罗列了有关这种奇妙动物的大部分知识。猫天性孤僻，所以我展开康复计划时，一开始并不考虑找多宝和探戈这两只家猫当伙伴。

我们备有很多玩具供猫咪玩耍，如掺有猫薄荷的玩具、嵌在圆轨内的塑料球、铃铛，但我从不勉强它们玩。身为兽医，当饲主请我建议一些可以让肥猫减重的游戏时，我通常不给意见，因为我认为没有什么方法真的有效。不过，当我打开心扉走进我那几只可爱狗的世界之后，我开始好奇猫的世界是怎样的，它们会带给我什么样的乐趣。

多宝和探戈这辈子都在我们的马厩里或附近度过。爱达荷州北部四季的气候都很糟糕，在连鸟儿都尚未起床打点它们的基本需求（觅食、确认水没冻结）之前，到谷仓的这一段路，往往得以百米冲刺般的速度全速行进。我们会站在喂食间兼猫的卧室门口，唤多宝和探戈从顶楼下来，随后连忙关上它们身后的门，每次看到它们没有落入其他动物的"虎口"，没有被外面的世界伤害，我们都很庆幸。动物们进食的时候，我们便打开马厩大门，瞭望山谷，看看附近的山头是否有风雨欲来的迹象。我们一向将所有动物的基本需求打点得很妥当，但我还是会每天查看它们。我觉得多宝和探戈生活得挺不错，所有事情我们都考虑到了。它们有个宽阔、温暖的马厩充当它们的游乐场，里头有充裕的猎物供它们追逐和征服。我在真的驻足留心它们的生活状况之后，才意识到原来可以令它们生活得更好。对于其他动物，我也是如此。

然而，当我真正关注它们时，我才发现玩耍对它们来说不仅仅是一出生就有的单纯行为，而是一种极为复杂的现象。它们玩耍的方式自由多变，不会拘泥于固定的模式。玩耍为它们的行为注入新意，持续给它们机会学习并发挥潜在的技能。

我光顾宠物用品专卖店时，几乎买下了店里卖的每一种猫玩具。有镶上羽毛的钓竿、发条老鼠，甚至还有激光棒这种高科技玩具。通常，多宝和探戈对我们买来的新玩具缺乏兴趣，甚至不屑一顾，有时反倒是特雷莎和我从中获得较多乐趣，我们在看过一堆玩具后会从中发现最完美的一个，例如我们会给机械鼠上紧发条，然后马上把它放到地上，让它乱窜，直问对方："看到没？看到没？"还不时互击臂膀放声大笑。

在康复的过程中上了这样一课之后，我开始检视我和孩子之间的关系。我们的家庭拥有强烈的传统观念，且会坚持传统仪式，注重亲密的关系，共同的信仰把我们凝聚在一起。但我相信，和孩子的互动当中仍有一些细微之处被我忽略了，而我可以对这些地方进行大幅改善。就像有句老话反过来说也是正确的：像对待你的爱狗那般对待孩子吧，他们会表现得比狗还出色。

我儿子雷克斯很迷一款叫作"战舰"的军事策略游戏，是半模型半棋的设计，包含军舰、武器、士兵等，游戏设定精细复杂，还附了一本像曼哈顿的电话簿那么厚的游戏规则指南。我总认为，既然有游戏规则，就照规则来玩，要计分、论输赢，该怎样就怎样。但雷克斯总想另立规则，天马行空地随他的想象来进行，甚至玩到一半轮到他出手时还要改变玩法。原本一开始玩时还高高兴兴的父子俩，总因为我觉得他乱改游戏规则占我便宜，而以吵架收场。我父母亲的声音总会在我脑际响起：如果想在人生这场大型游戏里获胜的话，就得遵守规则。某天，我和沙朗惬意地散步回来，我打定主意放手让雷克斯更改那些恼人的游戏规则，并把焦点放在他对游戏的喜爱以及我们的相处上，而不去在意最后谁输谁赢。

雷克斯乐翻了，为我把所有的注意力和精神都放在他身上而兴奋不已。当他每走一步棋，我都会说："糟了，我就知道会被你吃掉。"他边玩边取笑我，不管是我还是他走了一步漂亮的棋，他都会鬼叫喝彩。当我掷骰子时为了好运而吟诵"神奇咒语"，或因摧毁了他的兵团而手舞足蹈时，他的喝彩则变成奚落。我发现我也有一个专门为雷克斯准备的声音，这个声音和专属于我的狗狗的声音不同。结束后雷克斯上楼去，脸上绽放光彩，嗓子因尖叫而嘶哑，但依然喋喋不休地说着战局如何，而这场战局在我们的即兴演出之下成为永恒的回忆。

面对正值青春期的女儿，要找到和她交流的方法则有点儿困难。生活中有很多事她都想保有隐私，在鼓励她分享和侵犯她隐私之间，你得小心拿捏。米克尔就像沙朗一样渴望发挥她独特的天赋，我试着用我的方式来帮助她。我跟她一起去上声乐课，并把她的练习过程拍摄下来。她上台演出时，我推掉所有工作，亲自到场；回家时把她的演出录像放出来，并给她一些意见和回馈来支持她，让她更有信心。这些做法滋养了她的成长，也滋养了我们的家庭生活，同样也深深滋养了我。

我们的社会似乎执迷于不费吹灰之力就能延长寿命的奇妙仪器或神奇药物。历经这场病之后，我深刻领悟到，毫无病痛只是衡量健康的指标之一。世界卫生组织把健康定义为"身体上、心理上、社交上的健全状态"，不只是生理上没有病痛而已。生命要值得继续下去，你就必须和周遭的一切有所联系，并为他人的生活做出贡献。这就是人和动物这道关系如此重要的原因。在心理学、社会学、政治学吞没了人与人之间的真情实感的这个年代，我们和宠物之间单纯的爱代表了维系我们生活的一些亲密而细琐的片刻。没有了爱、友谊、责任和依赖等联系，我们会逐渐枯萎。我们的健康仰赖这些联系。

我相信有宠物为伴是一件延年益寿的事，因为动物让我们找回自身的动物本性，而这部分的自我被我们的社会和生活方式共同压抑。当我们说到某人身上的动物本性时，脑中马上浮现的是野蛮、性欲、凶恶这些特质，然而在动物世界里，这些特质只是偶尔出现。通过和宠物间亲密的关系，你会发现，其他同样强有力的动物特质，譬如忠诚、爱、身体的亲近以及嬉闹，在我们身上被一一唤醒。

你迫于现实，不得不和世界有某种别扭的接触，相形之下，你的宠物不时摇着尾巴的坚定不渝以及它们对你无条件的爱，瞬间带你远离孤立。你在自己的大脑中屏蔽嘈杂的声音，全心专注于它们带给你的东西，那么纯粹，而且不花你一毛钱。当我走到屋外，问沙朗要不要跟我一起到马厩去，它不会说："今天不行，你自个儿去吧。"它永远觉得你提的主意棒极了。

我知道它会在碎石路上的哪个位置停下来，回头看看我有没有跟上，一再让我知道，它热切地想和我走这一百码的路程。我也可以精确地指出，当我在马厩做一些例行杂务时，它会为了确保一切井然有序而在马厩周围嗅闻侦察路线。我们一起在谷仓干活儿上千次了，但自从我生病以来，这些事总是能提醒我放慢脚步，并且珍惜日常生活里的仪式。

没错，日常生活中充满了仪式化的活动。你在固定的时间起床，早餐前会先来杯咖啡，做完一连串必定会做的事之后，你会去冲个澡，你做这些时完全不用动脑筋。若我们对仪式多加留意，我们会察觉到这些仪式在我们生活中的价值和意向。我生病之前，有时候会觉得在马厩做那些杂务很无趣，浪费太多宝贵的时间。而今，当沙朗在小径上转弯，慷慨地把它的喜悦散播给我，或者猫咪从一根围栏立柱跳到另一根围栏立柱，影子投映在清理畜舍的我身上时，我感受到和我们的宠物、动物邻居、大自然之间的联系以及马匹给家人带来的喜悦和骄傲。我深深吸一口气，感到此生和这么多人及宠物相聚的幸福，也闻到了生命的美好芬芳。当沙朗自得其乐，它提醒了我，我一切行为的缘由，甚至是最微不足道的动作背后，也都有其意义。

过去二十多年，医学研究详细陈述了宠物对年老者、承受压力者及情绪失控者精神上的抚慰作用。宠物身上其他能够增进健康的特点，则只在主人生病时才会变得明显。杜克大学的医生针对动过心脏手术的患者所做的研究发现，习惯例行照料宠物的患者比较容易适应手术后严苛的自我照顾工作，因而加速康复的过程，而且也康复得比较彻底。研究也发现，有宠物做伴的老人罹患癌症的风险较低，还有，宠物对任何年龄的癌症患者都有帮助。梅奥医学中心的肿瘤学家爱德华·T.克里埃根医生发现，宠物对健康有莫大的好处，所以他向三分之一的患者建议把养宠物作为治疗的一部分。事实上，科学家也发现，宠物能够预防、探测、协助治疗多种疾病，有些例子甚至显示出宠物可以帮助治愈某些疾病。

驯兽师杜安·皮克尔对他能嗅出炸弹踪迹的冠军狗雪纳瑞犬乔治进行训练，以侦测人类身体的定时炸弹——黑色素瘤。黑色素瘤太小，人类的肉眼看不到。杜安是受佛罗里达州州府塔拉哈西的皮肤科医生阿曼德·康格耐塔所托，阿曼德医生对现有的一些检测皮肤癌的机器愈来愈气馁。皮肤癌的发病率在美国各地持续增加，而治愈最好的途径便是及早发现。即便阿曼德医生用手持显微镜来检查患者，他也只能及时找出 80% 的黑色素瘤。

于是他找到了杜安·皮克尔，杜安曾为里根政府及老布什政府训练能嗅出炸弹的狗。乔治是他最得意的狗，也是嗅出炸弹比赛的世界纪录保持者。康格耐塔医生负责从当地研究医院取得黑色素瘤组织样本，杜安则训练乔治的鼻子辨识癌细胞。康格耐塔医生找来愿意让乔治闻自己身体的患者试验，他们当中有七人罹患皮肤癌，乔治找出了其中四人。

当今的医学只能在疾病发作之后才紧急地就病况施以治疗，而疾病对身体所造成的伤害已无法弥补。医生因为人类的知觉所能侦测的范围有限，必须等到症状出现后才能探查并有所作为。就大多数的疾病而言，侦测只限于肉眼所见的范围。皮克尔相信狗与生俱来的灵敏嗅觉可以被训练来侦测许多疾病。科学界对乔治的表现相当感兴趣，史密森尼学会甚至启动了与乔治那突破性的侦测结果相关的计划。

除了侦测癌细胞之外，宠物有助于治疗可能导致严重健康问题的慢性疾病。证券经纪人是全世界压力最大的族群之一，他们过着快节奏的生活，市场有任何风吹草动或股市出现大幅波动，都必须迅速反应。他们是心脏病的频发族群，很多人都服用高血压药物。纽约州立大学布法罗分校凯伦·艾伦博士针对服用高血压药物的纽约市证券经纪人做过一项研究，指出一旦这些人家里养了宠物，他们的血压便急剧下降，几乎有一半的人无须再服药。事实上，就算只是在鱼缸里养几条小鱼也好，都会让人感到更安全、更平静，针对医生的候诊室环境所做的研究也显示出同样的结论。

即便每周只和宠物见一次面，效果也十分惊人，它们帮助罹患阿兹海默症的患者和自闭症的孩子回到现实里，刺激他们微笑、触摸，甚至放声大笑和讲话。不管是让犯人参与残障人士专用狗的训练，还是让患有注意力缺失症的小孩养仓鼠，照料动物都能让人重拾自尊、增强自制力和自我责任感。举这些例子不是要说明宠物可以"医治"人，而是想指出，宠物能用传统医学和人类所做不到的方式探触人的内心。由于这些人和动物建立了关系，他们成为更专注、更有责任感的世界公民，而且更能体察别人的需求，对自己的行为更负责，这正是奇妙之处。

基于这些社交上、情绪上、身体上的理由，人和动物之间的这种联系更值得我们探索、赞扬、保护和拓展。我相信，如果每个人都能找到符合自己需求的宠物，这世界会更快乐、更健康。如果你看完本书的故事后，很想在家里养只宠物，那很不错，但做决定时切忌草率，一定要三思而行。

吉娃娃热和大麦町犬热之后，有太多的吉娃娃或大麦町犬最后沦落到动物收容所里，因为这两个品种的宠物性情或习性（一个神经质，一个热爱奔跑）和它们的主人根本合不来。又或者主人只想亲昵地搂着猫咪，但对怎么养猫却毫无概念。我将提出一些原则，帮助你选择符合你的期待、生活方式和资源的宠物类型和品种。

身为动物世界的看护者，强化人与动物的联系是我们的责任。不管是对猫、对牛还是对人类来说，医学就是医学，诊断疾病的过程和方式都一样。医生研发的新药物大多都先经过动物测试，所以这些药对动物或人类都有效。当动物作为人类友伴的角色超越了它的实用性时，我们便不会把宠物当成资产，而是把它们当成有个性的个体来对待，这么一来，我们很乐意多花时间和金钱把它们留在身边。二十年前，如果有只狗得了癌症，你会让它安乐死。今天，宠物的癌症治疗和髋关节置换手术都是稀松平常的事，因而掀起了把两个医学领域合而为一的风潮。科罗拉多、密歇根、密苏里的大学都整合了兽医和人类医学课程，很多其他大学也在考量这个做法的可行性。

这些新兴的医疗联盟并非只是官样形式，而是确有其务实的考量。给我们的友伴提供更好的照顾可以使我们更健康。大家会定期带宠物去做健康检查、接种疫苗，但可能数十年来从未留意过自己的健康状态。所有受过医疗训练的人，包括兽医在内，应该叮嘱他们的患者定期做身体检查，而且在治疗患有慢性疾病的人时，要强调人与宠物之间的交流能促进双方的健康。倘若饲主是一有空就窝在沙发上看电视的懒虫，他的宠物也会变成懒虫一条。主人若采用能让自己变得更健康、更长寿的生活方式，对宠物也有正面影响。

我希望读者从本书中发现的不只是和宠物之间的交流，还是一个契机。假使我们能运用理性、逻辑和才智消灭疾病，我们会为所有的生物创造出一个健康的环境；反过来，我们的宠物也会毫无保留地付出一切。这毫无疑问是人类最造福的一件事。和这个世界建立充满活力的联系将让我们的精神振奋，为我们的生活灌注热情，让我们开怀大笑。这一切全拜这一和上帝、动物、大自然以及其他人之间的联系所赐。这是维持一个人健康、快乐的正常基础，也是这个社会对抗寂寞、沉闷及忧郁的一件利器。我们所钟爱的宠物就像维生素一样保护我们不被看不见的威胁所侵害，如同安全带一样保护我们不受生活的打击，也像警报系统一样给予我们安全感。总而言之，宠物真可谓一帖有强效治愈力的良药。

第一章　宠物的疗愈力

一 健康的起点——儿时宠物的威力

每当我向人讲述人和动物之间的牵系这个主题时，我会省去那些高深的理论，开门见山地要在座的人谈谈他们小时候养宠物的经验。即便是在史密森尼学会这样严肃的研究机构里，经我这么一问，几乎每个在场的人都瞬间舒展开了紧蹙的眉头，脸上漾起笑容，随着他们的心绪回到十至六十年前的儿时，紧绷的肩线也缓缓垂下。他们正从校车上走下来，家里的狗全速奔来欢迎他们回家。或者，他们趁着割草前的空当，在树荫下茂盛的草地上休息，拿出昨晚晚餐时特地留下的零星食物偷偷喂给狗吃。又或者，他们正用手轻拍着床罩，看看哪一块隆起的地方下面窝着猫咪。

大家回想起自己第一次养宠物的那段时光时，总认为那是生命里最单纯的一段岁月，纵使在你成长的过程中，大半的经历总和单纯相去甚远。当我们还是孩子时，我们从周遭所有的刺激里找出规则来，决定要信赖什么、害怕什么，并随之体验到生命中第一次的喜悦、交流、拒绝、寂寞与心碎。我们面临了一些人生最大的考验和永难忘怀的胜利。陪伴我们度过这些悲欢岁月的，经常是我们的宠物。

我在爱达荷州南部一个占地约160英亩的小型家庭农场里长大。你得勤奋工作，才有办法靠那一丁点儿土地养活一家六口人。

记忆中，家中的农耕机器无时无刻不开足马力，来回穿梭3月种植的第一排甜菜和10月收获的最后一排马铃薯之间。我们一家子辛苦耕种的农场生活就是如今被大家美化为"农事产业如饥似渴地鲸吞大地"的现实写照。但在这幅唯美的画面里，你看不到靠天吃饭的务农人家要和所有不确定因素（天气、杂草、水源、虫害、产量、产品价格）斗争所承受的莫大压力。

　　我的父亲日复一日地用他锐利的双眼扫视那片农地，经年累月的压力刻画在他脸上。我们的农地是荒漠上一片平坦的沙地，只要父亲在3月初看见地平线上滚滚而来的沙尘，你便几乎可以看见他的皮肤因焦虑而起的阵阵抽搐。有些农家会比我父亲早开工，有些农家也许占有得天独厚的优势，或是听到了一些我父亲不知晓的关于气候或水源的消息。在除草剂尚未问世的年代，一旦我父亲瞥见田里有杂草的踪影，只消拉开嗓门一喊，他的一组帮手——我母亲、三位弟兄和我——不管正在做什么，就得立刻放下手边的事，应声前去锄草。就连礼拜天上完教堂回家的路上，我父亲也不放过机会评估各户农家的优劣态势。"鲍勃，你要么好好开车，要么到田里去看，你不可能同时做两件事，你会把我们全都害死！"当我们以每小时10英里的低于限速的速度，在双车道的高速公路上忽左忽右地行驶时，我母亲会不时惊声尖叫，而我父亲则在一旁发表评论：谁家的土地水浇得不够多，谁家的土地需要多施点肥。

　　当年12岁的我常口出狂言，有次还吹嘘说只要有机会，我一定会当一个比父亲还厉害的农夫。不料，我父亲把我的话当真，跟我打起赌来。他帮我找来一块出租的休耕牧地，一年租金只要1000美元，同时还签下2000美元的贷款，筹了钱让我买豆子、

4

谷物种子和肥料，然后放手要我证明给他看。

　　2月的某个午后，我无精打采地视察那小小的一块地，我的小跟班卢克则在一旁热切地东闻闻西嗅嗅。我蹲下，单膝着地，随手抓起一把又冻又干且一捏就碎的土壤。就凭这块荒地，达到我父亲的产量都有困难了，更何况要超过他？再说那围栏全是用从这片地里拖出的石块所建，其中一道有1.5米高、9米宽、275米长，而这块地少说也二十年没人耕种，起码有三年没灌溉了。等到我把所有的石块移开，那些石头大概又可以筑起另一道围栏了。

　　整个春天，我挖出几千块石头，从棒球到篮球大小不等，遇到重100磅以上的大石块时，就用铁锹将其撬起，整地时嘴里还不忘把父亲臭骂几句。我驾着拖拉机，耳边响起父亲的话：成垄的农作物得像尺子一样直，田畦要像男人腹部的六块肌肉一样整齐。但我眼前弹簧式的犁像碰碰车似的与石头遭遇弹跳。我沮丧得不得了，走在土地的边界时还忍不住往那地上狠狠一踢。我气极了，真想大声说这项挑战根本是不可能的任务。我不知道如果没有卢克的话，我还办不办得到。

　　在卢克眼里，这一切是一次历险。我只消喊一声"上路啰"，它便跳上小货车的后挡板，准备踏上从我家农地到我的农地的七英里的路程。当我开着拖拉机耕地，或是开挖渠道引导灌溉水时，卢克总是忽前忽后地跟着我，只在我休息时才停下。我们一起沿着河渠的岸边行走，我穿着高及臀部的防水长靴，水深及腰，为了让帆布围成的水堤改变水道，我拿起铲子往满是石块的土壤上铲，铲刀不时因擦撞而迸出火花。卢克兴高采烈地随着我的每个动作，一路沿着岸边在我视线的高度上跳跃——拉布拉多式的开心。毕竟，田里还有成群的雉鸡可以任它追逐，还有潜伏的猫头鹰让它吓得从洞里逃窜出来，另外还有华氏 57 度的清泉从地底冒出，里头满是回游的鳟鱼。

于是，我种了几垄豆子，每垄之间相隔 22 英寸，稍后又播下大麦种子，心中不断祈祷这块土地发挥一些魔力。后来我发现，由于这块地几十年来都用来牧牛，所以土壤里富含大量的微量元素。结果我的豆株长得十分茂密，豆荚各个圆润饱满，农田收垄的日子比我父亲的农田早了整整十天。而我种的大麦，麦穗比狗背上的毛还密，像狗的尾巴那样长。

我父亲每回接送我和卢克到田里工作时，总会花好一段时间在田里走走看看，但我做得如何，他从不评论。我知道他不想言之过早，事情有时会一夕生变，急转直下。就在一年前，父亲在田里种了昂贵的豌豆，那豆子长得真漂亮，邻居经过时都忍不住上前称赞，他们看到长得又粗又高的豆茎后，都戏称我父亲是杰克（根据杰克与豌豆的故事）。我们称那些豆子是美洲狮豆，因为我们相中了一辆宝蓝色的水星美洲狮，准备用丰收带来的丰厚收入来购买。不料，就在收获前一个礼拜，爱达荷州的农务部视察员发现这些豆株染上了致命且具传染性的晕枯病菌种。他要求我父亲把这些豆子全数销毁。隔天，我们梦想的美洲狮便葬在机器犁翻过的泥土下了。说到利润这回事，收获之前说什么都无益。"少承诺，多兑现。"我父亲总是这么说。

到了 9 月，成绩揭晓。我们把谷物运到瑞根饲料种子专卖店过磅、清理并储存，以便日后贩售。我从停在地磅上的卡车上下来，去取记录总重量的条子时，听到满屋子人叽叽喳喳地议论着我那不可思议的产量。就我耕作的土地面积来说，一般的农夫每英亩大约收割 20 袋 100 磅重的豆子和 80 蒲式耳①谷粒。我父亲的产量总是高居前几名，那一年，他收的豆子有 30 袋，还有 120 蒲式耳大麦。我的产量比平均值高出一倍，比我父亲的多出三成，我的成绩是每英亩 40 袋豆子以及 165 蒲式耳大麦。不过我父亲还是没吭一声。当我沉醉在众人的称赞中时，我父亲一直站在我旁边，最后用他独一无二的赞美为我加冕："我儿子马蒂，有两下子，真是挺卖力的。"

有一段时间，我很气父亲对我的成就没什么回应，但随着我逐渐长大，我发现对记忆有了很多不同的视角。没错，当我回顾从前时，我看到自己的汗水和气愤，也看见了胜利和骄傲。所有的回忆片段里，都有卢克的身影穿梭其中。我看见我们俩花了一下午的时间把石块堆上大墙之后一起跳进清泉里戏水，看到它和我们家那一群老爱跟着我们的荷士登种小公牛赛跑。我清楚地记得为了庆祝我的丰收，我把从瑞根肉铺里买来犒赏它的一根牛腿骨拿到它面前时它那惊喜的模样。而那根骨头重得让它只能咬着其中一端在农场里拖着走。我父亲想象得到我有多努力，但唯有卢克见证那一切。卢克就像很多人儿时的宠物一般，让我们在回忆起人生最艰苦的岁月时，添上金黄的色彩。我们和宠物伙伴喜乐与共，它们从不让我们失望，百试不爽。

虽然估计值总会有些变动，但调查大致显示，约有 80% 的家庭会在孩子年幼时养宠物，通常介于孩子 5 到 12 岁之间。研究表明，家长相信宠物会让孩子变得敏锐、有责任心，还可以和孩子做伴。家长们的直觉还真灵。

---

① 蒲式耳（Bushel）是容量及重量单位，主要用于量度干货，尤其是农产品的重量。1蒲式耳的重量在不同国家以及不同农产品之间是有区别的。

会帮忙养宠物的孩子比一般孩子更能解读别人的肢体语言，也更能了解他人的感受和意向，也就是心理学家所说的同理心。拥有宠物的孩子照顾别人的能力也高出一般孩子很多。就连在长成大男生的过程中会开始抛掉阴柔特质的男孩，照顾起动物来也没有性别角色冲突的问题。对于尚无能力为他人付出的幼儿来说，和动物互动也大有好处。最近的研究显示，宠物不但有助于孩子早期的认知发展，也有助于提高孩子的智商水平，以及提升孩子的阅读能力。

住在我家附近的儿童心理学家福斯特·克莱恩曾打趣地问我一个问题："上帝创造的生物之中，有什么比新生儿还蠢的？"他说，毕竟新生儿不会控制大小便，不太会控制肢体的活动。他推测说，一只细心的棉铃象虫或一只聪明的蚂蚁在这些能力上，都可轻易胜过一般婴儿。

话是不错，但婴儿的学习力超强。他们带着一颗饥渴的心来到这世上，渴望了解事物的异同之处。对儿童的学习方式有深入研究的瑞士儿童发展心理学家让·皮亚杰把儿童心智的成熟历程分为四个阶段，前一个阶段发展完全之后才能迈入下一个阶段。在第一阶段的感觉动作期里，婴儿的视线会被光影的变化以及不期然的移动所吸引，而且他们的神经系统渴望新的触觉经验。他们脑子里尚未有概念形成之前，纯粹是通过感官知觉来感受这个世界的。他们通过和周遭事物的互动，一点一滴地认识这世界是如何运作的以及他们在这个世界中的地位。他们逐渐熟悉自身和外在物体的关系、这些物体如何移动、如何操纵物体和自身。动物的好动与活力正好可以刺激宝宝加入这些愉悦的互动。这就是哈佛大学动物学者爱德华·O.威尔森教授所定义的"亲生命

8

性"——人的内在有一种想亲近有生命的事物的倾向,他认为,这种倾向对于心智的发展极为关键。

在为本书搜集资料的过程中,有一回我来到位于盐湖城的犹他大学医院,跟凯西·麦克纳尔蒂和她重达 90 磅名唤虚子的秋田犬——一只颇负盛名的动物辅助治疗犬——一起走在回廊上。当我们行至候诊室时,我瞥见一位年轻的妈妈带着她学步中的女儿。从各个方面看来,那小女孩就是刚开始学走路的模样。她一边攀扶着候诊室里头的家具前进,一边咿咿呀呀地跟母亲说话,直到她看见虚子,露出任何年纪的孩子见到动物都会有的表情:惊讶地张大嘴,高声一呼,便往她渴望的目标奔去。不过,那小女孩走向虚子的样子,就像刚从实验室出来的科学怪人一样,她的腿僵硬地往外踢,走起路来摇摇晃晃,往前摆动的手臂打得笔直。但和科学怪人毫无知觉的漫步不一样,这小女孩上下挥动手掌,用力牵动脸上的肌肉露齿而笑,希望能有机会去触摸刚刚经过的奇妙动物。

虚子、凯西和我原本为了赴约行色匆匆,听到这小女孩的尖叫声时,我们顿时停下脚步。这小女孩在没人帮忙的情况下一路走向过道(她母亲则相当尊重她,跟在后头几步之遥的地方),她因为自己这么努力招呼,而虚子却依然从她眼前溜过而恼怒。当我们回过头走到那小女孩身旁时,她开心地惊呼起来,并把脸埋进虚子长而蓬松的毛里。然后她们俩面对面,她轻拍虚子的口鼻,而它鼓鼻扭动,在她的脸和肩上四处嗅。费了一番工夫道别之后我们才离开,只见她依然留在原地跟母亲说话,想必是在谈着虚子的种种。

孩童世界的各色事物让他们有机会了解事物的异同。普度大学儿童发展学教授盖尔·梅尔森说，动物身上承载着浓厚的信息。一如梅尔森说的，婴儿一见到动物就"犹如飞蛾扑火一般"，他们难以抗拒动物的吸引力。婴儿从他们身上可以体验物质世界和社会，分辨什么是活的，什么不是活的；何者为人类，何者不是人类。动物填充玩偶软绵绵的，摸起来很舒服，但活生生的动物不仅柔软，而且对你的触摸有回应。我会用看着母亲的眼神来看它们，但我不会用同样的眼神看填充玩具。我向动物靠近，它会走开；我动，它会跟着动。这种互动的即兴特质吸引孩子一试再试，这种效果是电视、电子游戏或塑料玩具所达不到的。

也许梅尔森是对的，我们想亲近动物的倾向是天生的，我们的文化也把这种本性纳入其中。当孩子们听得懂故事时，童话故事书的主人公多半是动物。孩子把电视、漫画、电子游戏里的动物当作主角。3 到 6 岁的儿童当中，有 61% 的小孩说他们梦见动物，这个比例随着儿童年龄的增加而剧减，9 岁大的孩子中只剩下 36%，14 岁降至 20%，最后则维持在 7% 上下。儿童学会的头 50 个字词当中，有 7 个是关于动物的。事实上，"狗""猫"甚至和"爸爸""妈妈"同列孩子最先学会的单词之中，而且比起"果汁""牛奶""球"等字词对孩子来说要好记多了。动物在儿童的思想、意识及潜意识里占有主导的地位。

研究员艾琳·基德和罗伯特·基德进行过一项观察，即 6 到 30 个月大的孩子和电动狗或电动猫以及他们养的宠物的互动过程。基德夫妇发现，孩子和活生生的动物在一起时比只面对电动猫狗能发出更多的声音，也更常拥抱它们，跟着它们跑。研究者发现，把 9 个月大的婴儿和母亲留在室内，先让一名陌生女子入内，随后放只迷你兔，继而再放只栩栩如生的木制乌龟，婴儿显然最喜欢兔子。事实上，婴儿喜欢兔子胜于母亲，他们会追着兔子满屋子爬，想要抓住它。和动物互动的天生吸引力也对婴幼儿的心智发展有益。堪萨斯州立大学人类发展及家庭研究学系教授罗伯特·普尔斯基，访问了五所中西部的托儿所里共八十八位学龄前儿童及其家庭，想对宠物如何影响幼儿的发展找出答案。他发现，家里养宠物的小孩在认知、社交和动作的发展上表现得比较好。

除了提供给孩子纯粹的知觉刺激之外，被充分驯养过的宠物的另一项天赋是让婴幼儿更有安全感。孩子相信这世界会供给他食物、温暖及情感。虽说孩子无法从动物伙伴处得到食物方面的满足，但他们从宠物身上得到的持续回应，让他们相信自己是被爱且受重视的。我们在互动中感到被认可、接纳及赞美，我们的作为和感受在这些经历中受到注意，从而建立正面的自我意识，也就是自我认同。宠物可以给我们这一切，不受时间的限制。父母亲因为每天有忙不完的事而分心，无暇给孩子足够的安全感，但宠物永远会听孩子倾诉，永远有时间陪他们玩耍。

孩子会对宠物形成强烈的依恋，在很多情况中这种依恋的强度与孩子对父母亲的依恋不相上下。孩子把宠物视为家人。学龄前的儿童相信动物会倾听他们说话，懂得他们的意思，而且有些时候孩子确信动物会表达感情。事实上，研究显示，连只有 3 岁大的孩子也相信他们的宠物爱着他们。某项研究指出，让小学生评估他们生活中最重要的关系时，宠物的分数居冠，因为它们"无论如何"都会陪在他们身边。一项针对三年级学生的研究指出，当学生被要求列出最重要的五种关系时，宠物狗经常和父母亲并列其中，另外，他们觉得害怕或生病时，宠物比最要好的朋友更能安慰他们。有项研究是针对生活在克罗地亚饱受战争蹂躏地区的小孩的，结果显示，养宠物的小孩创伤后压力症候群的程度最轻微。

　　小时候我爸妈送给我一只小曼彻斯特狸犬，它的确促进了我的全面发展。它是个不折不扣的小杂种！它是如今绝种的黑褐狸犬、惠比特犬以及西高地白狸犬的混种。大约只有吉娃娃般大小的它来到我家时，简直像电影《亲爱的，我把孩子变小了》的真实版，我们叫它"蚊子"，因为和农场上其他动物——如狗——比起来，它简直像蚊子一样小，而且老是四处嗡嗡叫。曼彻斯特狸犬原本是被饲养来驱赶兔子和咬死老鼠的，它们那"迫害者"的工作没了之后，暴躁的急性子也改了很多，但仍保留活泼机警的特性，和我们杂乱无章的屋子真是绝配。

　　在农场的所有动物之中，蚊子是第一个选择我的动物。当我们一家子人四散在家中各处或在外面农场上操持例行杂务时，它总是跟着我。它对我的青睐，让我在心里感到无上的光荣。我之所以被它看上，不是因为我人品好或有魅力，大概是因为我常会从饭桌上捡一块肉藏到袖口里，然后它便会闻香而至，又或者是因为我会让它在我床上香甜地睡一觉。

　　我们收养蚊子的头一年冬天不知不觉来临时，父亲宣布蚊子可以在屋内过夜。回想起来，我父亲没和家人商量，便做出了这项重大的决定，因为这有别于我们向来对待动物的方式，真让我大吃一惊，不过我觉得那是再人性不过的决定。爱达荷州南部沙漠地带的冬天，气候恶劣又多风。我们的燃煤炉散发的热力总是不敌寒风，为了增强它的效果，我们在房子的地基上铺了一捆又一捆的麦秆，窗户也覆上防风塑料膜。吃饱时也不过10磅重的蚊子，不待在室内过冬的话，它可就有得受了。

12

晚上，蚊子会在一段助跑之后跳上我的床，然后钻到我的被窝里，用它的鼻子在我身上蹭呀蹭的，直到它在我弓着的腰腹间歇息为止。它可是我个人独有的毛茸暖包，冬天用起来是很不错，夏天可是热得我满头大汗。总的来说，我比较在意它睡得舒不舒服，对自己睡得好不好反倒没那么在意了。床上总有一处最棒的地方，那里的温度几近完美，那就是它的窝。倘若我发觉它在发抖，不管当时我觉得多热，我都会把窗户关上，用毯子把我们俩团团包住。当过一会儿它觉得太热时，它会在被窝里沿着我的身体往上蹿，直到和我脸贴脸地躺在枕头上。即便它从没向我要过什么，我也总会拨出一部分零用钱买礼物给它，像亮眼的尼龙项圈、闪烁的辨识牌、七彩的牛奶骨头狗饼干，还有一些会发出"唧唧"的声响，而且买来不出几天便会被它咬烂的塑料小东西。能借这些小东西报答它那毫不保留的爱，我感到很自豪。

孩子接受关怀、指导和保护，却鲜有机会付出，除非他们养宠物并且负责照料它们。孩童发展的下一个重大转折，就是他们开始减少对父母的依赖，并依靠自己的力量完成一些事情，从中获得掌控感。在3岁到13岁的小孩当中，有99%的孩子说他们想养宠物。这并不表示这99%的小孩都愿意负责令人不快的附带工作，譬如捡狗的粪便、更换宠物窝里垫的干草。不过，假使他们不愿意负责，则他们从那些关系之中得到的益处也会大打折扣。

研究者检视孩子与宠物之间的关系时，他们会评估孩子对宠物的依恋感有多强。最受欢迎的评量工具之一，是由罗伯特·普尔斯基研制出来的宠物依附量表。这项测验的答案选项由"经常"到"从来没有"，其目的是测出孩子对宠物的责任感。有没有给宠物喂食？喂完后有没有打扫干净？有没有经常抚摸或轻拍宠物？宠物有没有经常在其房间睡觉？还有其他一些问题让孩子去评量自己和宠物的亲密程度。

在普尔斯基对学龄前儿童的研究里，宠物依附量表中得分越高的小孩，在所有衡量心智发展及同理心的测验中得分也越高。拿父母亲对孩子的社交技巧的评定做比较，宠物依附量表中得分高的小孩，他们在"让父母安心"这一项上的分数最高，"不合作"这一项的分数最低。显然，孩子和宠物的接触越平常，他就会觉得和宠物间的联系越亲密。假使孩子还得负起照料宠物的责任，这联系就更是紧密。

孩子描述他们和宠物的联系时，说的都是他们如何照顾宠物以及它们惯常的活动为何。因此，将动物纳入心理治疗的先驱鲍里斯·莱文森说，亲近宠物可以提升自尊、自控及自主性。照料宠物——喂食、教育、训练以及帮助它成长，需要孩子去解读动物传递的非语言讯号，并时时付出关心。在这个过程当中，宠物以远比让孩子学习使用坐便器、吃蔬菜、绑鞋带等更复杂的方式，激发出孩子的自信。加利福尼亚州大学戴维斯分校应用行为学教授布伦达·布莱恩说，宠物提供给孩子的恒常性，或多或少来自它们生活的例行性和需求的恒久性，相形之下，孩子周遭的世界对他的要求却随着他日渐长大而愈趋复杂。

"动物会给孩子回应，其讯号相当明确。"普尔斯基在我们讨论到他的研究时这么说，"这只狗想去散步时会坐到我脚上，倚在我身上。孩子了解到另一个生物拥有和他不一样的感觉时，能跳出自我中心的视角。对这种差异的理解是人格发展的基础。假使你希望孩子和人相处融洽，必须发展出同理心。"

孩子对宠物的浓厚兴趣是他们童年时的一大特色，不会随着他们逐渐成熟而减弱，是他们所处的多变世界里的稳定因素。盖尔·梅尔森教授在研究动物和儿童如何互相滋养、照护时，要求学龄前、小学二年级与五年级孩童的父母评估孩子在各方面活动上所花的时间。家长对学龄前儿童的评估显示，孩子一开始对家庭生活非常依恋，他们在照顾宠物、老人、弟妹并与之玩耍方面的得分较高。基于我对大部分学龄前幼儿各项技能的掌握程度的了解，我认为这项研究充分表明，这个年龄层的孩子大半的时间都和母亲在一起，而他们的母亲会要求孩子帮忙做其能力范围内的工作。当幼儿上了小学，对学龄前的消遣娱乐逐渐失去热情时，花在照顾宠物并与之玩耍上的时间则会增加。他们对小孩子及他们的弟妹的兴趣和关心普遍降低，但对宠物的兴趣则维持不变，即使他们为宠物们处理的杂务增加。

宠物送给父母亲的礼物是孩子的"施教契机"，这牵涉到情绪、责任及后果。坊间有很多流传甚广的空话教家长怎么让孩子更有责任感。你可以对孩子说教，教导他们如何进退、分辨是非对错，不过，唯有当他们真的碰上了，这些话他们才会听进去。当他们考试考坏了，撒谎被逮到，或让人伤心失望，他们才会明白并感受到自己做到或没有做到的事情的结果是什么。也许他们会一辈子记住这个教训，但这些教训却不像宠物通常带给他们的认识那么正面。

大人要让小孩子打扫房间或前院，常比登天还难，小孩子总有办法溜走。没打扫房间的下场是什么？不过是房间脏乱不堪，大不了再挨爸妈一顿骂。不过，照顾宠物可和其他的家务事不一样，它们会做出反应。没尽好照顾宠物的责任，结果就是让宠物受到极大的伤害。

米克尔和雷克斯知道，按时喂狗、猫、马进食与喝水永远摆在第一位。这意味着，有时候他们要先把上网收邮件或打电话给朋友这些事暂时搁一边。喂养并照料宠物（把其他生命的需求置于优先的位置）是小时候就应该学习的一课。而这种至关重要的童年技能可以反过来强化孩子与宠物之间的纽带，促进他们的感情交流。孩子和宠物之间自成一个秘密世界，没有背叛，而且彼此都能一直心无旁骛地玩在一起。如果这种关系运作顺利，它将成为孩子稳定的情绪和自信心的重要来源，也是他们性格走向成熟的基础。日本和澳大利亚的研究显示，根据老师们的描述，那些与动物最亲密的孩子，在领导才能和奉献精神方面都是得分较高的。

那些熟悉宠物并可以描述其惯常模式与行为的孩子，在自身的技能方面发展也会相对较快。处于幼儿园年龄阶段的孩子的父母描述说，与家中宠物非常亲近的小孩，较少有问题行为出现，老师觉得和他们在课堂上的互动也比较轻松。另一项研究显示，声称从宠物身上获得大量情绪支持的儿童，在他们父母的评价中也更加不容易产生焦虑和退缩情绪。想鼓励孩子自立的父母亲会在家里养猫。瑞士一项针对 4 岁、6 岁和 8 岁共 540 名儿童所做的研究显示，养猫的孩子在自立方面得分较高，养猫及养狗的孩子皆在利他行为上得分较高。

宠物也可提供给父母亲施教契机。当已婚夫妇对养育下一代有疑虑时，儿童心理学家福斯特·克莱恩献上了妙计，他建议他们借朋友的宠物来养，看看自己能把情况掌控到什么程度。养出一条循规蹈矩的乖狗所需要的技巧和规范孩子的技巧很相似。不论是做宠物的主人，还是当孩子的父母，态度都要坚定、公平、一致。当然，父母亲对孩子下指令时，可是轻声细语多了。

以我多年来身为家庭兽医的经验来说，如果某个家庭带来的是一只行为失控的宠物，你可以十分确定他们家的孩子大概也有纪律上的问题。克莱恩说，我们很难认定养宠物可以激发责任感这件事，到底是因为宠物的缘故，还是单纯因为那家庭的父母本身就很注重培养孩子的责任感。就某方面来说，这其实无关紧要。因为宠物给父母和孩子提供机会，让他们学习如何设立标准、保持行为一致，以及如何对好的表现给予奖赏。宠物和孩子一样，都因为例行的规律而茁壮成长。大人一手安排大小事时，他们感到最舒适。

清楚地摆出适度的权威姿态，对儿童的长期发展是很有帮助的。从出生到5岁、12岁到14岁这两个年龄段的儿童，特别能从与动物的联系中长期受益。普尔斯基发现，在经历重大转变期间与宠物格外亲近的人，尤其是青少年，后来通常都会对自己有更正面的意识。瑞士的一项青少年研究显示，养宠物的人会感受到更多的幸福，表现出较少的焦虑。

达尔文在他一篇论及动物和人类在表达情绪上的相似性的论文里说，他发现他襁褓中的儿子表达恐惧的方式和其他物种有很多雷同之处：睁大眼、张开嘴、发抖、心跳加速、汗毛竖立。无怪乎在宠物相伴之下长大的孩子更能懂得肢体语言。我的小狗蚊子和我那有时会传达出矛盾冲突信息的家人不同，它无条件地表达它的爱。不管我的成绩单如何、比赛得了多少分、是否和朋友闹翻，或是长了一颗像富士山一般大的痘痘，蚊子总是开心地欢迎我，仿佛见到我从学校归来，甚至从隔壁房间回来就是它一天中最高兴的时刻。

在这些确切无疑的快乐之外，宠物帮助孩子建立自尊的另一个方式是，它让孩子变成朋友嫉妒羡慕的对象，没有什么比养一只所有朋友都想带回家的宠物更能使人自尊心大增的了。比如说我那只拉布拉多犬卢克，有运动员的身材，肌肉发达又漂亮，就像狗界摔跤联盟的明星一样。斗殴这种会让它的人类朋友发火的事令卢克兴奋，任何事都能引起它的兴致。我会从它背后一把擒住它，然后和它一起摔倒在地上翻滚着玩。它非常强壮，如果我找到一根大小刚好的棍子，它会用上下颚紧咬住棍子，让我像直升机旋转叶片般挥着它旋转，转多久都无妨。

　　除了让我自尊心大增之外，我哥哥鲍勃的狗和我的爱犬也是我情绪的慰藉剂。我父亲整个家族的人都罹患躁郁症，他也没能幸免。很多时候，他是你想亲近的那种温暖、慈爱又善解人意的人，是左邻右舍男孩的朋友，也是我们运动比赛的头号粉丝。不过，他的性情就像爱达荷的天气一样说变就变，本来还艳阳高照的，不一会儿却乌云密布，随后刮起狂风下起暴雨，他的吼声如雷，目光如电。他情绪最亢奋的时候，就像加满燃料的火箭，从酒吧回家或从某个隐秘的藏匿处踉跄着走出，嚷着要把农场卖掉，到城里找份差事，买一部新车。有时候他情绪突然间跌到谷底，大呼大叫咒骂说要离婚。"我们分了吧，"他会这样跟我妈说，"儿子归我，女儿归你。"妈妈总是带着悲伤而坚忍的神情，挺直身子忍受他一波又一波言语上的袭击，直到他睡着。

　　然而，身为孩子，并不懂父亲的行径是躁郁症的临床症状，也不懂他为何用酒把自己灌得不省人事。你只知道最轻微的一个动作，哪怕是不凑巧瞥了一眼，也会招来一阵骇人的怒骂。我和哥哥放学后从校车上下来，一起穿越田地走回家时，都会猜一猜父亲今天的心情如何。有时候我们会用愉快的声音反复喊着"爸爸今天会吹胡子瞪眼！吹胡子瞪眼！"来掩盖内心真正的担忧。我哥和我开玩笑说，父亲火冒三丈视察田地时，他那怒气能把戴的帽子冲上几十米高。

这时候，动物也能帮上忙。住在弗吉尼亚州里士满的心理学家艾伦·恩廷曾就动物对家庭结构的影响做过研究。他说，当家庭成员不敢对彼此显露情感时，家中的宠物是家人抒发情绪的焦点。这可能有不好的一面，譬如说男主人对家里那只猫极为关爱，对太太和孩子却漠不关心。不过，在我家里，我父亲要求我们对动物付出大量的爱、尊重和关怀，倒让我时时记得他美好的品质。

童年时，我负责多年的杂务是采收我们家养的那五十几只鸡的蛋。父亲指派给我的这份差事，是要我把手伸到每只母鸡柔软的腹部下方把蛋取出来。对一个7岁大急着想坐下来吃早餐的小男生来说，这个做法简直奇慢无比。有一天，我灵机一动，张开手臂对着一群母鸡"轰"地大喊一声，那群母鸡瞬间咕咕大叫，惊慌地振翅逃窜，奔出它们的窝，接着我迅速地从一排排的窝里取出鸡蛋，于是我成了当天第一个做完工作回到餐桌等着吃早饭的人。这法子真是太妙了，我心想，直到有一天被父亲逮个正着。"在我这儿，事情不是这样干的。"他说，"你把动物照顾得愈好，它们愈是爱护你。"不管我父亲有多大的火气，变得多暴躁、凶悍，他从不会把气出到动物身上。他爱它们，它们也爱他，无一例外。

鲍勃和我一起度过了几个难熬的夏天，合力在农场里照顾动物。那几个夏天很难熬，是因为父亲的情绪低落得不得了，几乎足不出户，而鲍勃和我（有时候几个邻居会帮忙照应）就必须扛起照顾农场的工作，包括种植、栽培、收割谷物、灌溉、挤牛奶、照料其他家畜，所有的工作都得做。在这些艰苦岁月里，我们的一丝希望就寄托在蚊子身上。我父亲很爱这条狗，尽管他已经跌落到忧郁的深渊，蚊子依然受宠。每晚晚餐前，蚊子总会爬上餐椅，头俯在它的两个脚掌间，张着嘴哈出一阵又一阵的气息，狗模狗样地虔诚祷告。我父亲会站在餐桌旁为它加油："尽情祷告吧！蚊子！尽情祷告吧！"夜深时，当我们俩一起窝在床上，我会轻抚我的挚友，告诉它，我知道它是世上最聪明、最帅、跑得最快的狗，事情总会否极泰来，一切都会安然无恙。直到现在我才明白，对蚊子说的这些话其实是说给自己听的。

孩子在情绪上遭逢压力时会找宠物做伴。研究显示，德国绝大多数的小学四年级学生表示，当他们感到悲伤时更偏好找宠物做伴，而不是找其他小孩。1985 年，一项针对密歇根州 10 到 14 岁儿童所做的调查显示，75% 的孩子在心情不好时会找他们的宠物做伴。孩子对于动物的倾听、使人安心、表达理解及陪伴的能力给予很高的评价。

不爱动物的人认为，我们这些宠物迷相信动物能了解我们的感受，简直荒谬可笑。但我深信，动物就是有这个能耐，它们能够注意到远方松鼠的模糊身影、林子里雉鸡的气味、门铃响之前比萨外卖小弟发出的声响，所以它们也能洞察我们的心情、情绪及需求的微妙变化。

我们一家刚搬到邦纳斯费里来时，我们都花了好些功夫适应新生活，而吃苦最多的要算我们的女儿米克尔。当时她正进入青春期，有点胖嘟嘟的，而且极为内向。特雷莎和我每天载她上下学，她在学校里朋友很少，回到家就直接钻进房间里和她的狗斯库特做伴，它是她唯一的慰藉。我曾听见她缓缓向它倾诉，点点滴滴地把一切说给它听。五年后她回顾这段日子时，她深信斯库特理解她。"它当然听不懂我的话，"米克尔说，"但它懂我的感受。"

我小时候和父亲相处的情况是很极端的，不过，对当今很多小孩来说，情绪的混乱是稀松平常的事。近二十年来，小孩所面临的压力增长得越来越快。美国压力协会针对现代儿童的一项研究显示，青少年自杀或他杀的比率是以前的三倍；儿童过胖的比率跃升50%；比起二十年前，有更多的孩童生活在贫穷之中。教师发现9岁大的孩子患焦虑症及12岁之前患与压力相关的肠胃溃疡已不是罕见之事。也因为如此，很多小学开始引进包括冥想及视觉想象在内的减压课程。

美国家庭已今非昔比。电影《天才小麻烦》或剧集《老子最大》里，父母亲婚姻关系稳定，妈妈永远在家相夫教子，比较像是我成长的20世纪50年代的普遍状况。这样的家庭在今天很少见了。根据2000年的人口普查，只有23.5%的家庭属于"传统"家庭。同时，其他情况的比例升高了：单亲家庭、独居、未婚同居。其中，由单亲妈妈独自抚养儿女的家庭比例在过去十年内增加了25%。超过一半的白人以及75%的非裔美国人童年时曾有过单亲家庭的生活经验。如同盖尔·梅尔森教授在她那本描写儿童和宠物的书《与兽共舞》中所指出的，这些人口统计学所呈现的趋势显示出，在孩子的生活中，家有宠物的几率，比家有父母亲同住的几率还高。

我的一位丹麦籍的兽医朋友维尔弗里德·葛克尔博士告诉我，在大名鼎鼎的丹麦乐高玩具公司推出一款名为"乐高村"的游戏前，他们要许多丹麦儿童写下乐高村里住有哪些人。乐高公司惊讶地发现，孩子们会写："妈妈、兄弟姐妹以及宠物。"问孩子爸爸到哪里去了，孩子回答："我们都跟妈妈、兄弟姐妹，特别是和宠物一起玩，爸爸从没和我们一起玩过。"

离家工作的母亲，无论是单亲妈妈或已婚妈妈，她们都认为宠物能让孩子放学回家后那段寂寞时光变得正常。不仅工作的妈妈更可能养宠物，而且她们工作的时间越长，孩子花在照顾宠物上的时间就越久，孩子和宠物之间的联系就更加紧密而重要。事实上，另一项针对妈妈要外出上班的 7 至 10 岁儿童所做的研究显示，母亲工作的小孩更倾向于把宠物作为特殊的朋友。

这些研究皆指向一点，就是儿童在面对空荡荡的家时，宠物对他们有多么重要。父母都外出工作时，儿童的世界变小了。儿童不大可能出去找朋友、参加社团或其他活动。在工作中忙得筋疲力尽的父母也不太可能主动去扩展孩子的生活圈，这时候，宠物就成了家庭中激发主动性、促进玩乐的重要角色。

弗瑞德·希弗德 1 岁以前妈妈便离家了，于是他父亲养的四只狗"成了他的兄弟姐妹"，他的父亲约翰这么说。约翰在一个饲养拉布拉多犬的家庭里长大，他拥有三只拉布拉多犬和一只重达 145 磅的爱斯基摩犬。尽管这些狗体型庞大，但约翰把它们训练得相当听话。弗瑞德 3 岁时，35 磅的他可以同时带着这四只狗外出散步，他一举起手，它们便乖乖停下脚步。

约翰和弗瑞德父子俩相依为命，到处租屋而居，直到他们在科罗拉多靠近派克斯峰一带买了房子后才安顿下来。这时弗瑞德已经 11 岁，那几只狗也都相继过世，约翰认为儿子够大了，有能力照顾一只属于自己的狗。于是弗瑞德钻研了各个品种的狗的详细资料，尤其钟爱如手足般陪他长大的大型犬类。他本来选中了纽芬兰犬，但有位朋友向这对父子建议说，圣伯纳犬更是那种一心一意只认一位主人的狗。弗瑞德想要的就是一只只属于他的狗,于是他决定养一只母的圣伯纳幼犬,取名叫多米诺。

约翰和许多做父母的一样,认为儿子养一只需要他来照顾的动物会受益良多。他很高兴看到儿子在打理多米诺的生活起居时很快便得心应手了。约翰本身也从多米诺身上受惠,因为它多少减轻了单亲父母对孩子的歉疚。"弗瑞德是独子,我希望多米诺可以帮他排遣寂寞。"

约翰经常离家工作。在他必须要去办公时,弗瑞德放学后就到托管班去。如今弗瑞德长大了,他可以选择回家找他永远的玩伴多米诺。"多米诺永远等着你,做什么事都兴高采烈的。"约翰说。它还小的时候,弗瑞德溜滑板,它就在一旁跟着跑;散步时,它就在前面领路。目前它已经 6 个月大(有 85 磅重!),肢体动作更协调。弗瑞德把足球一抛,多米诺就会去把球找回来。

约翰始料未及的是,多米诺的加入让他们感觉到家的完整。它是个很棒的玩伴,也是个很体贴的"母亲"。弗瑞德放学回来他们会一起吃点心。弗瑞德做功课时,它便耐心地坐在一旁陪他;等到他写完功课,又一起出去玩;早上它会坐在浴室门外听他刷牙,晚上他洗澡时它也在一旁等候。虽然多米诺绝对是弗瑞德的狗,但它也喜欢和约翰相处的时光。晚上,他们把弗瑞德舒服地裹在棉被里,而多米诺喜欢晚一点儿才睡,它亦步亦趋地跟在约翰后头。十点钟左右,它巡视屋子一圈,仔细闻着每个角落,确定一切安然无恙,才回到弗瑞德床上或床边睡觉。多米诺的这些习性减轻了约翰不少压力。"我再也不必回到家还要忙着招呼大小事,只管当老爸就行。有它在,我们父子俩都感觉好极了。"

约翰还没遇上孩子青春期的风暴,但那日子也不远了。迪·帕尔有个和我儿子同校读六年级的女儿克里斯汀,对她来说,宠物成了她们母女沟通的渠道,而母女俩一谈到别的话题就起争执。克里斯汀是宠物一见就爱的那种人。即使大家常说的那种不理会陌生人的猫,或一见陌生人就狂吠的狗,见到克里斯汀都会变得乖巧温顺。克里斯汀本身很喜欢接触动物,她妈妈也一样。迪晚上下班后,母女俩会一起做一件事:安抚她们养的小马驹和小骡驹。她们轻抚它们,让它们对人类的抚触渐渐不那么敏感,等到它们将来长大以后,她们训练起它们来也会轻松一点。母女俩每天都很期待这项工作,对迪来说,这是个很棒的减压活动,而且也是她们俩唯一不会起冲突的事。"在她这个年纪,我们总是频繁争吵,我很怕我会情绪失控,没办法了解她。我想,找到两人之间的一些共同点很重要。"迪说,"就某个程度来说,由于这个共同的活动,我们之间的沟通改善了。"

我在自己家里就常发现,父母和孩子对动物共同的爱,能在他们发生冲突时筑起沟通的桥梁。几年前,特雷莎和米克尔因为一些芝麻绿豆大的事争吵。就像米克尔事后解释的,她知道妈妈是个容易被影响的人。确实,在我太太身上我最看重的一项特质,就是她的同情心和敏感,也就是她回应别人需求的敏锐能力。青少年很容易把这样的大人当作可以轻易摆布的傀儡。米克尔知道,如果她表现得气疯了,或感到深受伤害,特雷莎就会让步。最后米克尔不再尊敬她,每一次相处都成了测试彼此忍耐限度的痛苦角力。

去年,特雷莎和我决定让步,答应米克尔不死心的要求,给她买一匹属于她的马。她对西部牛仔马术这种竞争激烈的马术表演有浓厚兴趣。特雷莎是个颇有经验的女骑师,一眼便能辨识马的好坏，她们俩经常花好几个钟头一起看展示马匹的录影带，挑选米克尔心仪的马。她们甚至飞到阿拉巴马去看马，最后选中一匹在我家附近生活的马。

买回格洛·劳平后就有数不清的事情要决定，比如，它要住哪里，请谁当米克尔的教练，让她穿什么装束参加比赛。现在只要收到马具公司寄来的商品目录，米克尔和她妈妈就会看着商品目录上的样式和配件兴奋地尖叫。她们开好几个小时的车一起去看马术比赛，从学校、男生到马术世界里的明争暗斗等，无话不谈。米克尔的性子像她妈妈，虽然内向害羞却充满斗志，她们逐渐发现彼此对这世界的看法一致，应对之道也很相似，尤其是米克尔首次参赛便赢得冠军的时候。两人本来三天便会吵一架的，渐渐地也许一个礼拜才吵一次。米克尔说："妈妈对马真有一套，我当然会听听她的意见。"

这层和宠物之间重要无比的联系，除了让孩子更能感到自己很有能力，是个美好、可靠的人之外，对孩子的智力也有一些正面的影响。普尔斯基根据对 88 位堪萨斯儿童的调查研究，发现《宠物依附量表》得分高的儿童，他们的智力测验分数也比平均水平高出 5 分。尽管包括普尔斯基在内的一些人倾向于认为，这个数字从统计学角度讲并没有那么高的代表性，但他也说，他相信如果儿童的样本数更多，百分比很可能会更高。不过，他不想把一切归功于宠物。福斯特·克莱恩提出一个问题："宠物是增强家庭责任感的根本因素，还是只是正面因素之一？"有鉴于此，普尔斯基提出："对于孩子智力的发展，家庭环境的整体特质比孩子和宠物的互动所带来的影响重要多了。"

在盐湖城里，宠物成了激发某方面智力发展的桥梁。近两年来，由受过训练的狗和专业人员组成的小组针对有阅读障碍的孩子，设计了一套简单的"读给狗狗听"的计划，短短几个月，这些孩子的阅读能力已超越了同年级的平均水平。

这个计划是美国山间动物治疗协会成员桑迪·马丁的独创概念，于1999年在盐湖城内文化最多元的班尼恩小学首先实施。尽管阅读专家克瑞斯·安德森对这个计划的效果持怀疑态度，但她决定不妨一试，反正校方也不会有什么损失。她请各班老师选出在阅读上有严重障碍的学生来参加。当带着葡萄牙水犬奥利维亚的桑迪和领着秋田犬虚子的凯西·麦克纳尔蒂双双来到时，她们看见了美国大熔炉的真实写照。所有学生的母语都不是英文，每个都来自不同国家：墨西哥、索马里、波斯尼亚、中国、韩国、日本和伊拉克。他们的共通语言是狗。

凯西训练严肃稳重的虚子把注意力放在书本上，秘诀是她随机地在书本内页藏着零食薄片，这么一来，虚子在等待零食出现的过程中，会凝视书本，仿佛最迷人的故事正在它鼻翼前展开，即便孩子念不好词而结结巴巴，它也一样兴味盎然。凯西和桑迪温和地鼓励孩子说，他们结结巴巴念不出来的词，狗狗正好也不明白它的意思。于是孩子会把那个词解释一通，或者请他们解释。

那个下午，我在场观察那两个小组伴读的情况，发现孩子从狗身上得到了大量的情感和鼓舞。桑迪说她开始在班尼恩小学试验这项计划时，没料到有阅读障碍的孩子在人际关系上也有障碍。这些孩子当中有很多都没什么朋友，在校成绩不好让他们更加退缩，因此更孤立。和狗在一起阅读，也有助于他们的人际互动。

每个孩子有20分钟的时间和狗相处：花大约两分钟和狗熟悉，15分钟的时间读故事，最后几分钟和狗道别。你可以清楚地看见孩子们情感上对狗的依赖。这些孩子跟桑迪和凯西打包票，他们选的故事书狗狗会很喜欢听。他们读着读着，身体会往狗和同伴的身上靠，变得完全放松而自在。这情景赏心悦目，而且有效果。十周下来，第一批的六个孩子表现出显著的进步。其中四个的阅读成绩提高了一个年级水平，另外两个提升了两个年级水平。这学校辅导阅读障碍学生的课辅老师有上百名，但学得最快乐、最有成就感的，是读故事书给狗狗听的那些小孩。

这个计划使有阅读障碍的孩子从大人和狗身上得到专一、不加评断的关注。让桑迪始料未及的，是它赋予来参加的孩子某种地位。当她和凯西在星期三下午放学时间走进回家的学生人潮中时，很多孩子上前来要求加入狗狗伴读班。

"这种做法不适合喜欢照章行事的人，因为每个孩子都有不同的问题，"凯西说，"必须随机应变。"她形容她那只慈眉善目的秋田犬虚子是以"细水长流"的态度面对生命的。有一天下午，有个对虚子特别倾心的小男孩选了一只狗的冒险故事来念。念到精彩处时，虚子倒到凯西身上睡着了。凯西机灵地跟那男孩解释说，他念得实在是太精彩了，故事也太有趣了，所以虚子闭上眼睛，想通过想象来身历其境。

我们拜访学校那天，有个精瘦而结实的三年级学生乔希很难定下心来念故事书。他选了戴夫·皮尔奇的《大笨鹅》，内容是卡通鹅的幽默历险故事，图多过文字。尽管前六个礼拜乔希的阅读成绩已经整整提高了一级，但一开始你看不出他有丝毫进步。乔希来自一个不看重教育的破碎家庭。他时常局促不安地动来动去，拍拍奥利维亚的头打声招呼之后，便对它不理不睬，念故事书时还时常跳页。"我想你需要靠近它一点，"桑迪说，"奥利维亚伸长了脖子想看图片呢。"当他向奥利维亚靠近时,他开始抚摸它,而它则靠在他身上任他抚摸。它身体的重量让他放松下来,快结束的时候,他整个身子也靠到了桑迪身上,而且专心念着故事。"你觉得如果你念故事给奥利维亚听,念得够久的话,它也会学会自己念故事书吗?"我问。乔希望着我,像是看着蠢蛋似的。"它又不识字!"他气呼呼地说,然后骄傲地补充了一句,"它需要我念给它听。"

大多数阅读专家认为这种做法不合传统,但有效阅读教学的很多不同方面都通过狗而调和在一起。研究证实,当孩子读故事书给友善的狗听时会放松,其血压会下降,其中最知名的是由约翰·霍普金斯大学的詹姆斯·林奇教授所主持的研究。阅读专家说,经常处在有书环境下,尤其是能通过引导发现阅读的乐趣的孩子,阅读能力较佳。

狗狗伴读计划相当成功,因而盐湖城公共图书馆总馆推出了"和狗狗相约午后"的阅读计划,每个礼拜六下午在儿童阅读室安排狗和小朋友伴读,小朋友可以收到骨头形状的书签当礼物。如今,这个计划也在盐湖城各地的图书馆分馆推出,并正在扩大至公立学校。桑迪也已与路易斯安那州、密苏里州和加利福尼亚州图书馆协商合作事宜。

我访问班尼恩小学一个月后,只有3岁大的小狗奥利维亚突然罹患侵略性癌症。确诊之后它只活了两个礼拜,期间医生给它吃止痛和提振食欲的药。吃过了桑迪亲手为它精心烹调的一系列膳食之后,奥利维亚在桑迪的臂弯里过世。

桑迪是专业的哀伤治疗师,知道不该用神秘而婉转的说辞对孩子隐瞒事情。父母常怕孩子难过而隐瞒宠物过世的事实,其实父母内心深处也是害怕面对自己的感受，而且不想在孩子面前显得不知所措。但如果你身为宠物的家人而不哀悼它，你便失去了纪念这段关系的机会。不让孩子经历钟爱的宠物的死亡过程，便错失了宠物和孩子建立的这段关系所带来的另一个好处：让孩子体会生老病死的生命循环。

桑迪有一次为一大群成人听众演讲，主题是如何与孩子一起哀悼死者，讲到一半时，听到房间后面传来啜泣声，她停了下来，询问那位哭泣的老妇人是否愿意分享她的感受。那妇人说，她6岁那年，父母不得不让她的狗安乐死，他们向她解释狗为何不在时，却说狗逃跑了。多年来她一直以为她的狗不爱她了。

科罗拉多州立大学兽医学院有项帮助家庭应对失去宠物及宠物生重病等压力的"转变"计划，主持人卡洛琳·布特勒说："假设你跟孩子说，你把狗送人了，那么孩子会问：新的主人是男是女？是不是住附近？我们能不能去拜访他？他可不可以寄照片来？不一会儿，你已经编了六个谎话。事后，当你认为孩子情绪上已经能够接受这个事实时，你说出真话。这时孩子会开始怀疑，你还编了哪些谎话。"

我刚开始实习当兽医时，若要将宠物安乐死，一般程序是把带它们来的人留在诊间，单独把动物带到后面的房间，然后注射致死的药液，再把尸体放进素色的纸箱里带出来。按照标准程序的做法，也是不让饲主看见宠物接受治疗或住院的情形的。当我开始自行执业，我会鼓励人们来探望他们那四条腿的生病"小孩"。假使你接受研究的说法，人类确实把宠物当家人看待，人们会无法忍受医院禁止他们探望宠物。他们会心急如焚，恨不得飞到生病的家庭成员身边陪它们。我也发现，住院的宠物如果能天天看到它们的"爸妈",身体会恢复得比较快。再说,能够来探望宠物,家人也会比较好受。这个想法渐渐影响了我们让动物安乐死的方式。我希望家人参与其中,总是给我留下深刻印象的是孩子的表现那么合宜。

"转变"计划的做法是布置一个房间,在狗临终前,家人可以待在里头。房间内的光线放柔,窗户装有百叶窗,地上铺了柔软的地毯,角落摆放几把长椅,类似那种教堂靠背长凳。长椅下方有储物柜,里头装有吊唁卡、提袋、小剪刀,以便家人保留宠物的一簇毛发,还有黏土用来印上宠物的爪印(就像永存的指印一样)。"人们需要可以纪念逝者的东西,"计划的执行主任劳雷尔·拉格尼说,"在人们哀悼宠物时可以纪念它们的东西。"

父母亲经常就是否让孩子知道宠物过世一事请教专家。卡洛琳·布特勒想起有个家庭的金毛寻回犬去世,孩子要求见它一面,但父母亲不敢让孩子看到它死去的模样。卡洛琳劝那对父母把孩子带进房里来,尽管其中一个还不满5岁。死去的狗被仔细打扮过,毛发被梳得柔顺、光滑,但孩子的父母还是很害怕,甚至不愿意进入那个房间。结果是孩子们带头,走到房里来,把手轻轻地放在狗身上,默默凝视它好一阵子。最小的孩子回头走到爸妈身边去安慰他们。"它很好,"她说,"只是有点冰冰的,像从下雪的屋外进来时那样。"听到孩子这样说,卡洛琳和劳雷尔一点儿也不感到意外。"从相信孩子开始,"卡洛琳说,"他们向来知道自己需要什么。在看见自己的孩子如何面对死亡时,父母应该学会尊重他们。"

奥利维亚过世前一周,它和桑迪向狗狗伴读班请假。乔希来到教室之前,便听说奥利维亚生病了。进教室之后他开始大吵大闹，向其他几个小孩挑衅。在场的一位阅读专家兰斯问乔希，愿不愿意谈一谈奥利维亚，乔希说他不想谈，他不在乎。兰斯执意要跟他谈话。兰斯说他自己需要跟人交谈来倾诉心里的难过，他很希望和乔希说说话，因为他明白乔希和奥利维亚有多亲近。乔希坐下来安慰兰斯，十五分钟之后，他倒在兰斯怀里啜泣。

我们总说要提升孩子的自尊心，其实真正需要提升的是家庭的自尊心。家庭需要把自身视为一群人的集合体，大家具有共同的价值观和相同的目标，用多种方式照顾彼此。在我们忙乱的时代中，由于我们专注于自己的家庭和团体缺乏什么，而不是关注彼此之间的付出，反而可能看不见这些价值和目标，也看不见我们彼此之间的付出。这就是人和宠物的联系对家庭来说很重要的地方。我们每个人都感觉到自身和宠物之间的重要关系，借此展现出我们最好的一面和最高的价值，并经由实践，学会用照顾宠物的能力对待家人，身为世界公民也是如此。即使难以达到这些，就如在我的家庭中发生的状况一般，宠物也可以是情绪上的慰藉、有耐心的倾听者和家人的共同话题，让家人之间不管经历何种磨难，都能找出共同的目标与归属感。

二　打开童年的死结

　　说到孩子在童年所受的创伤，最恐怖的莫过于目睹两位同班同学持枪杀害 13 名学生，造成 21 名学生受伤，几百名学生逃离科伦拜高中的画面。我们的校园及课堂生活除了班上小社圈之间的钩心斗角或情侣分手之外，本该是安全无虞的。而我们的孩子也不该像埃里克·哈里斯和迪伦·克莱伯德当天所做那样埋炸弹或携带枪支。父母也本该慈爱且始终如一的，但事情不总是如此。治疗师在帮助被社会所伤害或遗弃的儿童时，就像他们帮助科伦拜高中枪击事件的生还者一样，越来越多地派动物上场以打开孩子的心防，让他们的伤口得以愈合。

　　我们多数人在 1999 年 4 月时，都曾惊恐地看着电视里以连续镜头的方式一再重播这些录像片段：孩子从科伦拜高中惊慌逃跑，四射的子弹在他们身后飞过，有个学生头朝下从二楼窗口轻飘飘地跌落下来。对坐在电视机前的我们来说，那是一幕可以随时关掉的悲剧，但对于住在科罗拉多州利特尔顿的人而言，则是挥之不去的梦魇。事发之后的好几个月，整个城市一直笼罩在创伤后压力症候群的阴霾之中，年幼的小孩流行起模仿枪击的游戏，而不管是成人还是儿童，都无法集中注意力。

　　受害最深的莫过于科伦拜高中的学生，有些学生在枪击事件发生时被吓得拼命往外跑，鞋子掉了也不管，直到逃至离学校三英里远的地方，才发现自己的脚都磨得流血了。之后好几个月，他们内心的伤痕还在，当天跑得又急又远的人脚底依然感到刺痛，而从大楼里惊恐逃窜，以为自己就要被身后的枪弹击中的人，也常觉得背部不对劲。

学校重新开学之后，许多先前优秀的学生成绩一落千丈，学生之间的友谊瓦解，滥用药物、情绪暴躁失控的情形突飞猛涨。尽管校方封锁了枪击案发现场的图书馆，但校园处处都让学生回想到那创伤的一幕。由于神经系统长期处于紧绷状态，学生们变得过度警觉。有些学生一看到比萨，就会回忆起那痛苦的一幕。哈里斯和克莱伯德在校园内设置了95颗炸弹，有好几颗就埋在学校餐厅内，炸弹爆炸的时间就定在接近中午的十一点二十分，校内两千名学生大半都会在那个时候进餐厅用餐。当哈里斯和克莱伯德发现炸弹没爆炸时，他们开始持枪乱射，子弹触动了自动洒水系统，餐厅被水淹没，困在餐厅内的学生依然记得当时水面上四处漂浮着比萨的景象。

"科伦拜事件是孩子为孩子制造的悲剧，"玛格丽特·麦克马克说，"目睹恐怖事件的只是孩子。人际关系的创伤是最难平复的，但治愈率还是很高的。"科伦拜关系中心为该事件受创者提供免费咨询，玛格丽特是此项目负责人。

案发当时有辆车停在红绿灯前，车内一个小男孩看见受到惊吓的学生被玻璃碎片扎得鲜血淋漓地从面前跑过，之后便不能开口说话了，这是创伤后压力症候群的症状之一。由于受到严重惊吓，大脑左侧控制语言功能的部分失灵。"这孩子把自己全面封锁。他不能动，不能睡，也吃不下任何食物。"玛格丽特说。

所幸，科伦拜关系学中心里满是友善的动物。玛格丽特说，她聘的治疗师都喜爱动物，这纯属运气，因为通过动物来和当事人建立关系并不在她的计划之内。有位治疗师问玛格丽特能不能带他养的英国斗牛犬幼犬一起来工作，她同意了。那名小男孩第二次来到中心时，爱上了那只小狗。中心的人员看到他终于对某样东西有所回应，都非常高兴，玛格丽特因而鼓励她的职员都把宠物带到办公室来。

治疗师开始询问病人有没有养宠物，有的话，便鼓励他们多跟宠物相处。其中有个病人是个13岁大的女孩，她目睹两名学生在餐厅窗外被射杀。事发之后，她的很多友谊关系都破裂了，睡眠和饮食也都出了问题。她还和其他很多学生一样，上课无法专心。"她不是不用心，"玛格丽特说，"她就是记不住。"

创伤会从多方面引起大脑内的化学物质变化，玛格丽特解释道。创伤会抑制大脑制造血清素，而血清素这种神经化学物质会影响睡眠、记忆、心情稳定及行动的控制。最终的结果就是，受创的当事者失去安抚或鼓舞自身的能力。使治疗受创的当事人变得棘手的另一个神经上的现象是，创伤处在大脑中理性思维无法立即触及的地方。你不能指望科伦拜关系学中心里的受创者把这些事都忘了，乐观地跟他们说"这一切都会过去"也毫无意义。他们需要的是和这个世界搭上线的方法。

治疗师发现这女孩和诊所里的狗玩耍时非常快乐，于是便鼓励她多跟她养的几只狗做伴。几次看诊之后，这女孩说，她渐渐能把头枕在其中一只狗身上，与狗一起躺在沙发上睡觉了。她的好转多少是因为她能够建立此种联系，玛格丽特说。

在俄勒冈州斯普林菲尔德市郊一个小社区里的瑟斯顿高中，

基博·金克尔持枪射杀两名同学并造成二十五个学生受伤后，心理咨询师也让动物来和受伤学生接触，辛迪·埃勒斯和她的狗熊熊，就是为受创学生进行团体治疗的治疗小组成员。美国国家受难者援助组织以及受过创伤治疗特别训练的咨询师，从华盛顿特区飞往斯普林菲尔德市郊协助学生，不过他们在帮助学生表达出自己的感受时，却遭遇重重困难。

　　学生的反应完全失控。一个从背后被射伤必须坐轮椅的女孩不时地嬉笑；多数的男生都不想谈心里的感受；另一名女孩则怒火冲天，扬言若是逮到机会铁定要对基博·金克尔痛下毒手，以报复他夺走她的纯真。枪击事件让这女孩变得泼辣，她开始化起浓妆，穿着前卫。

　　辛迪和熊熊参加第一次治疗时，熊熊被一名缩在椅子里、脸被刘海遮住的女孩所吸引。熊熊跑到她面前，但她不理它。于是熊熊摇着身子向她靠近了一些，然后又靠得更近些，继而发出好笑的声音，它不是对着她吠，而是发出同情之声。于是这女孩抬起头，伸手把熊熊拉到她怀里。她紧紧揽着它，当着大家的面开始哭泣，接着娓娓道出她的感受。

　　辛迪察觉到男孩子的内心藏有无比的愤怒，但她不知道该怎么引导他们表达愤怒。于是她想到一招，让男生分组比赛，看哪一组能让熊熊乖乖听他们的指令耍特技。与熊熊的相处成为他们与社会接触的比拟。如果这些男生对熊熊太粗鲁，或因为它没有马上服从而生气的话，熊熊是不会有回应的。要叫熊熊听从指令，这些男生必须学会克制愤怒，并能有效表达和沟通。

　　枪击事件发生一周年之时，参与团体治疗的孩子都已有了惊人的进步。很多男生可以心平气和地指挥贝尔耍特技；曾经外表冷酷的女孩也逐渐卸下刺眼的浓妆，衣着也收敛很多。大体上说来，整个团体已渐渐挥别愤怒和忧伤。

瑟斯顿高中在枪击事件一周年这天举办了一场追悼会，纪念在恐怖事件中丧生的学生。学生希望辛迪和熊熊也能前来参加，但学校却以追悼会不对外开放为由拒绝他们。校方的决定令辛迪有些难过，但她随即释怀。"熊熊是开启孩子们疗愈历程的工具，"得知熊熊获选为"德尔塔 1999 年度服务犬"时，辛迪这么说，"熊熊就像是情绪的搜救员一般，深入孩子的内心，把孩子从受困的情绪中解救出来。一旦它达成任务，工作就此结束也无妨。"

若说平复巨大创伤的解决之道就是多和狗相处，似乎显得太简单、太轻而易举，但科伦拜关系学中心的玛格丽特指出，这样做的确有非常独特的治疗效果。

"创伤会损害与人建立关系的能力，"玛格丽特说，"它摧毁了我们认为这世界安全的信念。倘若你失去了信赖感和安全感，如何能和人建立联结？动物是安全的，和它们的关系不会给你带来伤害。借由逐渐和动物发展关系，你会慢慢发觉自己能够平平静静地过日子，人是善良的，这世界是按常轨运行的。"

科伦拜关系学中心那些聪明善良的治疗师，在帮助生还者重建他们的人际网络时，动物是他们所使用的众多技巧之一。"只要是我们做得到的，我们都会尝试。倘若某人有强大无比的精神力量，我们也会加以运用。"玛格丽特说。这些动物的到来，让治疗师和孩子的注意力有了正面的焦点，大大加速了孩子心灵的复原进程。

有时候当孩子正经历治疗的突破阶段时，要治疗师暂且按兵不动着实不容易，因为在这些时刻，动物和孩子可能都在冒险。

伊莱恩·丽顿医生是加利福尼亚州维斯塔的治疗师，她的工作伙伴德国牧羊犬西斯科是她的左右手。伊莱恩的一位患者是个4岁大的女孩，曾遭受父亲女友及祖父母的精神和身体虐待；她母亲和她同住过一阵子，没多久又因为不能善尽母亲的职责而被迫将她寄养别处，导致她反复受虐且缺乏母爱。

这个女孩总是想见西斯科，但见了它之后又没兴趣理它，自己拿出玩具来玩。有一天，小女孩对着洋娃娃讲话，诉说她受到的身体虐待。她说："我只是个小女孩。"伊莱恩感觉到她情绪上的创伤就要浮现，她有机会确认这女孩的感受。"他们不该那样对你，"伊莱恩对她说，"你不该碰上这种事。"这女孩马上把洋娃娃放下，走向西斯科，把它当小马般骑到它身上，俯下头贴着西斯科脖子一侧，紧紧地搂着它，指关节因抓得过紧而变得惨白。

伊莱恩在一旁看着很不好受，心里思索着要不要介入。纵使西斯科的教养良好，这样的拥抱也会让它很不舒服。它会破天荒地咬她吗？但它一动也不动，感觉到这小女孩和伊莱恩需要它静静地留在原地。这女孩无法在身体上亲近丽顿医生，但她愿意亲近西斯科。此时室内释放出一股巨大的能量。待小女孩放开西斯科之后，伊莱恩告诉她，西斯科可从没让人那样搂过。"你是很特别的女孩，所以它愿意让你那样做。"伊莱恩这么对她说。那天的治疗有了重大的突破，之后丽顿医生得到更多信赖，治疗也进行得更顺利。

在帮助孩子走出终身难忘的虐待与疏于照管的过程中，动物是重要的治疗工具，有助于促进孩子的成长与改变。

距纽约市北部约60英里处的哈德逊河河岸边，是"绿烟囱"

的所在地，那是个有 166 英亩大的农场，里头住着一群来自纽约的最令人头疼的孩子，他们被法院裁定必须住进此处。在这里，他们和农场动物发展出来的关系，使他们在重新融入社会这方面的表现进步神速。

很多孩子之所以被送来这里，是因为他们的父母不愿意或没有能力照顾他们，其中一些还惹上了法律纠纷。他们在充斥着暴力、虐待和无人照管的环境里长大，目睹并犯下可怕的罪行。尽管很多人是从监狱及精神病院转过来的，"绿烟囱"也没有因此筑起栅栏或高耸的大门把他们限制在内。这地方既像个家庭农场，又像是个夏令营。

这里原本是一处乳制品农场，很多建筑物后来被改建成办公室和活动场所，里面容纳 100 名寄宿生和 30 名日托生。崭新而迷人的教学大楼和宿舍皆刻意设计成谷仓的模样，还有个如假包换的谷仓，住着一群工作人员，还有治疗帮手——马、羊、猪、鸡、牛和猛禽。

这个地方是由创办人山姆·罗斯设计和建造的，现年 73 岁的他比喝了意式浓咖啡后的杰克罗素犬还要精力旺盛。在山姆的父亲 1948 年买下这个农场时，山姆就想利用这块地建造一所男女兼收的寄宿学校。他在这里饲养动物是因为他相信，对于跟他一样在纽约的柏油路和水泥森林中长大的孩子来说，动物有着无比的魅力。

治疗师不断把有情绪困扰的孩子送往山姆的农场，山姆让孩子每天和农场的动物一起工作。他发现，这种做法可以让孩子获得快速的进步，变得更有责任感，更愿意信赖别人。

"孩子之所以来到这里，是因为他们在学校里的表现不好，在家里的表现也不太好，在社会里也一样。大人跟他们说，他们永远成不了大器。"山姆说此话时人在办公室里，那是个温室，四面是玻璃墙，俯瞰着大草坪斜坡。他说，让这些孩子有成就的秘诀其实算不上什么秘诀。"简单得很，你接纳有问题、害羞内向、不太合群的孩子后，让他们和动物相处，突然间他们就打开了心防，治疗也就有了突破口。"

山姆这说法会让人以为，你把有困扰的孩子丢进马厩里，几个月后再把他们接出来，所有的问题便迎刃而解。他这个有诱惑力的说法盖过了一个事实：孩子从白色栅栏外走进来那一刻起，便受到密切的注意。

孩子来到"绿烟囱"的第一个月是不准和动物接触的。工作人员密切注意孩子过去的不良记录是否透露出任何会伤害动物的征兆，起码会先评估动物一开始和他们接触时是否安全。这密切的监控是孩子在"绿烟囱"生活的一部分。每星期结束时，每个和孩子定期接触的工作人员必须从几个方面对孩子进行分数从一至五的量表式评估，包括卫生习惯、与同伴关系、和管理者的互动、学业表现、眼手协调能力，以及对现实的认知。除此之外，纽约市的社工人员会对孩子的家中情况做评估，看看孩子适不适合回家。

经过一个月，适应农场的作息之后，孩子可以到谷仓和苏斯·布鲁克斯一起照顾动物。苏斯是一名执业治疗师，督导孩子和动物的互动。孩子和动物第一次互动时，苏斯会陪在一旁，观察他们的行为，诊断其心理状态如何。

山姆·罗斯问道：对于一个 8 岁大却愤世嫉俗的孩子，你要怎么赢得他的心？在"绿烟囱"里，经常出现的矛盾现象是，工作人员充满童心、欢天喜地，孩子却是铁石心肠。

"大多数的孩子没受到充分照管，即便有，也不是很周到。"苏斯说，"不管从法律上还是情理上，我们都没办法以孩子需要的方式去照管他们。但动物给了他们这种关怀，一种抚慰。一个不会转身离开而会随时随地陪着你的活生生的个体，这疗愈力量是非常强大的。"

苏斯回忆说，有一天，一名叫蒂莫西的孩子得知吸毒成瘾的父母亲放弃对他的监护权后，下课休息时间他就独自一人呆坐着，上课时则打瞌睡。苏斯希望这个农场，尤其是一只名叫天使的美洲驼，能够让他觉得流露情感并接受反馈是很安全的。

蒂莫西和天使之间的感情说来话长，天使对他来说犹如父母一般。天使之名，正是由于其沉静内敛的特质而得。当孩子们对它搂搂抱抱、说心里话时，它会静静地坐在那儿反刍食物。蒂莫西和它在一起时甚至叫它"妈妈"，他会同它说："嘿，妈妈，谁爱你呀？"

是蒂莫西先留意天使的。他看见它坐在畜栏内，于是在它身旁坐下，把脸埋进它颈部的毛海里。苏斯远远地站在后面以示尊重，心里明白这孩子不知哭泣为何物，也从没有大人抱过他。苏斯耐心在一旁等候，蒂莫西终于开始搂着天使啜泣，释放出他经年累月的悲伤和痛苦。他哭泣了几乎有一个钟头之久，而天使则恬静地陪着他，津津有味地反刍食物。

人与动物亲密接触的经验会引发生理上的改变，支持这种观点的科学性文章揭示了蒂莫西拥抱天使时流露情感的原因。来到"绿烟囱"的孩子内心深处是焦虑的，他们过去的生活经历屡次告诉他们，在别人面前暴露脆弱的一面没有任何好处。当蒂莫西用手搂着天使时，他的血压极可能下降，呼吸逐渐规律起来，而且，他不必再武装自己和世界对抗，他可以释放内心的感受。

这种深不可测的悲伤底下是极度的愤怒。苏斯治疗工作的很大一部分，就是如何适度地把愤怒引导出来。孩子刚到农场时，苏斯会让孩子抱抱小型动物，并观察他们拥抱小型动物和触摸大型动物的方式。孩子对待动物的举动，是让他们了解自身的行为如何影响周遭所有生命体的切入点。

当孩子无法驾驭愤怒时，苏斯让他们和"绿烟囱"的毛驴近距离接触，因为毛驴对人特别敏感。苏斯说，想和它们亲近的人，必须表现出沉稳的自信。毛驴可以迅速察觉到愤怒，是一个很好的测试年轻人攻击性的资源。

吉尔是个 13 岁的男孩，来到"绿烟囱"两年了，但在交朋友方面一直有困难。苏斯谨慎地处理了吉尔和驴群的互动。

苏斯把吉尔带到养毛驴的小栏圈里。毛驴一见吉尔出现，便成群聚集在角落里，耳朵机警地往后竖立。吉尔说他不怕毛驴，于是苏斯建议他，把手伸出口袋，抬头直视毛驴。他迅速依照苏斯的指示做，就像他平常的迅速动作一样，但驴群一面移动一面不安地盯着他。吉尔显得很气馁。

苏斯问他，在这世上他在意的人是谁。吉尔回答在意母亲。苏斯要他形容这种在意的感觉存在于身体的哪个部位。他先是耸耸肩，稍微想了一下之后，他指出那在意的感觉在心里和脑中。苏斯要他以那样的感觉看着毛驴。当苏斯问他毛驴是否喜欢他待在栏圈里时，他说它们并不欢迎他，而且看起来很不快乐、很害怕、很希望他赶快离开的样子。于是，苏斯问了他一个具有治疗性的问题：他觉不觉得其他小孩偶尔也会对他产生类似毛驴的感觉。他直视前方，笃定地微微摇摇头，不仔细看几乎看不出来。

　　苏斯知道这是个绝佳的切入点。他正在检视自己的行为，而不是自我防卫。如果她在这当口处理得宜，他会发觉自己在人际关系上的盲点，并了解身体语言对他人的影响，因而大有进步。苏斯向他建议，有个做法可以让他靠近毛驴时让它们更自在些。她要他怀着想到母亲时的温暖感受来接近毛驴。

　　他站在原地一两分钟，然后伸出手往驴群靠近。当他一跨进毛驴的警戒范围，毛驴开始倒退。看到毛驴倒退，吉尔更急着向它们逼近，结果他徒劳无功地追着毛驴满圈跑。苏斯要他停下来，想想毛驴为何会倒退，但吉尔一脸茫然。于是苏斯模仿他的动作往驴群靠近，吉尔发现，原本平常很喜欢苏斯的那群毛驴，也开始往后退。

　　"我一心只想着要摸摸它们，"苏斯跟吉尔解释，"没注意它们的感受，没留意它们现在想不想要我去抚摸它们。我执意要摸它们的举动把它们吓坏了。让我们重来一遍。"

　　虽然吉尔那天没成功，但一段时间之后，他确实学会了怎么靠近毛驴才不会吓到它们，这让他学会了如何建立信赖感，以及如何以不具威胁性的方式去接近其他人。慢慢地，吉尔收到了具体回馈。毛驴争相要他抚摸，他也逐渐把从这个过程中得到的感悟应用到人际关系里。

　　患有自闭症的孩子是最难接近的群体之一。这类孩子的父母亲最伤心的是他们的孩子看来很冷淡，没办法和人建立联系。他们对外界筑起一道厚厚的墙，害怕和人有任何接触。职业治疗师莫娜·山姆斯让美洲驼来帮助自闭症孩子进行感觉整合。

　　有自闭症的孩子手部相当敏感，脚部则知觉匮乏。莫娜养了四头美洲驼，起先她让自闭症孩子用脚摩擦其中毛最浓密的一只。接着，她鼓励孩子把脚深深埋进其毛发里。最后，她让孩子站到美洲驼的背上去感受它们的脊背，用脚去辨别、对照柔软与坚硬的不同。她逐步地让孩子用手触摸美洲驼。"这有助于整合他们的知觉。"莫娜说，"如果运用得当，孩子们就会开始喜欢这项活动。"

我的母校华盛顿州立大学进行过一项关于人与宠物伙伴关系的研究，结果显示，狗也可以吸引自闭症孩子的注意力。这项由弗朗索瓦·马丁及其同僚所做的研究，拍摄了自闭症儿童在三种不同情境下的反应：孩子先和咨询师以及球在一起，接着是和咨询师以及填充动物玩偶在一起，最后是和狗在一起，长达十五周，共计四十五次治疗。初步结果指出，孩子盯着狗看以及谈论狗的时间，比盯着并谈论另外两个物体的时间都长。

我看过弗朗索瓦和他同僚经过数小时详细的修订而精心制作的部分录像。研究数据没有显示出来的是，当活生生的狗在房间里时，孩子所散发出来的活力的巨大改变。我看的其中一盒录像带里，一个孩子把球推开，被动地坐着，随后他也用同样的方式对待毛绒玩具。不过，狗一进入房间，孩子立刻起身和它互动，而且变得非常合作。他会听从指示帮助狗狗梳理毛发，当和治疗师说话时，他会使用"我们"这个复数代词。当狗走开时，他会跟着狗走动。

没错，这些迹象看似微小，但这些孩子只能承受这样一小步一小步的进展。莫娜的病人中就有个母亲，她从不敢想象有一天能和儿子交谈，因为她的孩子面无表情，对任何形式的沟通都不感兴趣。和莫娜及她的一群动物相处两年下来，这孩子会说会笑了。关于他的进步，莫娜不敢居功，因为这孩子同时还接受了许多其他方面的治疗，包括语言训练在内。但让莫娜很开心的是，她和她的动物帮他点燃了进步的火花。

莫娜有一份独特的工作。每天早晨，她把几只美洲驼、狗或一头猪，以及兔子、仓鼠等体型较小、惹人喜爱的动物，带上运家畜的拖车，拖车上挂着一块牌子，上面写着"莫娜的方舟"。她开着车在弗吉尼亚州罗阿诺克一带的乡间游走，拜访有重度残障儿童的家庭以及以小孩为主的学校。

奥布里·范恩对来到他位于加利福尼亚州波莫纳的心理治疗中心的年轻患者设下严格的规定。患者必须先洗过手才能摸他养的兔子、狗、小鸟或蜥蜴。他们对待动物时动作要轻柔，说话要温和，倘若动物不想和他们玩，他们必须放开它们。在他的注视之下，就连最粗鲁的孩子也不会在小鸟面前大呼小叫，倘若孩子大声嚷嚷，受惊的小鸟会吓得飞走。奥布里说，利用鸟的反应来约束孩子的行为举止，确实让孩子进步了。他编过《动物辅助治疗大全》一书，里头收录了和这个主题有关的最新研究内容。

他在那些拥挤的房间内摆设了两个水族箱、蜥蜴活动区、兔笼及四个鸟笼。"身为一名治疗师，我会想尽办法吸引孩子的注意力。"他说，"但动物做的不只这些，它们把我的办公室改头换面，从一个带有威胁性的地方转变成迷人、有趣的空间。"奥布里说这些话时，我的注意力确实全部集中在他身上，他是我进行这些专业讨论的对象当中，仅有的一位头顶上端坐着一只蜥蜴的人。

奥布里治疗过一个名叫斯考特的男孩，那个男孩智力低下，有严重的学习障碍。他经常是同学间的笑柄，因被同学孤立而吃了不少苦，但他在奥布里养的一只鸟面前恢复了生气。"鸟在治疗里象征着美好，"奥布里说，"笼子、自由、翱翔、美丽。鸟儿的王者风范如雪鹗一般。"后来那个男孩子一家搬离了小镇，几年过后又搬回来。治疗重新开始时，奥布里送给他一只鸟。

斯考特加入了养鸟俱乐部，开始自行饲养鸟类。他饲养的小鸟让他有话题可说，生活也愈来愈自在。饲养鸟类的技术让他赢得别人正面的关注，也让他的生活有了目标。这些有困扰的孩子欠缺的就是有能力的感觉。他们表现不好，而且一开始便没什么机会表现。这些让动物协助儿童的计划最令人称道之处，在于提供给孩子公开表现其照顾动物的能力的机会，这是提升孩子自我形象及自尊心的另类方式。

"绿烟囱"的孩子常在地方的四健会①上崭露头角。在罗阿诺克，莫娜治疗的孩子们也带着他们的动物到课堂内，她认真地教导课堂里的学生根据事实提出具体的问题，这些孩子都会非常自豪地回答。莫娜也鼓励当地的美洲驼育种协会在他们的年度美洲驼表演会上增加特殊项目。莫娜指导孩子参加比赛，教他们设计、操作一系列动作的基本技巧，这些孩子也从原先忽视他们的世界中获得了肯定。

在这些有困扰的孩子的世界里，动物和他们接触的同时，也安抚和激励他们，如同在科伦拜帮助治疗的动物一样。对于那些从小在纽约市环境最恶劣区域的街头巷尾长大，然后来到"绿烟囱"的孩子来说，动物代表了对他们自身本来面貌的接纳。但对和奥布里一样的鸟类爱好者保罗·库普奇克来说，鸟类更代表自

① "4-H Club"，是美国一种面向农村青少年的教育形式，目标是使他们头脑聪慧（Head）、心理健康（Heart）、身体强壮（Health）且有较强动手能力（Hand）。

由与希望。

多亏保罗这位一流的猎鹰专家，"绿烟囱"有了美国最大的一家负伤猛禽康复中心。来到"绿烟囱"，你得逛一逛位于谷仓左边的鸟舍，观赏那些令人惊艳的飞禽，如安第斯秃鹰、猴面鸮、鸣角鸮、大雕鸮、黑美洲鹫及红头美洲鹫、鸡鹰、红隼、泽鹰、红尾鹰，才算是不虚此行。山姆·罗斯亲自带我参观鸟舍时，他停在他最喜爱的一只秃鹰前，这只秃鹰因埃克森·瓦尔迪兹号油轮漏油事件而失去一只翅膀。"通过同化作用，孩子们也许能得到这样的信息：不利的状态是很糟的，但如果够努力，你可以让自己活得更好。"山姆说，"野生动物不该住在笼子里，孩子也不该住在看护收容所里，如果我们真的够努力，我们可以放他们自由翱翔。"

我在 6 月某个风和日丽的礼拜六来到"绿烟囱"，参加他们一年一度的猛禽节，这一天，附近各城镇的居民受邀到此一日游，欣赏现场音乐会，观赏野生动物。这个庆典的高潮是放生一只受伤康复的鸟。保罗和他的助手在可攀爬的高塔上举起装在金属箱内的鸟：一只在布鲁克林区的高速公路上被车子撞击之后被救活的红翅鹰。

小罗伯特·肯尼迪是保罗的朋友，也是他的养鹰同伴，他沿着塔的侧面爬到塔顶的阁楼内，戴上厚重的手套，轻手轻脚地打开箱子，轻柔地捧着鸟，仿佛捧着一枚鸡蛋似的。他张开手掌向上一挥，在群众的喝彩鼓舞声中，鸟儿顺势振翅高飞。在这盛大的公众仪式里，保罗没有流泪，反倒是有一次一位曾和他一起照顾小鸟的孩子踏出"绿烟囱"奔向更广阔的世界时，他红了眼眶。

保罗照顾的第一只康复的鸟住在他搭的一个小笼子里，他承认说他也不晓得自己当时是怎么想的。他带小鸟去兽医那里照 X 光，确保它能完全康复。当保罗看见小鸟在笼子里轻快地飞来飞去时，他心想，这鸟被放出笼子后，大概会直扑地面。向来和他一起为这鸟做复健的男孩那天即将返家，所以当放生的这一刻来临时，保罗紧扣着十指祷告。

所有的学生和工作人员聚在一起看着小鸟重获自由。"我记得这男孩放开捧着鸟的手，看着它的翅膀扑打了几下，又再多扑打几下之后，飞得愈来愈高、愈来愈高。"保罗说，"每个人的心都怦怦直跳，那孩子大喊：'飞吧，尽情飞吧！飞吧，飞吧！'然后其他的孩子也跟着一起喊：'飞吧！飞吧！飞吧！'于是我们明白，我们从此有了不同的感悟，对某些孩子来说，从没遇到过如此意义深远的事。"

那鸟儿摇摇晃晃地飞了好一会儿，起初只沿着树梢低空盘旋，但在最后一刻，它的翅膀开始以强劲而规律的节奏扇动，身躯随即扶摇直上，最终消失在天际。它自由了。

三　绕过心脏问题

每回迈克·林格菲特坐到他的厢式货车的驾驶座上时，总会伸手摸一下别在遮阳板下缘的纯金小天使，同时另一只手摸摸前座上的金毛寻回犬达科塔的头，它的前爪放在车底盘上，下巴搭在仪表板上。倘若车上还有别人，就像今天的情况，达科塔就会坐在后座底盘中央的突起处，头则放在前座中间的分隔箱上。不管它坐在何处，迈克发动车子之前，总会伸手摸摸它的头，车子行进时也会不时摸摸它。"我不会有事的，达科塔，"他说，粗大的手指在达科塔柔顺的毛发间穿梭，"我会好好的。"

对一个专业的通信工程师而言，一手摸着天使，另一手摸着达科塔，好比在两者之间连通一条回路。他深信他的狗是上帝派来的天使，你如果怀疑他，那就未免太愤世嫉俗了。迈克患有严重的冠状动脉疾病，数不清有多少回都是达科塔及时把他从鬼门关前救回来的。达科塔可以感知到他的心脏病就要发作，预先警告他远离有压力的情境并尽快服药。"它对我的重要性远非钱财所能衡量，用情感意义上的那种老套的措辞也不足以形容。"迈克说，"我把我的生命交给了它，我只要依循它的指示就行了。"

迈克在事业如日中天时突然心脏病发，现在他这种甘之如饴的态度和当时相比，简直是天壤之别。迈克任职于帕森斯公司的五年期间，规划设计了北京、新德里、加尔各答、利雅得等城市的地铁电信系统，并亲自监工。他的老板对他在1989年的工作表现极为欣赏，于是拔擢他为专案工程师，监督洛杉矶地铁的红线分支工程。他带着妻子南希及三个子女，搬到洛杉矶南部约四十二英里处的欧文大学城定居。

迈克收到心脏压力测试合格的健康证明的第二天是个星期六，他照常骑单车外出兜风。当他突然被心脏病袭击倒在街道旁时，离家三英里远。他不知道自己倒卧在柏油路上多久。恢复意识后，他拄着单车，把它当作有滚轮的拐杖，慢慢地一步步走回家。当南希办完杂事回到家，发现丈夫瘫在车道上，才赶忙扶他上车，载他去最近的医院。

欧文医疗中心的医生让迈克服用疏通静脉血栓的药物，并加装心脏起搏器。他们必须观察迈克三天，直到他情况稳定，才能转到位于新港海滩的西部医疗中心动手术。迈克说，在西部医疗中心拍摄的血管造影图"把医生吓坏了"。他心脏的左半边血管全部阻塞，右半边堵塞的情况也高达99%。医生安排第二天一早动手术。当晚，迈克的心脏病再次发作。"那次可严重了，"他说，"严重到听到医生说'大概没救了'。"清晨四点半，医生对他紧急施行了三处心脏搭桥手术。

迈克在第一次心脏病发后的第十天出院，他搬进心脏康复中心，决心要当个模范患者。他很想马上回去上班。"他们总叫我放慢脚步。"迈克回忆着。但不管他在跑步机上走得有多慢，胸口依然剧烈疼痛。康复中心的工作人员要求他的心脏病医生签署同意书，同意万一他在中心内再度心脏病发，中心将不负相关责任，但他的医生拒绝签署。在双方同意之下，迈克搬离康复中心。

他了无生气地待在家里安养，努力想弄明白他的命运怎么能在一夕之间翻转，但医生告诉他，他心脏受损的程度远比他们原先意识到的严重。最后他们宣告，迈克再也禁不起第二次手术了。迈克辞掉工作，申请重大疾病医疗照护。他没有办法跟疾病抗争，问题也无法解决，遂即陷入了绝望的深渊。"男人就是要工作养家，"迈克说，"但我没有目标。我这辈子一直是Ａ型人格，我永远是对的，而且事情向来会照我的意思进行。"

Ａ型人格是迈克事业成功的隐性要素。事实上，心脏病医生梅耶·弗里德曼和雷·罗森曼对Ａ型人格行为模式和心脏疾病之间的关联性做出创新研究时，最先称Ａ型人格为"急迫症"。有人长期努力，试图在越来越短的时间内做成越来越多的事，从他们身上就可观察到定义中的Ａ型人格行为。

你也许见过Ａ型人格的人，也许同其生活过，或者你本身就是Ａ型人格的人。你可能也在飞机上见过那种旅客，一看到机长亮起游客可以自由行动的绿灯，便立即按下手提电脑的开关，打开鼓得像孕妇肚子般的公事包，翻阅厚厚一摞文件，随后起身到走道上打手机，一刻不停地谈事情。还有那种忙翻天的妈妈，尽管上了一整天班已经筋疲力尽，但还是火速冲回家，因为脏衣服堆积如山，冰箱里牛奶没有了，天黑前还要挤出时间分别接送三个孩子参加课外活动。就连我们的孩子也变成了Ａ型人格。我女儿米克尔，高中时修了满当当的优等班课程，担任四健会的青少年组组长，一周至少上一次骑马课，单车程就要耗费两个半钟头，她十二周的暑假中有十周的周末参加马术表演，甚至每周到国外（邻国加拿大）上声乐课。她还要做家里农场的杂务，为十几个社区晚会献唱，考到驾照不到一年载了五个不同的男友练习道路驾驶……光是想到 A 型人格过什么样的生活就够累了，更别说真的去过那种日子。

迈克和他的同僚就喜欢过那种绷紧神经的生活。你若是问迈克，他的工作最吸引他的是哪一点，"让我冲劲十足"铁定名列第一。他通常每天清晨四点半出门上班，直到晚上七点半才进家门。建一条地铁要花四五年的时间，但工程师每个月要完成一定的工程进度。迈克和帕森斯公司旗下的其他五位工程师在国外承揽这类高度复杂的工程时，意料之外的文化差异经常会搅乱工作进度，他们面对的压力更是加倍。但这对 A 型人格的人来说并不构成问题，他们就是喜欢承担超出他们负荷的责任。加速完成繁重的任务会给他们一种冲刺的感觉，此时若是你不小心妨碍了他们的工作，他们会变得暴躁不安。

国家的生产力在飞速提升，然而高科技、高压力的生活方式正悄悄地严重耗损我们的身体，精神也随之疲累不振。"急迫症"病态的一面是，时常处于狂热的状态会让血管里的胆固醇堆积。胆固醇在 A 型人格者的血管里的滞留时间是其他人的三四倍，使大量的胆固醇持续裹覆动脉内层。迈克和他的同僚印证了 A 型人格理论：这些人全都做过心脏搭桥手术，到目前为止有三个人中风。

原本活力旺盛、经常坐不住也没耐性的迈克变得越来越颓废、消沉，几乎足不出户，迈克的太太南希因而忧心忡忡。她提早办理退休以便全心照顾丈夫，但她的陪伴并没有激起迈克的乐观处世态度，也无法鼓舞他变得积极起来。他们的家庭医生建议他们养一条狗，他读过 1980 年发表的一项研究，内容显示心脏病患者之中，养宠物的人存活率是没养宠物的人的四倍。

这项研究中，詹姆斯·林奇、亚伦·卡切尔及艾瑞卡·弗里德曼征得马里兰大学附属医院里 96 名近期第一次心脏病发的患者同意，每个月进行一次回访，为期一年。一年之后，39 名没养宠物的患者当中，有 11 人过世，而养宠物的 50 人当中，只有 3 人过世。虽然没养宠物的患者不到样本人数的一半，但其死亡人数是其余一小半的四倍之多。这项研究以及验证此论点的后续研究皆无法肯定动物对人类伙伴有益，但研究者的推测勾勒出患者如何受惠于动物的陪伴，动物俨然成为心脏康复的绝佳工具。家有宠物的患者会因为急于回家照顾宠物而缩短住院时间。养狗的人看医生的次数比没养宠物的人少了八个百分点，养猫的人则少了十二个百分点。养宠物的人较少服用降低血压及胆固醇的药，晚上也很少有难以入睡的问题。

之所以如此，或许是因为养狗的人一般都比较活跃，运动量较大，血液中胆固醇的含量较小，尽管他们较常吃油腻的外卖食品。这是 1992 年澳大利亚一项针对近 6000 名心脑血管疾病患者的研究发现的。此外，不管患者的心脏病有多严重，养宠物的好处都能显现。

总而言之，宠物是一帖神奇的药剂，可以让你更健康，享受家居生活，减少住院时间，降低罹患心脏病的风险，它们舌头一舔、尾巴一摇、有节奏地叫，就能让你变得更健康。这些好处只要你坚持去做就随手可得，无须看医生。而且你不必花很多钱，只要买几罐珍喜牌猫罐头或几袋喜跃牌猫粮就能搞定。

得克萨斯州大学厄尔巴索分校心理系的研究指出，养宠物的患者更乐意参加心脏复健计划。研究者对 79 名住在得克萨斯州的心脏病患者进行了密切观察，这些患者的医生指示他们参加为期十二周的严格的复健计划：每周安排四次锻炼、监测及行教课程。没养宠物的患者当中有 77% 的人完成了课程，养宠物的患者当中则有 96% 的人完成课程。照顾宠物让这些人有责任感和固定作息表，这两个因素对于他们打破旧的坏习惯很有帮助，研究员玛丽·荷若德这么说。

现代医学有赖于"P"字标记的验证，也就是说，要通过优秀的医学院里顶尖研究者的同行评审研究，对一个庞大的人群观察多年之后，才能决定某个诊断或治疗能否被广泛接受并运用。倘若某项治疗省时、省钱又能救命，一定会日渐受到青睐。比方说，研究证实心电图可以检测心脏疾病、乳房 X 光造影可以检测乳腺癌，医生和患者就会把它们作为例行筛检的工具来使用。宠物可以预防心脏疾病，还可以成为检测工具，无疑并不符合医疗界传统的高标准，但它们会不会是创造出那么多奇迹的现代医学仍无法给迈克提供的"那个"答案？

虽然迈克不可能完全康复，但狗可能会让迈克告别消沉，这让这对夫妻相当振奋。于是他们养了一条金毛寻回犬，取名叫艾比。艾比很好动，精力旺盛，养了它可以鼓励迈克多到户外运动。不过，艾比老想赢得迈克的注意，这一点惹恼了他。打从一开始，迈克就觉得它"带来的麻烦多过好处"。他会喂它食物，带它出去散步，但他只当是尽义务，无法乐在其中。医生开始开抗忧郁药给他。"我早上必须吃药才醒得来，晚上必须吃药才睡得着。简直和植物人没两样。"他回忆道。

迈克病重，南希退休，加上南加利福尼亚州高额的生活费，让他们的积蓄慢慢耗尽。1994 年，为了减少开支并且可以和女儿苏珊一家比邻而居，这对夫妇搬到得克萨斯州。搬迁的另一个理由，是离卫理公会医院这家全美国首屈一指的心脏医疗中心近一点。然而，那里的医生对迈克的康复很是悲观。

迈克愈来愈消沉，原本要让他的生活有所改变的动物也跟着消沉。凯伦·科斯特洛是大休斯敦地区金毛寻回犬俱乐部救援小组的召集人，她接到一位妇人来电，说她捡到一只走失的金毛寻回犬，希望俱乐部能接手照料它。这妇人带着"走失的狗"现身时，凯伦在屋前等着。她看见一只被照料得相当漂亮的狗，身上的毛发乌黑发亮。两位女士交谈时，这只狗径自晃到邻家的院子里。这妇人尖声大喊："达科塔，过来！"这狗顺从地快步跑回来。

兽医替达科塔做过健康检查后，很快找到它被弃养的原因。它的心脏及血管布满犬心丝虫，治疗费用相当昂贵。兽医先开了杀虫剂让达科塔服用，凯伦把它送到一户家庭寄养，直到找到下一个饲主。从一开始，达科塔便表现很出色，它热切地叼回猎物，这是优秀的服务犬必备的特质，它还对家人的情绪需求极为敏感。寄养家庭建议将狗捐赠给得克萨斯州听障服务犬协会，但当兽医再次为达科塔做健康检查时，却发现它患有髋臼发育不全症，也就是它的股骨顶端和髋臼窝无法紧密结合，这会使得狗在年纪大时行走困难。得克萨斯州听障服务犬协会拒绝收养达科塔，又把它送回到寄养家庭。

也就在此时，迈克和南希决定另觅一条狗训练来供迈克使唤，譬如帮迈克拿东西等。他们询问金毛寻回犬俱乐部是否有合适的狗，凯伦推荐了达科塔。迈克得知达科塔的处境后对它格外感兴趣，觉得他们俩的命运相仿：因为心脏病而被拒，空有一身才华却无处施展。

迈克第一次见到达科塔是在一个礼拜五的下午，第一眼的印象不怎么好，他想：又是个不听管教的，可能会和艾比一样恼人。那天下午，当迈克躺在床上休息时，达科塔站在他床边，叼来一只会吱吱响的绿青蛙玩具轻轻推给他，接着又叼着它在他面前摇晃。如果迈克睡着了，达科塔就钻进被窝里，缓缓爬到他肚子上，又把绿青蛙叼到他面前。"这只狗真是个缠人精"他记得自己当时这样想。迈克和南希决定，过了这个周末，星期一一早就把它送回去。

迈克想得没错，达科塔确实是个缠人精。它细心看顾迈克，不打算放弃。星期六迈克在床上时，达科塔又钻进他被子里（这回没叼那只青蛙），躺在他身边，背靠着他的肚子。迈克伸手抱着它，减轻它压在自己身上的重量。当他们俩躺在那儿时，它的体温让他感到平静、安详。达科塔触动了他内心深处的忧郁，迈克说："它知道怎么做会让你舒服。"到了星期天，他决定把达科塔留下来。"最后我打定主意，"迈克说，"管他呢，它是我最后的机会。"

事实上，它真可能是迈克最后的机会。迈克陷入忧郁、孤立、不活动的恶性循环中，这只会让他更不想动，因而进一步损害他的心脏。杜克大学医学中心最近针对 350 名心脏病患者所做的一项研究显示，在忧郁量表上得分越高的患者，其心脏的反应力越低。患有忧郁症的心脏病患者，譬如遇见达科塔之前的迈克，4个人当中就有 1 个人认为自己极少活动；而没有忧郁症的心脏病患者，14 个人当中只有 1 个人认为自己是极少活动的。忧郁的人进行像走路这种温和运动的平均时间，只有平常人的一半。

根据圣路易的华盛顿大学医学院罗伯特·卡尼医生的研究，孤立会导致忧郁，忧郁会导致压力激素急升，因而使心脏的复原能力下降。另一项由蒙特利尔心脏医学协会所做的研究发现，忧郁提高了心脏病再度发作而致死的可能性，尤其是每天走路的距离短于一个街区的人更是如此。其他人也注意到这些警讯。由于了解到宠物有激励人运动、对抗忧郁、降低血压、预防心脏病等好处，俄亥俄州哥伦布市美联人寿保险公司甚至让养宠物者享有保险费优惠折扣。

宠物能做到一件事，就是让你一天走一个街区或更长的距离，而这正是达科塔让迈克做到的事。他对达科塔的态度和之前对待艾比的态度相比，简直是一百八十度的大转弯。如今跟着南希的艾比，以前总要连拐带骗地死缠着迈克，迈克才勉为其难地带它外出，而今迈克反倒是开开心心地主动带达科塔散步。"艾比有的是所有金毛寻回犬都有的热烈的爱，但达科塔有的是同情和理解。我从没想到能够拥有这种亲密感。"迈克说。

达科塔的稳重和听命于人的机敏让迈克印象深刻。几个月的相处之后，迈克和达科塔便加入了第二浸信会开办的服从训练课程，后来达科塔作为服务犬获得了德尔塔学会的认证，并荣获美国养狗俱乐部颁发的优良犬公民奖。活动量的增加有益迈克的健康。领养达科塔六个月之后，迈克不必再服用他吃了三年的镇静剂和抗忧郁药物。不过，每个月迈克还是会经历四到六回剧烈的胸腔疼痛，有时候一天之内就会痛上三四次。但和他先前孤身在家的情况比起来，次数已经少很多了。

达科塔结束训练课程穿上服务犬背心之后，他们俩便开始到校园演讲。迈克以自己和达科塔为例现身说法，说明服务犬如何为患有重病的人带来难以置信的影响。那年秋天，他们去一所小学演讲，迈克高谈阔论服务犬的优异表现和稳定的服从性时，达科塔开始动了起来。平常迈克演讲时，达科塔总训练有素地静静蹲坐在地板上，但这会儿它却把头靠在迈克的腿上，双眼坚定地盯着他。

达科塔不听迈克的指令去蹲坐，这让迈克很尴尬，但他还是想坚持演讲完。当他继续说话时，达科塔更是不罢休，开始用它的鼻子戳他。最后迈克受不了它的干扰，提前结束了演讲。当他和达科塔走在通往停车场的走廊上时，迈克心脏病发，昏倒在地。当他恢复意识时，达科塔正在舔舐他的脸。"它闻到心脏病发作的味道，它试图警告我，"迈克说，"它想把那个味道舔掉。"

迈克的心脏病医生尤金·亨德森认为，就像其他熟悉狗的敏锐嗅觉的人所相信的一样，达科塔确实可以闻到心脏病就要发作的味道。当心脏受损，在心脏病发作前的五到八个钟头，酶会慢慢堆积在血管内。心脏病发之后，医生会检测你的血液内是否含有这些化学物质，以判定你是否心脏病发作过。不过有些人则认为，达科塔是察觉到迈克的行为有异，但迈克并不同意这个说法。达科塔有好几回是从另一个房间跑过来要迈克提高警觉，让他在心脏病完全发作之前有时间赶快服药。就像迈克的心脏病医生所形容的，达科塔做的可是救命的事，就像消防犬一样："扑灭一根燃烧的火柴，比扑灭整屋子的大火要容易多了。"

不论达科塔察觉到什么，它对迈克的身体变化能如此精准而笃定地察觉，让他能意识到自己身处危险之中，因生病而一度错过的生活因此失而复得。迈克重返帕森斯公司，设计了匹兹堡及布法罗地铁的电信系统。他开始四处旅行，不管到哪儿都带达科塔同行。

一天，就某个出了状况的工程开商讨会时，迈克的同事罗伯·诺博亲眼见识到了达科塔的本事。

"那个工程进展困难，没有人想被责备，"诺博回忆说，"大家都提高了音量。最后通牒摆在眼前，迈克也激烈地大声讲话。达科塔上前撞了迈克一下，提醒他这个地方不安全。"

达科塔把迈克带离会议室之后，会议的气氛改变了。"当我们回想刚才的情况时，大家都捏了一把冷汗。"诺博说，"达科塔等于是站出来喊停，要大家冷静一下。"

达科塔的这个举动是它保护迈克最常见的方式。当大伙因分歧而起争执，气氛愈来愈紧绷时，身体会感觉到危险。对压力做出反应是基本的动物本能——评估何种行动有最大的存活可能性，并迅速下决策，即所谓的"战或逃"反应。当身体准备好作战或逃跑时，血管里肾上腺素浓度会飙升，呼吸随之急促，同时，心脏为了把血液送往肌肉而加速跳动，每分钟多跳 10 到 30 下，肌肉继而紧绷，血压也因此上升。

这种强大的荷尔蒙反应对我们的原始祖先很有好处，尤其当他们遇上躲在岩石后头的剑齿虎冷不防地跳出来吃人时。在如今高科技的年代，这种荷尔蒙反应反倒成了健康的威胁，而我们所面临的危险也变成被那些穿细直纹西装、抢业绩的业务员追着跑。面对 21 世纪的威胁，我们的身体随时处在高度警戒的状态，战或逃的应对方式已不再是对情境的合理反应。一如哈佛大学心脏病学家赫伯特·班森在他所著的《放松反应》一书里指出的，战或逃的反应越来越常在涉及只需改变态度的事情时被提及。这正是近期一位自然主义者保罗·谢帕德所形容的"在没有猎物的世界里，掠食者心灵的转变"。

时至今日，我们都努力要在越来越少的时间内做越来越多的事。边开车边打电话是很平常的事，我们还会一面囫囵吞下速食餐点，一面用油腻的手指在 CD 架上翻找。能同时处理多重任务的人则被赞赏有能力，而且视提升生产力、获得利率和经济效益为第一要务。

但我们却忘了让自己无所事事地放空几个钟头。我们多数人只要闲着几秒钟就会开始焦虑。我住在荒山野地，但不管在屋子的哪个角落，我都听得到鸟鸣声伴着传真机声响，也听得到我的电脑传来愉快的"你有信件"的机械声响。科技制造的声音无法像旧日邮差把车子停在乡下的邮筒旁时，我们全家人冲出去看谁捎信来那样，唤起儿时的期待。在我眼里，现代生活就像微波炉里的一分钟：好长的一分钟。

从前，我习惯把咖啡放到微波炉里加热，按下计时器计时一分钟，时间一秒一秒滴答走，慢得令人抓狂，我总在一旁来回踱步发愁，不晓得这空当要做什么好。如果我不盯着时钟看，把头撇开 45°，我会看见屋外露天平台下满山环绕着高耸的松柏的山谷。无论何时，总会有一阵微风由南方经过下方的山谷吹进屋里来。如果你特地眺望，每天都会看见鹰和隼俯冲向山谷时令人屏息的英姿。但我心思杂乱，我看不到这些。微波炉上的倒数计时还有 15 秒左右，但我知道咖啡已经够热了，于是我端走咖啡，继续工作。

人在无计可施的情况下做出战或逃反应，有个绝佳例子是"在车阵里打游击"。公路上大塞车，你和其他泄气的驾驶者并排挤在一起，你的身体准备好要大干一场。那的确是充满压力的情境，但你动弹不得，无可奈何。你只能龟步慢行，要是有人超车插到你前面，你立刻火冒三丈。你的身体跃跃欲试，却苦无大展身手的机会。

光是手机就足以构成上班族"感到压力很大"的原因。美国职业压力协会估计，自从1985年手机上市以来，至1995年为止，"感到压力很大"的上班族人数增加了超过一倍。手机、传呼机、笔记本电脑实质上模糊了公共领域与私人领域之间的界限，让我们无法在工作中获得喘息，也扩大了对别人的工作和私生活的入侵。碰到过和某人一道用餐，对方手机响起但为了表示礼貌刻意不接的情形吧？他们如坐针毡，就像吸毒成瘾的人毒瘾发作一般。

譬如说，你站在超市里摆了五排各式沙拉酱调料的架子前，这时另一个正在讲手机的顾客走到你身边，她正和某位专业医护人员详细而深入地谈论她母亲的健康状况："白血球的数目有多少？依你看是白血病吗？"听到这些话你瞬间心生同情，很想给予安慰，但随即你转念一想，不该过问别人的隐私。你实在不晓得是该递给她手帕还是请她到别处讲电话，于是你什么也没做，呆站在原地无法移动，或者忘了要买什么。

这正是心脏病医生A.M.奥斯特菲尔德和R.B.舍克勒所描述的被压力搞糊涂的现代生活写照，人们日渐感到自己处在不晓得该怎么反应的情境里。传统合宜的行为不见得适当，这让你每次的心跳都充满压力。如果身体太常处在警戒状态，会促使人心脏病发作或中风，心脏不好的人可能会一命呜呼。你越常遇到压力，你的身体就越快失控。

有一半的美国人死于心血管疾病，男女皆然。美国妇女每年死于心血管疾病的人数是死于乳腺癌的11倍以上，所以就医学的观点来说，南希也该像关心迈克一样关心自己。美国每年几乎有100万人死于心脏病，有60万人罹患中风，其中有三分之一的人于患中风几个月内死亡。心脏病也是导致过早死亡的主要原因，有心脏病的人当中超过三分之一在不到 65 岁时发病。而且，患有心脏病的妇女的死亡率是男性的两倍。美国心脏协会于 1999 年估计，另有 5900 万名美国人——也就是说每 5 个美国人当中就有 1 人——患有某种形式的心血管疾病，其中 5000 万人有高血压。

《美国医学协会期刊》最近公布的准则指出，服用立普妥、辛伐他汀、洛伐他汀等降胆固醇药物的 1200 万人最终可能增至 3600 万人，或者说每 5 人就有 1 人服用降胆固醇药物。这将使这些人每个月的药费达到 100 美元，比起用于治疗心脏病的 1050 亿美元也许便宜太多了。为了开发能将胆固醇和血压降低 20% 的新药，制药公司和药品研究机构花了数十亿美元，而宠物什么都不需要就能带来相同效果。

像达科塔这样的狗提供的是基本的减压技巧：把注意力从自己身上移开。焦虑让你无心注意周遭的事物，只陷在自己的世界里。研究显示，不只是狗能提供这种安定的效果。宾夕法尼亚州大学牙医学院的教授亚伦·卡切尔和艾伦·贝克做过一项研究，他们让预约拔牙的患者在放有水族箱或挂有风景画的候诊室等候。结果发现，走到水族箱前驻足凝视的患者比欣赏风景画的患者在看诊时表现出的焦虑要少，对拔牙过程也留有较好的记忆。卡切尔和贝克认为，凝视鱼在水族箱里游来游去能创造出类似冥想的效果，除此之外，他们推测出让患者压力减小的另一个更有意思的原因。

他们认为，怡然自得的动植物象征安宁与和谐，这象征深埋在我们的演化史里，亦可见于大众文化之中。水族馆内水草摇曳、游鱼安逸的景象让人安心、舒适，置身其中宛若身临和平的国度，让我们立即进入冥想状态。

对于经常生活在极大压力下的族群来说，和宠物全天候相处的减压效果更大。纽约州立大学布法罗分校的医学研究员凯伦·艾伦博士曾就宠物的陪伴对于她能找到的最焦虑的人群（纽约市 48 位证券经纪人）的影响进行研究。

这些受试者年收入超过 20 万美元，全都单身，也都患有高血压。正常的血压一般是不超过 140/110，但这些受试者在休息状态下平均血压为 165/110。第一次测试时，艾伦和同事要求受试者完成两项压力任务：从 17 开始倒数，并用五分钟的时间辩护，替自己洗脱偷窃的罪名。完成倒数任务时，他们血压平均升到 182/126，替自己辩护之后则升到 184/126。受试者服用一种常见的降血压药物——血管紧张素转换酶抑制剂——之后，血压降至正常值范围内，平均 122/76。

然后研究人员随机指示其中一半证券经纪人养狗或养猫。六个月之后他们再度接受另一项压力测试。艾伦要求他们即兴编出一段对话，内容是他们赔掉了客户的 86000 美元，客户气急败坏地找他们理论。结果养宠物的人血压的上升值只有没养宠物的人的一半。

这些压力超大的证券经纪人的血压值显示出，即便他们和宠物分开好几个钟头，他们的心血管系统大体上依然受惠于宠物陪伴带来的好处。毕竟，除了他们看到猫睡在它最爱的挡风板位置上时，感到世界一片祥和外，宠物还提供给他们一种触觉上的放松。

赫伯特·班森博士在《放松反应》这本书里贡献了减压的家

庭处方：找个安静的地方摆出最舒服的姿势。清空脑中的思绪，找个自身之外让注意力集中的焦点。这个类似冥想的降血压简易妙方，和你轻拍动物时所达到的效果有异曲同工之妙。不过，轻拍动物对健康的帮助更大。比起你盯着墙上某一点看，或反复念着某个字让脑袋变得迟钝，和宠物在一起你会得到被大家所认可、有益健康的接触，这现象也就是所谓的"人的效应"，听起来怪得很。

四十多年前，约翰·霍普金斯大学的研究员 W. 霍斯利·甘特博士造了这个词，描述与人类接触这个因素对动物心血管反应所带来的强烈影响。甘特是俄国科学家巴甫洛夫唯一的美国门徒，巴甫洛夫最著名的实验是对狗进行的经典条件反射实验：把狗单独留在某个房间内，摇铃，然后喂它食物，如此反复操作，一段时间过后，那只狗只要听到摇铃声就开始分泌唾液。

甘特实验室里的研究员则进行一项更正面的条件反射实验。他们让每只狗独自待在一个小房间内，定时监测它们的血压。当人进到狗所在的小房间内时，狗的血压会飙升，但当人轻拍狗时，它们的血压和心跳速率最多可下降 50%。不具威胁性的接触，甚至是陌生人的出现，皆能迅速地安抚它们。

20 世纪 60 年代初，这个实验被甘特加以延伸，测试狗在有压力的情况下是否也有同样强烈的反应。在这一次的实验里，狗的前肢无预警地受到电击，然后研究人员记录下它心跳增加的速率。找出平均反应值后，狗在有人轻抚它的情况下无预警地被电击。有些人预计狗被电击时会咬正在轻抚他的人，但结果正好相反。和另一个有生命的个体接触减少了对疼痛的知觉，狗受电击时增加的心跳速率只有原先的一半。

倘若你用人与人之间的观点来想，就会觉得这结果没什么好讶异的。比方说，母亲见到女儿骑自行车跌倒，膝盖磨破而号啕大哭，于是急忙冲向她，把她揽进怀里贴在胸前，一面搂着她，一面来回摇晃，轻声细语安抚她。这孩子在母亲怀里放松，沉浸在母亲的温暖和力量里，瞬间也会觉得膝盖不怎么痛了。

　　甘特实验室里的研究员詹姆斯·林奇，后来和卡切尔及弗里德曼共同进行了一项突破性研究：宠物如何帮助人在心脏病发作之后增加存活的机会。林奇在后来的学术生涯中专注于研究寂寞为何是心脏病的一个主因，他所著的《听不见的哭泣》记载了最令人信服的一个案例。

　　林奇任职于约翰·霍普金斯大学，并且任教于马里兰大学医学院，他研究过许多心脏病患者。他的研究对象中很多是独居者，躺在病榻上好几天甚至好几周都无人探访。他们的家人散居全国各地，他们平常几乎不和人接触，更别提有人为伴。与人接触带给他们的疗愈力相当惊人，即便只是一声招呼、一个问候。林奇发现，与量脉搏的护士的肢体接触，也可能暂时化解危险的心律不齐。

　　1980 年，林奇在研究宠物的陪伴对心脏病患者的影响时，发现了这些心脏病患者不良生活方式的更多证据。他调查的这些患者当中，有些是在配偶丧生后的半年内心脏病突发，更多人是在长期独居后病发。其中有位妇人说，她定居某地 45 年，但所有的街坊邻居她都叫不出名字来。另有一位男性，跟他住同一条街区的人他一个也不认识。动物的陪伴证实了它们的作用不只是帮这一类人赶走忧郁，它们还是救命使者。澳大利亚的一项研究发现，养宠物的人通常都有比较良好的社交生活。养宠物的人有近六成会通过宠物交朋友，62%的人说，有宠物让他们和访客聊起天来容易许多。

和卡切尔及林奇共同进行这项研究的另一名研究员是艾瑞卡·弗里德曼，她目前是布鲁克林学院健康与营养学系的教授。1995年，她决定找更大的样本人群，以更精准的测量方法，重新开展这项研究。

她找来392名患有心脏病并且正接受心律不齐抑制试验的患者，让他们接受一套复杂、严密的心理测验，评估其社会支持度及精神健康状态。一年之后，这份样本人群的研究得到的结果比1980年那次的研究更惊人。养狗的87人当中，只有1人死亡；没有养狗的282人当中，有19人死亡，照这个数字算来，养狗的人心脏病发作一年后的存活率，是没养狗的人的八倍。一年之后依然健在的患者所具备的四大因素分别是：心脏强健、没有糖尿病、心跳规律以及养一只狗。对于存活下来的人来说，养狗在社会心理性因素中名列第一。

曾任加护病房护士、现为动物医院院长的阿琳·威廉姆斯，深知与动物接触所产生的威力。她和在加利福尼亚州大阿罗约市执业的心脏病医生彼得·桑姆共事九年，他们开给患者的处方经常包括养狗、养猫或养鸟。阿琳注意到，很多来看诊的心脏病患者明明半年复诊一次即可，但他们却每星期都来。她猜想，很多"小老太婆"只是很寂寞，需要一个伴。找出问题所在和解决办法后，阿琳鼓励这些患者养宠物。不出所料，他们回答说他们的房东、邻居、家人、配偶等人不准他们养宠物。阿琳马上接口说："要是桑姆医生给你们开一张养宠物的处方呢？"他们会回答："哎呀，那可就大不一样了！"

阿琳接着要做的是说服她那不喜爱宠物的老板在处方笺上写下"养宠物"这一项。阿琳会坐下来和患者讨论养哪一类、哪个品种的宠物最恰当,一旦他们达成共识,她就会请先前对这做法持疑的桑姆医生开处方。她跟患者说:"要是有人对这处方有任何疑问,打电话给我,我会亲自来解释医生开这处方的原因。"没有人打电话来。事实上,有好几位患者的宠物是一只接着一只养。阿琳说:"桑姆医生看到宠物对患者的帮助这么大,也感到很不可思议。"

《心碎与心脏病》一书的作者,康涅狄格州的心脏病医生史蒂芬·辛纳屈,也从他的患者群中看出这个事实。他发现,宠物很能排解患者的寂寞,又能激励他们安排新的生活作息,所以他也针对大约15%的患者开养宠物的处方。"有很多丧偶或独居的患者没办法与人建立必要的联系。"辛纳屈医生说,"你会很讶异竟有那么多患者愿意对宠物卸下心防。他们对宠物付出多少爱和心力,宠物也会全数回报。"

林奇相信,动物能让人安定的主要优势是它们不会讲话。他所做的一项研究指出,说话这个动作会使得血压大幅上升,具体就看听众是谁以及讲话者的说话方式了。讲话快得喘不过气来的人血压会增高,同样,认为听众社会地位较高的说话者血压也会增高。冥想基本上没办法阻止因谈话而导致的血压升高,唯一有帮助的是把注意力放在自身之外。"可以把我们的注意力从自身移开的事物,能立即使身体平静下来。"林奇说。

鉴于此,辛纳屈医生从十多年前开始带着狗到诊所上班。他有三只狗,一只是名叫查理的挪威猎麋犬,他亲昵地称它为"爱的机器",另两只是松狮犬丘伊(丘巴卡的简称)和库格。辛纳屈认为，有狗在诊所里可以让医生和患者的谈话更顺畅。"有时候你会遇到很耗神的患者，"他说，"你会觉得你的精力被他吸干了。然后我拍拍狗，他也拍拍狗，接着开口说起自己的病况。当我抚摸狗时，我的心被打开了，当我敞开心时，看起病来会更有效率。"

在诊所这种令人焦虑又感枯燥的地方，最好的注意焦点就是大自然，即便只有水族箱里游来游去的鱼可看也很有帮助。如果你运气够好，可以当辛纳屈医生的患者，你会得到抚慰人心的接触和最基本的理解。当你用语言向另一个人描述身体状况时，你的努力会引发自己可能不会被理解的恐惧，林奇这么说。动物不会评判你，它的行为都在预料之中，而且毫无保留地接纳你，绝不会有战或逃的反应。它们轻松自在、无所畏惧、忠心耿耿的模样，仿佛对你说："留下来玩吧！"或者就像迈克·林格菲特说的："你跟人讲话，得到的答案总是错的，但你跟达科塔说话，它给的答案永远是对的。"

时间推移，达科塔无疑满足了迈克需要它随侍在侧，并注意他周遭世界的需求。它也对迈克的三位同事发出预警，其中一位在达科塔提醒后的几小时就心脏病发作，其他两人后来也被诊断出患有心脏病。一段时间后，达科塔便开始和迈克及南希同床共眠。南希毫无怨言，因为达科塔能救她先生一命，这是她做不到的。

1999 年 7 月，一天清晨五点左右，达科塔突然醒来，它感觉到迈克有点不对劲，并试着叫醒他。尽管它使劲扯他的袖子，反复对他又推又拉，迈克仍然动也不动。达科塔见迈克没反应，便转而唤醒南希。南希起身试着叫醒迈克，但他没醒来，南希惊慌地拨打 911 求救。几分钟后救护人员抵达，他们量迈克的血压时，发现他的血压只有 60/38。亨德森医生说，血压降到那么低的情况下，若不是达科塔及时发现，"迈克可能不会再醒来"。

达科塔能在迈克心脏病发作前警告他的本事可谓天赋异秉。也有其他的狗能对主人提供这种协助，但为数不多。达科塔早在迈克在小学演讲出事那天前，便送了迈克一份真正的礼物。就像其他那些帮助主人在心脏病发后捡回命的狗一样，达科塔先奉送给迈克一份友谊。它那单纯、不带一丝评判的陪伴，疏解了迈克的压力，带领他走出孤独。随后，它继续带着迈克向前走，迈向迈克能发挥才能、达成使命、有生活目标的世界。

虽然我们用许多研究和统计数字来量化这种联系，归根究底，还是要回到这一点：与动物建立关系让人总有活下去的理由。一如林奇在《听不见的哭泣》一书中描述的这种跨越物种的联系："人都有活下去的意志，而人与人的关心、人和动物的友伴关系，以及我们和活生生的大自然之间的联系，都会燃起人的这个意志。"

这种跨越物种的联系，在任何时候都不如迈克发现达科塔罹患癌症时所感到的这般深厚。

四 癌症的治疗——宠物给予的另一次机会

迈克·林格菲特和达科塔间的关系充分体现了人类和动物间的紧密联系。迈克把达科塔从被遗弃的处境中解救出来，达科塔反过来以它能预警心脏病发作的本事，让迈克重获新生。迈克恢复元气之后，想让世人了解人和动物间的相互关爱对人的健康有多么重要，他们俩随即赢得了"人与动物之联系组织"及全国媒体的注意。1999 年，达科塔被德尔塔学会选为"年度服务犬"，同时名列"得克萨斯州动物明星堂"，并于 2000 年接受动物星球频道专访。《早安美国》的制作人帕蒂·尼格在《男士健康》杂志上看到报道迈克和达科塔的文章后，立即着手安排他们上《早安美国》（我是这个节目的撰稿兽医）。当帕蒂正要派遣一组人马前往得州拍摄他们的专题时，她接到迈克惊慌的来电，说拍摄恐怕要取消——达科塔患了淋巴癌！

一个礼拜前，迈克注意到达科塔无精打采地四处闲逛，喝大量的水，没什么胃口。达科塔的兽医哈罗德·库拉格诊断出达科塔罹患淋巴癌，并建议它接受化疗。他告诉迈克，达科塔顶多只能再活六个月。迈克极为震惊，他和南希彻夜难眠，一想到他们即将失去达科塔就会伤心哭泣。帕蒂打电话给我，哽咽着问我有没有人帮得上忙。

"他愿意长途旅行吗？"我问。

"我想只要能救这只狗，迈克愿意做任何事。"帕蒂说。

"那么，请你转告他，务必要带达科塔到科罗拉多州的科林斯堡。"我说。

我到过美国的27所兽医学院演讲，最喜欢的就是科罗拉多州立大学科林斯堡兽医学院。开车行驶在从丹佛往科林斯堡这一段沿着落基山脉东侧的路途上，仿佛开往兽医界的珠穆朗玛峰朝圣一般。虽然我是这所兽医学院的教授，但我和学院附设的动物癌症中心渊源更深，这所动物癌症中心是全国首屈一指的人类及动物癌症研究机构之一。

癌症是人类死亡的第二大主因，但动物死于癌症的几率更高。和人类约有四分之一死于癌症的比例相比，狗死于癌症的比例高达二分之一，而猫死于癌症的比例也有三分之一。动物癌症中心的肿瘤科主任史蒂芬·威思罗说，虽然动物的癌症和人类的癌症就种类与发病率而言大不相同，但对化疗和放射性治疗的反应是一致的。史蒂芬在梅奥医学中心受过训练，是素负盛名的肌肉骨骼肿瘤协会所认可的医生中唯一的一位兽医。过去二十年间，美国国家卫生健康研究院拨给动物癌症中心总计3000万美元的研究补助金，该中心在骨癌、化疗输送系统及热能和放射性治疗的运用上已做出重大的创新研究。

动物癌症中心的医生每年为1500名新患者看诊，这些新患者便是他们的研究对象。该中心以其立竿见影的治疗效果闻名。中心内的兽医所使用的积极治疗，以照护人类的标准而言，是不被允许的。执行化疗和放射性治疗时，剂量要拿捏得恰到好处——足以杀死癌细胞，但又不致伤害患者——就这一点来说，那些动物的确为我们奉献了生命。

中心里的兽医促进并更新人类癌症的最新研究成果，他们小心翼翼地借助动物病患来调整放射性治疗及化疗的剂量，强化其免疫系统，补充营养，并试图找出这三者的最佳比例，为人类及动物带来最大的希望。最重要的是，这些研究并不是找健康的动物来实验。研究人员不会刻意让动物罹患癌症，然后再让它们接受临床实验。他们是以我们养的那些病得很重、其他兽医已宣告不治的伙伴为对象，试着给人类和宠物另一次机会。因此，他们处理的不仅是疾病的生理面，也关照到情绪面。

"癌症是一种情绪疾病，"动物癌症中心肿瘤研究实验室主任格雷格·奥格尔维说，"一种被阴霾笼罩的病，你认识的所有死于癌症的亲朋好友，都会形成一道阴影。癌症代表陷入丧失希望的绝境。"

宠物的疗愈力量部分来自它们能够营造出令人安心的气氛，一种精神上的疗愈。无论你有何感受，你都可以在宠物面前表达出来，尽情宣泄，不会受到批判。在这过程里，我们无须在挚爱的宠物面前审视自己，也无须在它们生病时审视我们对它的感情。动物癌症中心除了有先进的医疗技术之外，令我印象深刻的是，工作人员具有承受疾病所引发的情绪冲击的能力，这种本事在治疗罹患癌症的人类时总是被人忽视。"当你发觉照顾你的人很害怕，被恐惧所挟持，这对双方来说都是一种伤害。我们不仅关心生病的动物，也关心生病的人类。"格雷格说。

和其他很多建得雄伟气派的兽医学院相比，科罗拉多州立大学的兽医学院更像个温馨、舒适的大家庭。动物癌症中心的候诊室总是人流攒动，气氛愉快，尽管来到这里的动物无一不是生了重病。毕竟，大家是带着宠物来的，他们渴望交流，了解彼此的为难之处，并因为尽全力挽救伙伴而松了口气。当然长途彻夜开车带着宠物前来就诊的人也不在少数。我最近一次拜访动物癌症中心的那天，更有人千里迢迢从温哥华不眠不休地开了两天半的车，带爱狗来中心就诊。动物癌症中心给予的另一样东西是希望。带着宠物来动物癌症中心的人知道，这里的医生使用的是最先进、最积极的治疗方法。

格雷格见到达科塔时，首先注意到它的毛发灰白。"癌症会消耗它的精神和体力，它的身体会随之产生变化。"格雷格说。随后他马上注意到达科塔的绿色小青蛙，也就是多年前它用来把迈克推下床、刺激他恢复活力的那个法宝。"达科塔从未离开过迈克一步，但它还是叼着青蛙和我打招呼。"格雷格回忆说，"它生了病精神不济，但它还是对我说'一起来玩吧！'"

肿瘤占据了达科塔胸腔的三分之一，并扩及胸腺和淋巴结，抑制了免疫系统的功能。治疗上最大的问题在于淋巴瘤位于胸腔内，足以杀死癌细胞的放射性治疗和化疗的剂量很可能会损害它的心脏和肺。"我们必须在癌细胞对放射性治疗产生阻抗性之前，以最快的速度控制住胸腔内的癌细胞。"格雷格说，"必须在提供集中治疗、同情心和保留它帮助迈克的能力三者之间取得平衡。"

达科塔接受每周周一到周五的微量放射性治疗，每天10至15分钟，除此之外还有每周一次的化疗。格雷格也另外开了些保护达科塔心肺的药物和强化免疫系统的营养素。这期间，迈克的老板不断催促他回去上班，公司可以体谅他一阵子，但不同意迈克请六周假陪达科塔在科林斯堡接受治疗。迈克回得克萨斯州上班时，达科塔暂居格雷格家。"起初它回家常常体力不支倒地，"

格雷格回忆说,"后来治疗控制住病情,它开始恢复生气。达科塔在治疗期间表现得非常配合,它把它的心、它的生命、它的身体全交到你手中。"

达科塔逐渐好转期间,迈克没有达科塔的陪伴,健康逐渐走下坡路。尽管格雷格每天打两次电话给迈克,向他说明达科塔的情况,但迈克需要达科塔在他身边寸步不离。迈克的心脏病医生尤金·亨德森十分替迈克担心。"达科塔待在科罗拉多期间,迈克的身体状况急转直下。"亨德森医生说,"他外出活动的时间少了,体重增加了。"

当治疗结束,达科塔胸腔内的癌细胞消失无踪后,格雷格一家人邀请迈克前来做客,不情愿地把达科塔还给他。"连天竺鼠也爱达科塔。"格雷格说,眼睛望着留在他家等着达科塔再度造访的一些玩具。虽然格雷格很不喜欢用"治愈"这类字眼,但18个月之后,达科塔的健康状况依然良好。迈克目前已退休,全家搬到阿拉巴马州,偶尔担任他前任老板的顾问。他工作时,达科塔总是如影随形跟在一旁。

虽然格雷格说他的每个患者对他而言都是独一无二的,但只有少数能够展现出如迈克和达科塔之间这种强烈的联系。"达科塔是迈克的天使,反过来说也一样,"格雷格说,"他们之间有种难以言喻的关怀、契合及慈爱。"格雷格举的另一个呈现出这种联系的例子,是比尔·约翰逊和他的狗麦克斯,他们因为癌症而紧紧联系在一起。比尔的坚持和慷慨,帮助动物癌症中心在人与动物的癌症研究上跨出一大步。

比尔在商业上的专长是改造体制不良的公司。他急欲告别商界无意义的竞争,于是在1992年退休。他辞去一家世界五百强企业的总裁一职，搬到科罗拉多州，领养了麦克斯，它和达科塔一样是金毛寻回犬。比尔和麦克斯一起爬山、滑雪、攀岩，这些活动除了健身之外，也带来了出乎意料的附加效益：这位顽强的商场老将精神上有了神奇的蜕变。

比尔生活中的压力消失了，但生活里的支柱却开始崩解。他的婚姻结束，随后他又被诊断出患有结肠癌，幸而只是初期。但比尔还是必须割除部分结肠，并接受化疗，这期间麦克斯寸步不离地陪伴他左右。"麦克斯是我的保护神、我的精神导师，也是我的疗愈者。"比尔说，"不光是它的爱有疗愈作用，它的接纳、对生命的积极态度也有抚平伤痛之效。它从不知何谓消极。"

比尔接受癌症治疗的半年后左右，麦克斯开始容易疲倦。当他俩滑雪时，麦克斯时常想躺下休息，也越来越喘不过气。但它才5岁大，比尔从没想过它可能罹患癌症，直到兽医诊断出麦克斯的胸腔内有一个相当大的淋巴瘤，比尔才急忙带着麦克斯飞往动物癌症中心向格雷格医生求诊。比尔相当自责，总觉得是自己害了麦克斯。他向格雷格表明，不论有多费事，也不管要花多少钱，只要能救麦克斯一命，任何方法他都愿意尝试。格雷格采用自然疗法和放射性治疗双管齐下的做法，这种做法的精神和他成功治疗达科塔的原则相同，但细节上很不一样。治疗两个月后，约翰逊家族的又一位成员战胜了癌症。

对比尔和麦克斯来说，他们的医生都认为癌症不会复发，但没有任何检验能够证实这一点，所以和癌症作战成了他们俩的共同任务。他们相互依赖，同心协力地坚持一种让彼此活下去的生活方式。比尔阅读了30本书，研究癌症的另类治疗方式，研究出一套严格的饮食疗法，并依照这套食疗的概念调整麦克斯的饮食。他也让麦克斯食用适合它服用的药草和补给品，甚至请教自然疗法大师安德鲁·威尔医生如何调整麦克斯的饮食。比尔对能及早检测出癌细胞的踪迹并对其进行精确定位的任何新方法都十分热衷。他询问格雷格是否认识这个领域的研究人员，格雷格推荐梅奥医学中心的道格·柯林斯医生，道格曾利用维生素 B_{12} 检测、追踪癌细胞。

癌细胞会先行吸收 B_{12}，肿瘤愈是凶猛，其吸收 B_{12} 的速度愈快。道格利用接上放射性同位素的 B_{12} 来侦测肿瘤的位置，并用精密的核子造影技术来评估肿瘤的强度。

就传统的做法而言，癌症治疗的效果如何，要看解剖的结果才能判定，也就是测量肿瘤是变大还是变小。道格·柯林斯利用 B_{12} 来追踪癌细胞的生化反应，观察 B_{12} 在癌细胞内新陈代谢的速度如何。如果肿瘤饥渴地吸收着 B_{12}，造影的结果会显示出亮白色，反映出生化反应的热能。一旦道格检测出癌细胞，他便把另一种放射性同位素接到 B_{12} 上，这种放射性同位素可以杀死癌细胞。利用维生素作为传输系统，这种放射性物质会直接进入它该去的地方。当治疗发挥效果时，核子造影会立即显示出来。B_{12} 的传输机制就像在直射范围内发射激光一般百分百命中，而不是在浓雾中用猎枪射击目标，那样可能会失手。

格雷格对道格的研究非常感兴趣，他主动和道格联系，提供动物癌症中心的病患作为研究对象。道格也很高兴能和格雷格合作，有机会把他的治疗方法应用在动物体内自然形成的癌细胞上，而不是拿腿部被注入癌细胞的老鼠试验。他也喜欢这里的气氛。"工作人员专业的态度、敬业的精神及奉献的热忱，这些和梅奥医学中心的气氛很像，"道格说，"就像个大家庭。"

他们用 1975 年动物癌症中心制造的核子造影器材替一些动物造影，虽然是种简单的技术，但可以检测出让癌细胞呈现亮光的 B_{12}。为了进行研究，道格建议动物癌症中心购买一台标价 70 万美元的造影机。比尔知道这个消息时，邀请科罗拉多州立大学的行政人员、道格、格雷格，召开了一个集体讨论会议，为如何募集新机器所需的费用集思广益。会议召开后的一个月左右，麦克斯再度生病，购买机器迫在眉睫。

比尔带着麦克斯就诊，全身检查之后，亚利桑那州土桑市的兽医发现麦克斯的右心房内有个高尔夫球般大小的肿瘤，这个肿瘤和它之前的淋巴瘤没有关联。这位兽医预测麦克斯没几天可活了。比尔当天下午就带麦克斯前往动物癌症中心，比尔和医生们决定不对麦克斯进行心脏手术，因为这手术可能会让麦克斯丧命。由于肿瘤对心脏造成巨大的压力，麦克斯的血流量不足，血浆淤积在它的胸腔内。格雷格让它服用沙利度胺，缓和肿瘤和化疗的不适。格雷格说，麦克斯对比尔的爱是支撑它活下去的唯一力量。

比尔在附近的饭店租了一间套房，尽管他有个很棒的卧室，他却在麦克斯身旁打地铺，以便随时察看麦克斯的呼吸状况。他买了一台小孩子坐的大红色推车，有可拆式护栏，以便载麦克斯上下电梯和上下车。另一方面，比尔想方设法地催促科罗拉多州立大学及梅奥医学中心的行政人员加紧脚步，以挽救麦克斯的性命。

麦克斯在 2 月 6 日进入动物癌症中心接受治疗，比尔在 3 月 6 日这天便和梅奥医学中心达成协议，把该中心的一台旧造影机搬到动物癌症中心，而梅奥医学中心则需要一台更先进的机器来取代。比尔捐了 40 万美元给梅奥医学中心，另一个和梅奥医学中心关系密切的研究机构捐出了 16.5 万美元，动物癌症中心答应筹出剩下的款项。

比尔花了将近一个月的时间才谈成这项协议，对比尔来说这过程慢得折磨人，但对科罗拉多州立大学和梅奥医学中心而言快如闪电。运送这种造影机通常得花上三周。这些单位在星期三下午达成协议，星期五这台机器已经在前往科罗拉多州立大学的路上了。比尔问到运货司机的电话，说服他彻夜运送，同时也说服安装小组随时待命，以便造影机在星期六凌晨三点抵达时可以立即进行安装。到了星期一下午机器已就位，并开始运作，而通常安装得花上十天。到了星期二，道格便从明尼苏达来检视麦克斯肿瘤的核子造影结果。

检查结果是道格所不乐见的。肿瘤占据了麦克斯右心室的80%。格雷格向州政府提交申请实验性的积极化疗许可，但麦克斯看起来已放弃希望。

某天，比尔在载麦克斯回饭店的路上，凝视着后座上的麦克斯，发现它既悲伤又憔悴。但比尔仍想带它继续治疗。"要让企业起死回生，你得说服别人去做看似不可能的任务。"比尔说，"我一心一意只想着别放弃。"当他们抵达饭店，比尔的朋友进入车后座要把麦克斯移出车外时，发现麦克斯已经没有呼吸。他们急忙又驱车返回动物癌症中心，急诊室的兽医尝试用心脏电击板恢复麦克斯的心跳，但抢救无效，麦克斯已过世。格雷格进行尸体解剖时，发现肿瘤塞满了麦克斯的整个心脏。

当我说出比尔抢救麦克斯的经过以及他为了让麦克斯多活几年所花的费用时，大家都觉得比尔简直是疯了，麦克斯毕竟只是一条狗。但比尔相当坦然洒脱。"要是你最好的朋友生了重病，你会怎么做？"他反问，"一个细心对待你，把你当成他的整个世界，毫无保留地对你好的人，你会怎么做？他这样对你，相信你也会这样对他。如果你真的有过那种心灵相通的感觉，你会竭尽所能地付出。别人无法负担那庞大的费用，但我出得起，何不解囊相救呢？"

比尔为麦克斯的传奇经历而自豪，因为正如动物癌症中心做的许多事一样，数年以后该中心利用核子造影机做的研究，将给人类癌症的治疗带来震撼性的成果。事实上，动物癌症中心在20世纪80年代后期对动物所做的一些研究已成为当今治疗人类癌症的先进技术。科罗拉多州某个小镇的一条狗就是个例子。

千惠子是圣伯纳犬和德国牧羊犬混种的大型狗，刚出生就有15磅重。当它长成成犬时，用后腿站立可高达6英尺，重达123磅。它虽然身躯巨大，但性情温和，是科罗拉多州麦垄市赫里克家的爱犬，附近的每个小孩都知道它玩耍起来精力旺盛。它随时都准备去健行，最爱长途跋涉及滑雪。如果你不见它的踪影，只要寻声找到街上一群笑闹的孩子，一定会发现千惠子就在他们之中。康妮·赫里克还记得，千惠子动子宫切除手术后的那个冬日午后，她四处寻找它，想好好陪它。她在屋里各个角落搜寻，最后发现它在屋外和几个孩子嬉闹。"任何刚动过子宫切除手术的女人，都不会想在下雪的户外玩乐。"康妮说。

1988年12月，康妮在圣诞节大采购之后回到家，千惠子安静地迎接她。它一瘸一拐地走向康妮，快速地扭扭身子并亲吻康妮之后，瘫倒在楼梯底。康妮发现千惠子左脚有个大肿块，连忙和先生罗恩载千惠子到动物医院就诊。兽医诊断出千惠子罹患骨肉瘤，这是种严重的骨癌，多见于大型犬及身材较高的人类身上。

兽医提出两个选择，一是截肢（那么千惠子也许可以再活三个月），另一个是让千惠子加入科罗拉多州立大学史蒂夫·威思罗医生主持的肢体保留实验计划。

以保留肢体为目标，动物癌症中心的外科医生切除癌细胞组织，施以局部化疗，把患处的骨头切除，从骨头捐赠银行找来大小相当的骨头接上。在骨头移植手术的帮助下，肌肉和神经可以在借来的骨骼上重新生长愈合。史蒂夫说，这是个需要高技巧的手术，可不是一般整形外科医生能做的。一旦手术成功，动物可以再次站起来走动，只是肢体活动的幅度稍稍不如从前。

赫里克夫妇带着千惠子到动物癌症中心做评估，它在候诊室时成了大家的开心果。只要它抬起最近因切片检查而有伤口、被绷带包扎起来的脚掌，大家就会怜悯地柔声安慰它，说不定还会给它一些零嘴吃。它的拿手绝活是摆出惹人心疼的表情，当它见到史蒂夫，尝试着博取他的怜爱时，史蒂夫当场就笑了。史蒂夫告诉这对夫妇，千惠子需要做全身 X 光检查，看看身体其他部位是否有癌细胞的踪迹。如果千惠子通过评估加入这项计划，赫里克夫妇必须支付 1000 美元，其余的费用则由研究补助金支出。这项计划不一定会让千惠子痊愈，那种几率只有 10%，但可让千惠子再多活一两年。赫里克夫妇决定把千惠子留在动物癌症中心接受评估。

在开车回家的途中，赫里克夫妇除了不时啜泣之外，皆默默无语。要筹出 1000 美元对这家庭来说相当吃力。他们的车一停在车道上，康妮便冲出车外，想在罗恩看见千惠子的玩具前先把它们收拾好。她手里握着六七样玩具，随后失声痛哭。屋子里到处有千惠子的影子——可爱的玩具、它的餐盆、搁在盆栽里的牛奶骨头、它在壁纸上留下的泥渍，还有门上的抓痕。赫里克夫妇决定，若是千惠子能够加入那项计划，他们要把原本存下来预备买新地毯的钱拿来付千惠子的医药费。不知为什么，那土耳其绿的旧粗绒地毯看起来似乎也没那么糟。

千惠子通过评估，加入了那项计划，圣诞节那一周，它在动物癌症中心接受肢体保留手术和复健。史蒂夫在假期期间一天打两次电话给赫里克夫妇，说明千惠子的进展。罗恩的母亲当时也因患癌症而住院，这位兽医的医疗服务做得比他母亲的肿瘤科医生还好，让他很难过。"如果有一天我得了癌症，"他跟康妮说，"送我到科罗拉多州立大学医院去。"

千惠子在除夕夜回家，为了和千惠子做伴，赫里克夫妇在千惠子身旁打地铺过夜。1991 年 5 月，千惠子的癌细胞转移了，它的右后腿被切除。即便只剩下三条腿，它每天早晨依然和康妮一起慢跑。9 月时，癌细胞扩散到它的左后腿，史蒂夫告诉赫里克夫妇，停止痛苦的时候到了。一个秋高气爽的日子，在医院附近的一棵棉白杨树下，史蒂夫和其他照顾过千惠子的人围绕在赫里克夫妇和千惠子身边，向千惠子道别。他们满怀着对千惠子的爱为它注射药物，千惠子挥别了人间。几个月后，赫里克夫妇带回一只出生没多久的金毛寻回犬，为了感谢史蒂夫·威思罗医生两年半以来对他们和千惠子的照顾，他们把小狗取名为威思罗。

赫里克夫妇再度养的小狗孩子们都非常喜爱，特别是邻居那个名叫彼得·克努提的男生。彼得的发色淡黄，骨架子很大，看起来和威思罗还真有几分神似，他管威思罗叫"温思罗"。彼得和威思罗一样，因坚定勇敢而出名。他不但是个运动迷，也是个运动健将。在他初二那年的秋天，也就是千惠子过世三年之后，彼得加入了橄榄球队，天天盼着开学。彼得的母亲邦妮在某个礼拜五下午把橄榄球队的标章缝到彼得的球衣上时，发现他左腿上有个棒球般大的肿块。彼得的母亲坚持让他去看医生，他强烈反对，因为这么一来第一场球赛他便无法上场。

彼得被诊断出患有尤文氏肉瘤，是种和千惠子的骨肉瘤类似的骨癌。因为这是在大型犬类以及快速发育的人类身上发病率极高的骨癌，而彼得正好属于这个人群。以他的年纪来说，他长得十分高大，他的爸爸李是高中篮球教练，有 6 英尺 7 英寸高。关于这类骨癌的一个理论是，这种病变多少和急速发育中的骨骼里细胞不正常的新陈代谢有关。照这个理论说来，激烈的活动（譬如圣伯纳幼犬的好动或青少年的打打闹闹）会在身体急速发育期间造成细微的骨折，这些细微的骨折将诱发这类骨癌。彼得的医生罗斯·威尔金斯，同时也是赫里克家和克努提家的邻居，建议彼得接受肢体保留的新手术。他进一步说明，这是科罗拉多州立大学发展出来的新技术，而他和一位名叫史蒂夫·威思罗的兽医一直有密切的合作。五年之后，千惠子给我们送上了一份礼物。

彼得接受了肢体保留手术，他的膝盖上装了一个钛金属关节。手术后，彼得坐着轮椅回家，必须忍受每三周一次、全程长达九个月的化疗。赫里克家和克努提家因"温思罗"而更亲近，康妮时常接到彼得的电话，邀请她和"温思罗"与他们母子一道散步。

夏天临近，彼得的化疗刚结束，但他的身体恢复神速。康妮力邀彼得参加擎天展望营，那是专为罹患癌症的儿童办的夏令营，打从千惠子在科罗拉多州立大学接受治疗起，康妮便开始在这个夏令营担任义工。史蒂夫和格雷格每年也会参加这个营队的活动，他们说，这不但让他们有再充电的机会，而且让他们充满希望。

有个孩子某一年是坐着轮椅来的，隔年再来时，已经可以用双脚稳当地走路了。另一个被化疗摧残的孩子隔年出现时，长了一头浓密的头发。"癌症是所有慢性病当中治疗率最高的疾病。"格雷格说，"在这个营队活动里，你看到了孩子脸上的希望，以及我们努力的成果。"

这个营队的另一项好处是它欢迎兄弟姐妹一起参加。重病孩童的兄弟姐妹要承受很多压力和寂寞。家里的大量资源和注意力都集中在生病的孩子身上，身体健康的兄弟姐妹即便只是要求一丝的关心，也会觉得自己过于自私。婚姻关系所承受的压力就更不在话下了。绝大多数的婚姻关系会因为孩子患重病而宣告破裂，这时身处火线上没受到保护的兄弟姐妹，所承受的压力更是难以想象。

那年，彼得和他的姐姐克莉丝蒂一起参加擎天展望营，在那里认识了史蒂夫·威思罗。最后一天的活动是在海滩上举办派对，派对的高潮是独木舟竞赛，争夺大家梦寐以求的"保丽龙杯"。彼得邀请史蒂夫和他组队，最后赢得了冠军，康妮·赫里克和格雷格·奥格尔维在海滩上为他们欢呼喝彩。"瞧，他帮孩子们保住了四肢，现在有一个孩子正在用那四肢在独木舟里和他竞赛。"康妮说。

史蒂夫和彼得不仅是独木舟竞赛的好搭档，两人也成了好朋友。彼得的父亲说，两个人的风格很不相同，但同样热情有劲。当彼得要邀伴参加校园就业博览会时，他邀请了史蒂夫，甚至去史蒂夫家过夜。他们连续三年赢得"保丽龙杯"冠军。1997年的圣诞夜，发现彼得患有骨肉瘤的五年之后，他被诊断出罹患白血病，接受化疗的人有2%的几率会有这种副作用。史蒂夫一知道诊断结果便立即打电话告知彼得。他开车载彼得前往丹佛观看美国国家橄榄球联盟季后赛，之后每个礼拜都来探望彼得。

当彼得的腿部受到感染，医生无法将之清除时，他决定接受骨髓移植手术。移植之前必须先截肢。动截肢手术那天一早，史蒂夫打电话来祝彼得好运。随后史蒂夫带着自备的针筒和染料前往一家刺青店，在手臂上刺了一只巨蟹①，巨蟹的外围有个圆，圆圈上画了一条斜线，代表"拒绝"癌症的意思。图案下方刺了彼得名字的缩写P.K.。史蒂夫把刺青的图案传真给彼得，上面写着："刺青痛死我了，但和你接受截肢比起来，是小巫见大巫。"

彼得随即接受骨髓移植手术，手术很成功。他似乎战胜了厄运。圣帕特里克节这天，彼得出院回家，街坊邻居全都前来欢迎他。他的康复俨然是地方上的大事。邻居们发起了捐血运动，是邦菲斯血库历年来民众单日捐血量最多的一次，他们还义卖T恤衫，T恤上面写着："为了彼得……也为其他人！"克莉丝蒂当时已经是哈佛大学大二的学生，每个周末利用邻居送的飞行里程折抵机票搭飞机回家。左邻右舍不但为他们一家人做饭，在他们上医院时替他们看家，还帮他们洗衣服。

但彼得待在家的时间越来越少。1998年4月，他再次入院，就在复活节前不久病逝。彼得的告别式上，上千人前来哀悼，当天学校餐厅里也挤满了来听告别式同步转播的人。史蒂夫也出席了告别式，但没有上台致辞，他位于动物癌症中心的办公室里依然摆着好几座"保丽龙"奖杯，骄傲地展示着他们的胜利。克莉丝蒂以擎天展望营为题的研究获荣誉论文奖，科罗拉多大学医学院接受了她的入学申请，她打算专攻小儿肿瘤学。

---

① 癌症与巨蟹座的英文是同一个单词。

十年后，千惠子和其他参加动物癌症中心研究计划的小狗的事迹依然流传着。罗斯·威尔金斯医生和史蒂夫·威思罗医生在1986年共同着手研究骨癌时，很多人认为他们的研究毫无意义。当时的医学界认为，骨癌的疗程就是一发现马上截肢，因为当医生检查出病人罹患骨癌时，大半的情况是癌细胞已经转移。当时80%的骨癌患者接受截肢，尽管如此，其中还是有80%的人不治身亡。

史蒂夫和罗斯合力研究如何借由动脉向癌细胞输送化疗物质，这么一来高剂量的药物可以直接传送给肿瘤。他们用掺有抗生素的骨水泥来加强捐赠骨头对感染的抵抗力，首创性地培养捐赠细胞的生长因子，并用以刺激身体接受外来的骨头。如今，十六年过去了，90%的骨癌患者保住了肢体，其中80%的人活了下来。

大家说他们是要战胜癌症，真正说来，他们要战胜的，多半是犹如被判死刑般的诊断结果所带来的骇人恐惧和孤单。就像我们和动物在一起所感受到的，当你有动物为伴，你不但不再觉得那么寂寞，甚而觉得自己充满生气，觉得自己被爱、被需要。这些故事告诉我们，比尔和麦克斯同心协力对抗癌症只是更多人和宠物一起面对癌症的缩影，不论罹患癌症的是宠物还是人。

动物医学上的突破和人类医学上的突破总是相互回馈，就如同比尔请到梅奥医学中心顶尖的放射治疗专家出马来治疗他的狗一般。赫里克夫妇花钱远远比不上比尔这般阔绰，但对他们来说，要筹出1000美元仍很困难。人和宠物之间牵系的美妙之处，不仅是双方都因为医学的进步而受惠，而是为了战胜共同的敌人而相濡以沫。于是，战胜癌症便不只是靠研究者在实验室埋头工作，或家人面对痛苦与恐惧孤军奋战，而是号召街坊邻居凝聚在一起，如同麦垄市里一只狗和一个生病的孩子打动了那么多人一般，也像迈克·林格菲特、达科塔、我和我儿子雷克斯陆续成为擎天展望营的菜鸟义工一样。

研究者利用动物对抗癌症的最新方式来侦测初发的癌症。在佛罗里达州阳光地带的塔拉哈西市执业的皮肤科医生阿曼德·康格耐塔，发现罹患黑色素瘤的案例比随处可见的米老鼠耳朵还多。

短短几个月内，康格耐塔医生手持显微镜检查出了上百例黑色素瘤案例，那恼人的几个月过后，康格耐塔医生不禁开始纳闷，有没有更好的法子可以侦测出初期的黑色素瘤。某天晚上，他下班开车回家途中，听到保罗·哈维在广播里谈论警方如何探知湖底是否有尸体。他们不是开挖湖底，而是让狗站在巡逻艇的前端，嗅闻湖面空气的味道。康格耐塔觉得这个方法太妙了。如果狗可以闻出近十米深的湖底是否有尸体，那么训练狗来嗅出黑色素瘤的踪迹应该也不成问题。于是他开始寻找愿意和他合作的驯犬师。

他认识了杜安·皮克尔，一个大半辈子都在训练狗闻出异常现象的人。杜安在越南服役时，把狗训练成侦察兵。他会带着狗在高高的草丛里匍匐前进，侦察是否有狙击兵埋伏在树上。杜安用不到一码长的短皮带拴着狗，用蛙跳方式安静前进。当狗发觉有人时，杜安会在狗吠前感觉到由它喉头传到皮带的震动，而它竖立的耳尖则精确指出狙击手的方位。

回国后，杜安为老布什总统训练能嗅出炸弹踪迹的狗，在塔拉哈西市警局担任"狗军官"长达二十年。杜安说，他已经数不清他的狗伙伴用它们敏锐的嗅觉救过他多少回。"我发现，我的狗比80%的同事都聪明，我效命过的上司则没有一个比得上它们。"他说。

就某些味道来说，狗的嗅觉比我们的要敏感千万倍。佛罗里达知觉研究中心主任吉姆·沃克说，人类鼻子里的嗅觉接收器有500万到1500万个，狗则有2.5亿个。杜安对狗的嗅觉能力信心满满，深信自己可以训练出一闻就知道周遭环境有异的狗。因此，虽然杜安大半辈子接触的都是炸弹和毒品，黑色素瘤这项挑战依然让他跃跃欲试。他正好有一只足以担此重任的狗——乔治。

乔治是只标准型雪纳瑞犬，杜安挑上它是因为它机灵、血统纯正、体型小。他想找只体型比传统炸弹毒品侦测犬小的狗，可以钻进飞机上狭小的空间搜寻炸弹。乔治接受康格耐塔医生指派的任务后，证明了自己惊人的嗅觉潜力。乔治拥有美国养狗俱乐部颁发的六项头衔，还是两项服从性测试的冠军和四项世界纪录保持者，以及共400次大小比赛的冠军。参加美国警犬竞赛时，乔治更是该竞赛有史以来唯一能在一周的测试期间找出全部47枚埋藏炸弹的狗。

康格耐塔医生把放在试管内的肿瘤样本交给杜安，杜安训练乔治分辨黑色素瘤、良性肿瘤及没有癌细胞的皮肤样本的味道。他把一根根的样本试管插在试管架上，乔治闻出哪一根有癌细胞时，它会给个消极的提示——在那根试管前坐着不动。接着杜安问它："指给我看！"然后乔治会用鼻子轻推那根试管。当杜安要求乔治再次确认时，乔治会把脚掌放到那根试管的开口上。乔治的准确率高达99%，所以他们决定用真人来测试。

康格耐塔医生征求了几个勇敢的人自愿让乔治闻一闻。亲眼目睹实验进行中的景象，绝对会让你发笑。好几个人穿着泳衣平躺在地板上，身上用创可贴贴了各种肿瘤样本。随后杜安放开乔治,它上前嗅闻,任何缝隙都不放过。乔治找出了每个癌细胞样本,略过了正常样本,准确无误。康格耐塔医生又找来几个愿意让乔治嗅闻赤裸皮肤的勇敢病人,结果乔治发现了六个手持显微镜无法侦测到的黑色素瘤。

"这只狗的确闻到某种味道,那是黑色素瘤独有的味道。"沃克医生说。沃克对乔治的能耐非常感兴趣,于是他和妻子、研究伙伴戴安娜·贝德勒·沃克同杜安一起,做更进一步的研究。

乔治于 2000 年底过世,戴安娜和杜安训练另一只叫思多密的雪纳瑞犬来接替乔治的工作。他们分析悬浮在空气里的分子,或者说是黑色素瘤样本上方的分子,借此找出狗所侦测到的化学物质。一旦思多密完成训练,并找到那种化学物质,说不定可以制造一台能够嗅出黑色素瘤的机器。不过,有些人还是宁可用狗。"我们遇到过黑色素瘤高危家庭,家里的成员更愿意养条狗随时嗅闻他们。"戴安娜说。

南希·贝斯特深信狗可以闻到癌细胞的味道,因为她养的拉布拉多犬米亚就及时发现她有乳腺癌而救了她一命。39 岁的南希多年来因身体不适而四处求诊,医生只根据单独症状进行处理,没办法整体理解南希长期全身疼痛、疲劳、失眠、体重增加、忧郁等情况。1998 年,在她被诊断出纤维肌痛症的前几个月,她新养了一只金黄色的拉布拉多犬,取名叫米亚。

她给它取名叫米亚,是希望这只狗完完全全属于她。她这辈子养过很多动物。她和先生及三名子女位于加伯维尔的家简直就像个动物园,好比进入加州红木森林:一只猫、两只鹦鹉、几只奇异的鸡,米亚的加入更是增添了光彩。那是南希的事业正在蒸蒸日上的时候。南希 1993 年开始在加油站前经营小咖啡摊,之后慢慢扩张为咖啡厅，名叫爪哇小馆。1999 年 8 月，南希在旧银行大楼上开了一家规模齐全的夜总会，早晨供应咖啡与糕点，晚上则有现场音乐演奏，是真正的酒吧。就在开业后没多久，南希突然发觉米亚行为怪异。

南希每天下午总会回家小睡一个半钟头，直到女儿放学回来。她通常会抱着米亚躺在沙发上。9 月时，也就是南希的乳房 X 光检查正常的四个月后，米亚成天赖在南希身上，对着南希的右乳房又嗅又舔。一连三天之后，南希不得不把它赶到门外，否则她根本无法好好睡午觉。

一天下午，南希的女儿放学回家，打开纱门，米亚冲进来直往南希的右乳房跳去。经米亚这么一撞，那部位更是痛得难忍，比平常因纤维肌痛症引起的疼痛要痛上好几倍。南希揉了揉右乳房，发现有个硬块。结果发现，那是第二型呈雌激素反应的侵袭性腺管癌，这种癌生长神速，若早期没有发现，六个月内就能致命。由于南希刚接到乳房 X 光检查正常的报告没多久，家人又没有乳腺癌的病史，她从没想过会得癌症。"但米亚知道我的身体出状况，它拼命想让我知道，"南希说，"要不是它提醒，我早没命了。"南希的医生马克·菲尔普斯也有同感。"我们得学会去留意周遭的世界，珍惜狗的敏锐嗅觉。"他说，"我们生病时，不仅要聆听身体的声音，也要聆听宠物的声音。"

南希的梦想才实现一个月，她便不得不马上抛售事业，把全部精神放在身体康复上。她卖掉爪哇小馆，决定花 1.7 万美元在镇上一家珠宝店买颗两克拉的钻戒犒赏自己。她每天开车绕过爪哇小馆，希望可以看着她称为"疗愈之石"的戒指告诉自己："虽然不能拥有事业，但我还有这颗钻石。"不过几个礼拜过后，这戒指的魔力消失了，它并没为她带来健康和快乐。于是她把钻石退回珠宝店，买了一只非洲灰鹦。由于它有大大的红尾巴，她管它叫红宝石。红宝石带给她爱和欢笑，是个未经加工、可以任她雕琢的宝石。

她经历了四个月的放射性治疗，切除部分乳房，接受她的身体所能承受的最大剂量的化疗。"我的头发在14天之内全部掉光。"她回忆说。尽管右乳房的癌细胞已全部清除，接下来的五年她必须每三个月定期检查一次，以确认癌症没有复发。

这三年来南希的日子很不好过，她说要是没有米亚陪她，她不可能撑得过来。她大半的时间都得和纤维肌痛症带来的疼痛奋战，除了家人以外，没人看得到那种痛苦。"有时候我真想在胸前挂个牌子，告诉大家我承受的疼痛指数有多高，"南希说，"但米亚知道我哪里出了状况。"

"当你情绪上或生理上起变化，就代表你的身体产生了某种化学反应，你的狗可以侦测出来。"杜安说，"它之所以能够察觉你有异样，是因为它爱你，它把你视为同伴。这和它同样能在别人身上嗅出癌细胞可是完全不同的情况！"

虽然乔治和米亚都能嗅出癌细胞，但这种联系的内涵却大不相同。杜安对待这个问题就像一位侦探在寻找新工具，他想要训练出一只高效又忠诚的狗，把它的敏锐嗅觉当成万无一失的装备，来嗅出任何人的癌细胞。对杜安来说，这项挑战比癌症的相关细节还艰巨，他打心底相信，人类将动物神奇的知觉能力运用在人类福祉方面，才刚起步而已。杜安以为阿拉斯加输油管公司效命的狗为例，它们的鼻子可以在广阔无垠的天地里嗅出何处藏有天然气。

米亚和南希之间的牵系就像达科塔和迈克之间一样，都是动物对人表现出极为密切的关怀，因而它们能察觉出人身上最细微的变异，不管是生理上或心理上的变化。这和杜安的期待不同，而且与动物提供给癌症病人的主要服务更贴近，这似乎让他们感到，在绝望之际，他们其实并不孤单。

创办并经营宠物保险的杰克·史蒂夫，是和我有二十年交情的兽医。他是个酷爱户外活动的铁汉子，粗犷的俄克拉何马州牛仔，偏爱用大型狗狩猎，对人或野兽不会感情用事。多年来，只要我在他面前谈到我想象中的那道联系，杰克总是一脸不以为然。他当然喜爱宠物，而且成天和动物为伍。不过，当他的顾客因狗生病而放声大哭，或他们把宠物相当烦人的举动说得多惹人怜爱时，他总会克制自己才能不说出他觉得那是"狗在胡闹"。

1989 年，杰克罹患第四期的咽喉癌。"起初我以为总共有十或十二期，"杰克说，"我不晓得第四期已经是晚期，医生说我只剩下半年到一年可活。"他的病灶位于一个相当狭小的空间内，放射性治疗会伤害到肿瘤周围大量脆弱的组织。他的医生提议把舌头和颌骨切除。"这样做有什么意义？"杰克心想，"那我就不能吃东西也不能说话了，活着还有什么意思？"

发现咽喉癌的几个月前，杰克的太太薇琪养了一只叫史班奇的迷你杜宾犬。杰克刚开始对史班奇很厌烦——他很讨厌小型犬，觉得这种狗毫无威严。"那不是男子汉养的狗，"他说，"那种狗一无是处。"但史班奇丰富的表情和好斗的个性赢得杰克的欢心。史班奇对于别人该如何待它自有定见。若是史蒂夫夫妇留它独自在家，回家时常发现它像青少年在万圣节恶作剧般把家里搞得天翻地覆，借此表示不满。不知怎么的，尽管杰克老对它板着脸，史班奇却对他很有好感，杰克罹患癌症后，它更是喜欢他。

杰克走到哪儿，史班奇就跟到哪儿。杰克坐下时，它就躺到他腿上；他开车时，它就趴在驾驶座的头枕后方；他上床睡觉，它也靠在他枕头上窝在他身旁。在这段让人煎熬的日子里，杰克对于娇小而喜欢缠人的小狗的偏见消除了。"我花了点时间才克服心理障碍带它外出，但那段调整的时间并未持续很久。我以前总觉得，成天带着狗在身边、以为它离开主人便不知何去何从的人真是疯了。"杰克说，"结果我自己也开始带着史班奇上超市、去五金行，还不时跟它讲话。它似乎可以感受到我的心情、我的需要，而且对我非常专注和热情。"

杰克开始接受放射性治疗时，也带着史班奇陪他。做完放疗后的那些不成眠的漫漫长夜，史班奇经常和他做伴。"有时候做完放疗我极端难受，但它知道何时何地、用什么方式靠近我。"杰克说。当杰克心情跌到谷底时，史班奇会适时地钻到他臂弯里要他轻抚它；有些时候，它会停留在离他一米远的地方，知道他不想要任何人靠近他；它也会设法让杰克运动。"它会跑到前门边不停地跳呀跳，直到我带它出门。"杰克说，"要不是它那样做，我会一直坐在原地自怨自艾。我想，宠物能帮你克服的，是罹患癌症引发的恶性循环。"后来另一只迷你杜宾犬史基特接替了史班奇的工作，为了向它们致敬，杰克成立了史基特基金会，资助研究宠物疗愈力量的研究人员。

宠物能够打破癌症患者容易陷入的恶性循环，这个强大作用是梅奥医学中心肿瘤学教授爱德华·克里埃根医生在他执业过程中不断目睹的。他深信宠物能够缓和罹患癌症这个噩耗所造成的强大情绪冲击，因此建议他三分之一的病人养宠物。

他第一次发觉宠物对病患的重要性，是在十年前为某位罹患第四期肺癌的妇女看诊时。当他们看诊聊到瑞奇时，这妇人瞬间容光焕发，克里埃根医生以为她谈到了她先生，等到谈话结束，才赫然发现瑞奇是她养的猫。

"后来我对宠物的话题很感兴趣，病人一谈到宠物便忘了癌症带来的烦恼和痛苦。"克里埃根医生说，"养宠物是通向健康的道路。这妇人不像其他许多癌症患者一样躲避人群与世隔绝。要照顾瑞奇的生活，她得买猫食、带猫看兽医，这类身体活动有助于提振精神。"

克里埃根医生开始在病人的病历上写下他们宠物的名字，并在每次看诊时和他们聊宠物。"宠物的话题冲淡了他们看诊时的不安，气氛顿时轻松、活泼起来。"克里埃根医生说。照顾宠物让病人在生病这段越来越依赖他人的时间，建立了自己有能力付出关怀的正面自我形象。"我相信这种自我形象疗愈了他们的心灵，因生病而来的愤怒和怨恨借由照顾宠物这种积极的方式排解掉了。"

加利福尼亚州卡梅尔的心理学家拉里·雷切曼博士认为，宠物最大的好处是它们能够不加批判地倾听病人吐露心声。雷切曼曾经罹患前列腺癌，在他养的直毛猎犬麦克斯的帮助下度过低谷。他相信，慢性病患者面对创痛的最主要方式，就是把痛苦说出来，拉里称这种方式为"病痛叙述"。

"虽然病人的亲人也能够分担病人大量的情绪，"雷切曼说，"但宠物不介意一而再地聆听病人反复诉说苦痛，能够谈病说痛有助于病人减轻生病及治疗过程产生的创伤后的压力。"

罹患癌症所带来的创伤之一，是引发他人莫大的恐惧。即便是最善意的朋友，在面对癌症病人时也是小心翼翼的，仿佛怕被传染癌症似的。难以言喻的恐惧深深啃噬病患的心。接受治疗的过程中，拉里发现自己对内心所渴望的碰触感到畏怯。"接受那么多手术和治疗过程中的触摸之后，会形成条件反射，仿佛触摸之后就是痛苦，这使我退却。"他说，"但动物乐意被你触摸也乐意触摸你。所以麦克斯和按摩治疗师减轻我对疼痛的敏感，让我重新发自内心地感受到，身体的接触不是只会带来创痛。"

宠物也有绝佳的第六感，在明确的讯号出现之前，便能感知到某件事或察觉某个危险的存在。我接受某位行为论者交付的一项任务，连着好几个礼拜观察我的狗在屋内和屋外睡觉的情形。每当我抬头望向窗外，看着六米外睡在草地上的沙朗或莱奇，原本在睡梦中的它们会毫无例外地突然醒来，察觉到我的凝视，抬起头来，脸上挂着"发生什么事啦！"的表情。这神奇的第六感在很多情况下都很灵，例如宠物似乎能够测知你今天接受最后一次化疗，回来时心情坏透了，或知道你会早点下班，在你仍在几千米之外时，便冲到家门口等你回来。

我们的动物伙伴可以察觉到你是因生病而心情低落，需要它陪着玩耍，还是遭遇不幸而心不在焉。如此说来，人类在能力范围之内牺牲一些金钱和时间（有时甚至是事业），搭救他们所珍惜的伙伴摆脱癌症这种恐怖至极的疾病，又何须大惊小怪呢？遇上癌症时，这种联系显然对双方都有好处，大大增进彼此的健康和幸福。

五 慢性疼痛有解——养两只宠物早上唤醒我

我哥哥鲍勃继承了我爸的名字，也遗传了我爸的完美主义。鲍勃高中一毕业就离开了农场，后来在企业当律师，可以一展才华的战场比农场大得多。我相信他力求完美的锐利眼光让他在商场上无往不利，但也让他很难抽空和家人团聚，而那是我们唯一可以见面的机会，因为我和他分别住在爱达荷州的两端。我们家人老爱开玩笑说，鲍勃会晕车，所以还没抵达目的地他就会受不了想下车。当他在家时，他的头随着每个动作和声音摇动，我常发现他听人讲话时也会咬紧牙关。有时候和他待在同一个房间内，我会不禁想到我妈妈制作果酱时，把整罐水果放在那只旧压力锅里慢慢煮沸的情形。

1998 年 4 月某个早晨，鲍勃醒来，发现自己四肢麻木，不久之后被诊断出多发性硬化症。鲍勃一家人四处求医，询问过许多专家的意见，但状况依然没有起色，甚至急速恶化。他失去了部分视力和听力，腿部经常疼痛不已，任何药物和按摩都不见效果，连教会的按手礼也无法进行。

他勇敢地尽量让他生病后的生活和生病之前没两样。生病后的第一个夏天，他和家人照旧前往爱达荷州斯坦利开始一年一度的钓鱼旅行。十多年来，他们总在沙蒙河岸边租同一栋小木屋度假。但那一年，鲍勃发现那河岸对他不太灵活的双腿来说太陡峭，容易打滑。他只好隔着一段距离，望着妻子丽莎和两个儿子山姆和乔在他们最爱的地点钓鱼。到了 2000 年，鲍勃的情况更为严重，家人也就不提度假的事了。我和他通话时，他的声音虚弱无力、低沉单调，他努力撑起的坚强表相已濒临瓦解边缘。有时候我觉得自己努力逗他开心，就像往一张掩饰痛苦的面具上贴一张笑脸似的，不但徒劳而且愚蠢。我曾安慰他，这世界存在着奇迹，他大可把忧虑交给上帝。让上帝去忧虑吧！我说，你尽管把注意力放在你做得到的事情上。

母亲告诉我，鲍勃度过了他最黑暗的一个星期。一位相当有声望的医生原本信誓旦旦地说可以医好他，结果还是束手无策。我打电话给他，一改往常的作风，使了个新手法。我们总是告诉病榻上挚爱的人要珍惜每一刻，我们问的每个问题都只是鼓励他们说出他们的绝望无助，好让我们给予同情。所以，我决定问他一个能让他回到当下的问题："你觉得什么时候感觉最好？"

"当我下班回到家，或从别的房间进来，巴迪冲上来迎接我的那一刻感觉最好。"他爽快地说着，提起了他养了不到一年的约克夏犬，"我坐在椅子上，巴迪跳到我大腿上，它的身体能舒解我腿的疼痛，它会用舌头在我的膝盖和小腿上舔个不停。我爱死了这种感觉。马蒂，你一定要见见它才行。"

我原本以为他会说用电毯裹着疼痛的双腿，或当丽莎为他按摩时，是他感觉最好的一刻；又或者他会说，吞下新型的止痛药，或用他那高科技吗啡泵把吗啡注入身体时感觉最好。我得承认，当被慢性病折磨的人说最能帮助他们的是宠物时，我可以理解，我能够体会，我也相信这是真的，但我就是不懂它们是怎么办到的。

譬如说，我太太特雷莎患有风湿性关节炎，有些早晨她很难起身下床。多亏有药物的帮忙，还有她的一股干劲，她总有法子办到。她说这都是为了那些狗。当斯库特发出猛烈、嘈杂的声响，我就知道特雷莎进到厨房了，斯库特会蹦蹦跳跳地奔向宠物的食物柜（原先是我们的食物柜），脚像跳踢踏舞似的踩在硬木地板上，仿佛它是世上绝无仅有的一个有四条腿的舞娘，当然也是唯一有胡子的一位。

特雷莎会用甜腻的高八度嗓音问斯库特它想要哪一种零嘴，斯库特会用爪子抓着特雷莎的腿比划，就像电影《猛鬼街》里弗莱迪扮的杀人魔伸出刀爪手一样。特雷莎宣称她总知道斯库特会选哪样零嘴。每个早上，她重复问同样的问题，随后在斯库特吃零嘴时轻抚它。换成莱奇时，这过程可安静多了。莱奇吃东西的时候，特雷莎会轻柔而有节奏地抚摸它，从鼻尖到尾巴。我们刚把莱奇从虐待它的家庭里领养出来时，惨痛的过去让它很多疑，它只愿意在特雷莎轻抚它时吃东西。过去一年来它已经放松很多，但特雷莎还是会在它进食时抚摸它，尤其是在晨间她的关节特别痛时，即便莱奇的早餐早已吃光，特雷莎还是继续抚摸它。

当你感到痛苦时，你会想要任何可以减轻痛苦的东西，你会愿意去寻找常被医生忽略的非药物疗法。你知道慢性疼痛带来的痛苦并非"都是你脑子里想象的"，但专家说那些方法舒缓痛苦的效果大多是你想象出来的。

很多关于宠物有助于舒缓慢性疼痛的研究指出，宠物的好处之一是它们会促使人做一些例行工作。对那些每天要服药好几回或必须控制饮食的人，照料动物这种活动量小的工作无形中为他们安排了规律的生活和新任务。特雷莎有每天该做的事等着她，做这些事可让她的疼痛暂时退居一旁。"宠物就像安定药片，但没有副作用。照顾宠物有很强的抗焦虑的效果，可以降低对疼痛的敏感度。"杜克大学医学院的助理教授，同时也是风湿科医生的弗吉尼亚·拜尔斯－克劳斯博士说，"另有一些研究显示，患有严重关节炎的人比习惯久坐的人活动量更少。我发现，病人常常愿意为宠物起身做一些事，却懒得为自己动一动。宠物刺激人活动，活动带来健康。"

治疗疼痛的最新观点强调医生所谓的缓和疗护。缓和(palliate，这个词从拉丁文 palliare 演变而来，意指"掩饰")的意思就是让情况变得没那么严重。安·伯格博士主持美国国立卫生研究院的疼痛及缓和疗护计划，她把疼痛分为两个部分：一部分是疼痛本身，更大的部分则是疼痛带来的痛苦，而这个部分会扩大疼痛的感觉。一如安所指出的，没有方法能够测量出一个人所感受的疼痛量有多少。"疼痛这回事是人说了算的，"她说，"我们没有类似核磁共振造影机或断层扫描机这种仪器可以测量疼痛。感觉到痛苦是疾病的情绪面，生了病的人会害怕丢了饭碗，害怕残缺和孤单，还有其他一些精神上的烦恼。单靠药物没办法消除痛苦这个部分。"

安举了某个因咳嗽而看医生的病人为例。医生"耗资数百万"为他检查后诊断出肺癌。"所以整个疗程计划是化疗、放射性治疗，外加手术或者不必动手术。但没有人关心他整个人如何。"安说，"我们整个医疗体系是这样运作的。没错，我们想治疗癌症，但我们也想治疗他这个人。"

她位于美国国立卫生研究院的办公室外面摆了台小推车，上面放了银制茶壶、细瓷杯，还有好几盒昂贵的欧洲饼干。小推车的把手上挂了一些假发、滑稽的大帽子、丝巾和亮丽的女用羽毛围巾。下午三点时安会为患者提供下午茶，因治疗而脱发的病人可以戴上这些东西。安也会用音乐治疗、艺术治疗、太极拳、针灸、生物回馈、心理咨询、精神关怀等辅助方式。不过，她最爱的一种治疗工具是宠物。

　　美国国立卫生研究院是美国首屈一指的研究型医院，位于华盛顿特区北部的马里兰州贝塞斯达，参加政府赞助的该院医疗研究的病人来自全美及世界各地。很多病人已经病了很久，离开家长期住院，除了一堆症状和大量的检验结果之外，几乎没有其他词汇来描绘自己。每个星期一和星期四，当首都养狗协会的动物辅助治疗小组来到美国国立卫生研究院时，安都会列出她认为能从这个小组获益的病人名单。

　　我造访的那个晚上，和那个小组的人一同去探视一位高三那年留在研究院治疗严重胃病的年轻人。我们来到他寝室门前，他已经熄灯，但电视仍开着，隔着门他告诉我们他不想见任何人。那个小组当中有一名治疗师，他坚持让可爱的小西施犬梅根进到他房内。这个年轻人的身体侧面上上下下共缝了 62 针，因为疼痛和寂寞而变得倔强。梅根训练有素，会把身子放低肚皮贴在床上爬，甚至钻进棉被里，尽其所能地贴近虚弱的病人。当梅根轻轻触碰这年轻人的伤口处时，你可以看见那倔强的小伙子放松了。他的手移到梅根身上，开始轻抚它。这时，电话响起，他朝着话筒说："我现在没空跟你说话，有只狗在这里。"他挂上电话继续抚摸那只狗。看着他的心墙在宠物面前倒下，真是太神奇了。

这年轻人和梅根之间短暂的情感交流显而易见。当与他年纪相仿的孩子因长了一颗青春痘或不知该穿哪件 T 恤出门而苦恼时，他只能想到自己身上插了很多管子和电线。他的病给家人带来沉重的压力，而来探望的亲戚显得局促不安。他爸妈之间出了问题，他开始觉得这都是他的错。但梅根对这些一无所知，它只是感觉到有个孩子正在受苦，它想要帮助他。

这年轻人和梅根在一起时，我们看不到他脑中正在释放的强烈而能维系生命的化学物质。但我们的很多感觉、想法及态度都会因脑中化学物质的变化而受影响。与动物产生联系并激发出欢乐、安全、平静、幸福、满足、关怀甚至爱的感觉时，血液中的生化物质如苯乙胺、多巴胺、乙型脑内啡、泌乳激素、催产素等便会增加。

南非的约翰尼斯·奥登达尔教授在研究动物辅助治疗效用的生理基础时，想要知道人和动物互动多久之后可以记录到这些互动所带来的好处。在他的实验里，他让受试者轻拍、抚摸并轻声对训练有素的狗说话，这狗可以是受试者自己养的，也可以是陌生人养的，同时他在一旁监测血压。待各组受试者和宠物安顿好，十分钟后，他再为人和宠物接上持续血压监测仪。大约十分钟左右，两者的血压值都下降五到十个百分点，他就为人和宠物抽血。先前有许多检测三酸甘油酯及胆固醇含量变化的研究，他想更进一步测量会随心情变化的生化物质的含量。

血液分析显示，宠物和人的血液中有益的生化物质皆显著增加。和自己养的狗互动的人，血液中所含的这些化学物质的量更是高出许多。这结果显示，和自己的宠物互动所产生的正面效果比和一般动物的单纯接触要来得强大。奥登达尔总结说，他"揭开了一个生理上的依据来鼓励这类正面的互动"。就像安非他命无法取代发自内心的喜悦和兴奋一样，宠物也不能取代人与人之间的联系。不过，当人在最脆弱的时候，宠物无疑是一帖特效药。

我亲眼看见特雷莎的身心随着她轻抚莱奇而放松。一项又一项的研究证实，是轻抚爱犬这个简单的动作让她的血压下降，她脉搏的跳动也随着她的轻抚而变得沉缓。人类轻抚狗时简直和母亲抱着孩子没两样，都会感到安全、惬意、自在。特雷莎轻抚莱奇时，她和它都沉浸在平静之中，无须忧虑日常杂务或疼痛的关节，这样的联系中更重要的是，一如奥登达尔的研究所显示的，他们的神经系统也沐浴在荷尔蒙和神经肽之中。在这简单、舒缓的动作之下，压力的杀手——肾上腺素和皮质素，被治得服服帖帖，痛苦也消失无踪。如同安·伯格说的："如果被痛苦煎熬，说明我们需要药物以外的东西了。"

光轻抚莱奇没办法治好特雷莎的关节炎，这毋庸置疑，但单靠药物也同样医不好，药物只是抑制症状、减少疼痛罢了。我们需要药物和宠物双管齐下，才能帮助特雷莎把病痛放下，活得热情有劲。我不想冒险把其中一样拿走，让特雷莎的健康走下坡路。

奥登达尔的研究也显示出，宠物同样让没养宠物的人或不想养宠物的人受惠。当莎伦·威斯瓦瑟看见门前台阶上窝着一只香槟色的小猫，脖子上挂着"请给我一个家"的牌子时，她只希望它赶快走开。她其实并不喜欢猫，而且两年前才领养了一只巧克力色的拉布拉多犬来帮她减轻多发性硬化症的疼痛。莎伦发现那只猫时，是她人生最沮丧痛苦的时候，她早在18岁时便被诊断出得了这种病。多发性硬化症造成她视力受损，容易疲劳，使她无法继续工作，不得不辞掉会计事务所经理的职务。她和孩子们还来不及为这只流浪猫找到新主人，她便深深爱上它，替它取名为加托，加托后来和她养的狗如胶似漆。莎伦最爱看着它们俩依偎在沙发上的模样。

加托也喜欢依偎在莎伦身边。β注射液让她的身体产生类似感冒的症状，也令她陷入忧郁。当她发烧几近106华氏度时，加托就陪在她身旁。她能做的只是整天凝视着窗外，但这些动物，尤其是加托，从未离开她一步。2001年，加托和莎伦一起登上了全国多发性硬化症协会发行的"宠物大显神威"挂历。加托的体重从没超过7磅，依然喜欢像婴儿般被莎伦揽在怀里。"当你坐着把它像宝宝一样抱在怀里时，"莎伦说，"你感到舒缓放松，你无法抗拒动物靠在你身上的那种疗愈的力量，你的身体就是抗拒不了。"

华盛顿大学疼痛中心的主治医生杰夫·柏吉斯认为慢性疼痛部分是结构性的。骨骼、肌肉、关节、神经都可能是疼痛的根源。当身体出现了慢性疼痛，正常的活动会逐渐停止。人变得了无生气之后，焦虑和忧郁便紧跟着来了。"宠物能让人更加放松、心情开朗、保持活力。"柏吉斯医生说。

美国有将近4300万人饱受关节炎之苦。对关节炎患者来说，要"活"就要动。"我们原以为关节炎患者不适合做健身运动，但这种想法已经落伍了，运动是控制疾病并把无能感降至最低的法门之一。"玛丽安·麦诺说。她是密苏里大学哥伦比亚分校物理治疗学教授，也是关节炎复健研究训练中心的主任。这么说来，养宠物除了可视为舒缓痛苦的疗法，还是一种物理治疗。"养宠物可以让人去做有意义的活动，让老想着'我该起来走动走动，还是继续坐着算了？'的人恢复活力。"麦诺博士说。

琼·妮莉患有风湿性关节炎长达二十年，她靠她养的枣红色阉马奇努克来维持关节的灵活。她把奇努克安顿在一个有室内跑马场的马棚里，这么一来，他们俩可以一周练习三四回"盛装舞步"的骑术动作，即便斯波坎市的严冬来临也不成问题。她很感激奇努克的耐心，因为同样的练习他们做了快五年，但只略有进步。"它可以做到变换领先步，但我开口要它做时，它反而办不到了。"琼遗憾地评价着他们努力的成果，"而且我们的慢跑和定后肢跑步回旋做得不怎么好。如果换个骑术好一点的骑手，它会表现得更出色。"

要让马配合她的指挥表演骑术，她的身体必须柔软、灵活。"在盛装舞步赛上，骑手和马匹的舞步动作是评分的重点。"琼说，"如果你身体僵硬，马的步态也会不自然。"奇努克帮助她调整关节炎患者习惯保护肩膀和脊椎的倾向。"你的脊椎必须非常灵活，手臂要顺着马的前进方向摆动，所以从肩膀到手臂都必须灵活。我花了五年的时间才学会让肩膀放松，还有如何去感觉它们。"

对琼来说，这种疗效会延续到第二天，如果她外出旅行或是太多天没练习，她就要从头学习如何放松关节紧绷的身体。琼说，和马匹一起练习马术感受到的另一个好处是，你能体会到马的感受，而且要让马顺从你的指挥，你需要专注。"当你专注在马身上时，你不会再惦记着自己的身体。不管你想要马完成什么动作，都得经由你的身体传达到马身上。"她说，"当你的动作和马的动作能够连成一气，那真的很有成就感，你知道你想怎么动，你的身体就会怎么动，特别是对患有关节炎的人来说，这感觉更是珍贵。"

琼的风湿科医生是住在华盛顿斯波坎市的梅雷蒂思·赫克，她说她的患者大多只能勉强做到维持日常生活的基本活动，但琼选择了需要体能和技巧的运动，她感到很骄傲。"琼能够完成像盛装舞步赛这种高难度的运动，而且日益精进，不但能使身体放松，对精神也有很大的帮助，总的来说，这使她的关节炎症状有所减轻。"

"宠物对人有两方面的帮助。"柏吉斯医生说，"首先，宠物可以让人放松，让人不再注意到身上的疼痛，并且有助于振作精神。其次，人抚摸宠物可以阻止痛觉由周边神经传送到中枢神经系统，让痛觉传导中心停工。"他提到最近刊在研究期刊《疼痛》里的一篇文章，里面谈到利用反刺激剂阻断疼痛的病人接受正子断层造影扫描。扫描显示出，疼痛之处血流量减少，细胞活跃度也降低。这项研究通过高科技确认了很多患者多年来的体会和说法：催眠及其他非传统疗法（如养宠物）确实能奏效。虽然柏吉斯医生只谈到抚摸宠物这个动作，但对很多有慢性疼痛的人来说，只要他们把注意力由自身转移到宠物身上，就会有舒缓疼痛的效果。

宠物对人类伙伴所倾注的注意力也同等重要。不只是有慢性疼痛的人这么认为，还有很多人也有同感，他们的宠物就是知道他们感到痛苦，宠物就是知道怎么贴近他们来安抚那些感受。一想到他们在你情绪最低潮的时候不畏与你做伴，你就会感到非常温暖。

朱迪·麦克多诺从10岁起便罹患幼发型糖尿病，一直以来她都把病情控制得很好。她在16岁那年加入动物收容中心的义工行列，之后时常抢救野生动物。她23岁在我的母校华盛顿州立大学攻读野生动物复健学科时，发现自己罹患风湿性关节炎。关节炎的症状日益严重，她不得不休学在家养病，但她还是继续在野生动物复健所担任义工，因为她觉得和动物为伍获益良多。她特别喜欢中心里的一只全盲仓鸮，它摇起头来的样子简直就是史提夫·汪达①的翻版，她和同事索性就叫它史提夫·汪达。

十年前，朱迪的关节疼痛加剧，她只好连那兼职的义工工作也辞了。于是她在家组织了一个缓和疗护的医疗团队，成员包括一只名叫艾玛的意大利灵缇、一只名叫梅根的杂种狗，还有一只独眼野猫，名叫艾略特。

朱迪的疼痛一发作起来，艾玛和艾略特总是能够马上感应到。朱迪有时浑身难受得不得了，在沙发上打瞌睡醒来，总会看见艾玛在她身旁排放它最爱的五个玩具。她相信，这是艾玛对她表示关心的行为，因为艾玛是静悄悄地把这些玩具移到她身边的，从没把她吵醒过，若是艾玛平常想邀她一起玩耍，它会猛摇尾巴，蹦蹦跳跳。

艾略特和朱迪之间的特殊情谊，则要从它怎么走进朱迪的生活说起。朱迪的一位朋友发现下巴和鼻子断裂、右眼严重受伤的艾略特在巷子里徘徊。于是朱迪赶忙带着它去医院动手术，医生大致修复了它的脸，但没能治好它受伤的眼睛。出院返家后，艾略特以它对朱迪的忠心不渝报答她的救命之恩。当朱迪对抗关节炎药物和糖尿病药物带来的相斥副作用时，她形容自己是"与死神拔河"，甚至连起身下床的力气都没有。"在这种时候，艾略特会靠到我身边来，把它的腿搁在我的手臂上。它只有在我状况很糟糕的时候才会这样做。"朱迪说，"最初捡到它的那个朋

---

① 美国黑人歌手，音乐制作人，是一个盲人。

友说它是我的小天使。尽管它以前受尽折磨，但它依然那么平和安详。"

猫带来的抚慰和狗送的礼物就是朱迪身心的松弛剂，她说为了她的朋友、她的精神状态，还有她的宠物，她努力让自己大半时间都抱持积极乐观的态度。"它们在我心情很糟时带我走出低潮，"朱迪说，"和它们在一起是那么轻松自在，它们不会消耗你的精神。当一切变得复杂难解时，它们仍是那么单纯。我知道，有它们无条件的爱，我一定会渡过难关的。""心情郁闷的时候，痛苦的感受会更强烈。"我们住在特温福尔斯时的家庭医生约瑟夫·华特斯医生说，"我从病人身上发现，他们和宠物在一起时，痛苦便消失得无影无踪。"无影无踪？

和一些研究疼痛的专家谈过宠物对解除疼痛确实有疗效后，我很想见见我哥哥那只神奇的约克夏犬巴迪。我先去了位于爱达荷州布尔市的家族墓园吊祭，家徽清晰地印在我脑海里。我祖父母的墓碑上刻着一段称颂他们的文字——"同心同德，流芳百世"。这句话对我们家族影响深远，成为我们的家族箴言。当我两年来头一次把车停在哥哥鲍勃家的车道上，抬头看见拱门上挂着的牌子上面写着"同心农场"时，真是开心极了。

鲍勃在大门口用他热情的拥抱迎接我，当我穿越玄关时，眼光随着他手指的方向望去，在走道尽头，巴迪送上它热情洋溢的招呼。它冲到我脚边，用后脚立起，亢奋地侧身旋转，前肢不停地在空中挥打，就像一匹迷你矮种马。当我蹲下身子想仔细端详它时，巴迪扑到我怀里，开始像机关枪扫射似的吻遍我身上它看得到的每一寸肌肤。

就像孩子要拍班级照时，父母总会替孩子打理门面一样，鲍勃也把巴迪精心打扮过，我爱死了它铁青色的毛发、棕栗色的脸和脚以及摇摆的尾巴。巴迪的耳朵像两个完美的三角形高高竖立在它头上，敞开的嘴巴露出亮白、刺眼的牙齿。好一个活力奔放、热情有劲的家伙！最动人的是它的眼睛。我当兽医二十多年来，看过几百只约克夏犬，但没看过一双像巴迪这么会说话的眼睛。那双眼睛似葡萄粒般大小，水汪汪的，又黑又亮，闪着聪慧的光芒，而且不可思议地流露出善解人意的神色。

我把巴迪抱到我交叉的双腿上，像搓着阿拉丁神灯一样搓揉它的整个腹部。不久，它的右后腿开始慵懒地舒展，缓慢地划过空中，我直视它的眼睛轻声说："你是好——好孩子，巴迪，我爱你。"然后把按摩它腹部的手移到它耳朵内搔痒。经过五分钟这种"高规格"的抚摸，鲍勃叫唤道："看到没？当它快活得不得了时，它会咧着嘴笑，然后合上嘴，从牙齿间伸出粉红色的小舌头。"

巴迪就像最殷勤的仆人般体贴我情绪上的每个需要，经常打断我和鲍勃的谈话。它会靠到我身边，和我贴得比汽车影院里看电影的两个年轻人还近，不时和我四目相对，它凝望我的那种眼神，只有一种含义：我爱你。

接下来某一刻，巴迪突然从我腿上跃起，探头往我嘴里猛钻，仿佛要发挥它昔日高贵的猎犬本色，追踪有害的动物到它们的巢穴去。它这个动作会让不喜欢动物的人很反感，但对我这种爱动物如狂的人来说，可真是受宠若惊，因为这代表它要用嘴对嘴的亲吻来表达它对我的浓浓爱意。我瞄了鲍勃一眼，发现他像个骄傲的老爸般开心地咧嘴笑着，显然沉醉在他弟弟和他的好伙伴这么快就情投意合的喜悦里。

眼前的鲍勃，和我记忆中在气氛紧绷的家庭聚会里见到的他很不一样。我从没见过鲍勃这一面：那么放松，不仅因为别人开心而开心，而且也因为尽情享受与别人相处的时光而那么快乐。我想我和他之所以能够用这种前所未有的亲密的方式相处，多少是因为巴迪的缘故。动物就是有办法创造一个让你情绪上感到安全的空间，建立各种价值的共同基础，让不同方面的疗愈开始起作用。我发现，即便是和我发生争执的人，我们若能一起待在有宠物的房间内，甚至聊一聊它们，我们就可以马上找到能和对方分享的事。

邻近的镇上有位妇人很想搬离那地方。每回和她交谈，她一开口就是抱怨小镇生活最让我珍惜的一些事：地方小、偏远、简单、纯朴。每次她的话匣子一开，我就尽快结束谈话，闪到商店的另一端，免得被困在那些负面情绪之中。

后来从她镇上来的某个人告诉我，她养了12只猫和3只有残疾的狗，听到这件事后，我对传闻中冷漠、刻薄的她的印象完全改观。要照顾那么多动物，得要很有爱心、愿意花很多精力才行，而且她还不只是照顾它们而已。后来我见到她时，问起了她养的宠物，她仿佛夏日正午的太阳般温暖了我。

我询问她每只宠物的状况，它们名字的由来、小名是什么、最喜欢人家搔它哪里，以及她记得的关于每一只宠物最棒的、最特殊的一件事。爱宠物的人遇上了爱宠物的人，如今她不再害怕把她原本只保留给宠物的真实自我在我面前表现出来。我不但不会鄙视她，反倒赞赏她的恻隐之心，并且欣赏她独特的个性。所有的不快，因为彼此对宠物的关怀而消除了。

同样的情形也以不同的方式，发生在鲍勃和我以及巴迪之间。

当我夸奖鲍勃的聪明伙伴，赞美巴迪的独特，欣赏它的小癖好时，我和鲍勃之间也更亲近。虽然我也深爱他的孩子们，但我从没在他面前花那么多时间称赞他们，赞美他们独特的个性，更别说摸摸他们，让他们偶尔和我嘴对嘴地亲个数十下（说得好像他们也愿意那样似的！）。再说，你也明白，当你的兄弟夸耀他的小孩时，你通常也会说出自己的孩子更优秀的地方。但巴迪为我们创造了一个默契十足的空间，我们可以在其中安心地表达情绪、呈现自己的脆弱，并且忠于自己。我体悟到，那天的相聚对我们两人来说，都是一种疗愈。

六　久坐不动的生活方式——来一趟走心的旅程

我们还住在爱达荷特温福尔斯时，经常前往泰勒街上的浸信会教堂做礼拜。上教堂时，我不是那种你会想邀请来诵读《圣经》或领唱圣歌的人。我是专门负责给人拥抱的。礼拜的仪式进行到差不多三分之一时，牧师会问会众愿不愿意和周遭的人打声招呼。每到这时候，我会找十或十二个需要人拥抱的小老太婆给予问候。虽然拥抱的时间不过几秒钟，但在那刹那间，我可以感受到她们的心情。这些人当中很多都守寡了很长一段时间，很渴望身体的接触，有些还抱得特别紧。但我也发现，还有好些小老太婆，随着一个礼拜又一个礼拜过去，愈来愈少现身。

当兽医多年下来，我磨炼出一种直觉，可以感觉出哪只动物撑得过去，哪只动物撑不过去。最近上教会时，我强烈地感觉到一位叫露丝的七十几岁的硬朗老太太正渐渐隐遁，不是从人群中，而是在精神上隐遁。她的丈夫已于十年前过世，承受那种失落不会太难，毕竟她和先生的感情并不好。不过，自从她心爱的黑色拉布拉多犬德瑞克去世那一刻起，她开始失去了生气。"下一个就是我了。"她嘴里没这么说，但她身体的每一条肌理都这么喃喃低语。她的肩膀愈来愈下垂，她的唇被寂寞所冻结。

我开始不时邀请露丝共进早餐，打破她的孤寂。赴约时，她穿着体面，谈吐得宜，但什么事都不能振作她的精神。某次早餐后的第二天，我飞往休斯敦出差。在一群匆忙的旅客之中，我站在机场的人行输送道上恍神，无意间瞥见一张平面广告，广告上有个抱着狗的老妇人，标题写着"和她那个年纪的大多数人一样，她有一个家，只属于她自己"。突然间，我看见露丝的脸就映在照片上。

回家后，我像往常一样邀请露丝吃早餐。我提出一个邀请，同时脑子里一直想着这事要怎么进行。

"我们何不一起到动物收容所看看那些动物？"我一面买单，一面兴高采烈地说着。但露丝看穿了我的心思。

"谢谢，"她说，"不过我太老了，没法再养宠物了。"

"就当是为了我，去看一下吧。"我说。

在车内她还一直抗拒着。

"我不想比狗活得更久。"露丝表明。

我没有说话。我知道，爱是没有道理可循的。我总在帮人分析养哪一种宠物最符合他们的生活方式、能力、期待。但我也了解，人会莫名其妙地爱上某只宠物。科学是另一回事，心灵说了算。

虽然我大力支持动物收容中心的设立，但拜访那地方让我很不好受。没办法把那里的动物全都带回家，让人心里着实难过。我走在露丝后面，想看看哪一只动物吸引她的目光，同时，我也刻意不去看倚着笼子吵吵闹闹的小狗、小猫，唯恐贝克尔家出现第十一只四条腿的成员。

走过一笼又一笼，走过一排又一排，露丝对那些不受管教闹哄哄的小动物，瞄也没瞄一眼。她只挑老家伙看，那些胡子白了、髋骨突出，和她步调、愿望、生命阶段相仿的狗。大约逛过四分之三的收容所之后，她突然站在一只身形比可卡犬小、年老的杂种狗前，凝视着它的眼睛。这只狗年轻的时候毛应该是乌黑的，年纪大了以后，才开始渐渐转为斑驳的灰白。

这只狗已经老得动不了了，不像隔壁一窝扭来扭去的拉布拉多混血小狗那样，全贴到笼子前渴望被抚摸。它没起身，也没抬起趴在地上的头，却坚定地看着露丝，接着慢慢地挥动尾巴。露丝上前靠近它，它的尾巴摇得更快了。她的手指穿过了铁网门的网眼，它的目光落在那些手指上仔细端详。然后它不慌不忙地站起来走向露丝，伸出舌头轻轻地舔她的手指。

"假使你带它回家，你会给它取什么名字？"我问，同时上前靠近。但露丝不需要人说服她，也不愿被催促。

"我总会给我的宠物想个贴切的名字，"她毅然地说，无疑已认定它是她的狗，"这种事不急。"

接下来的那个礼拜天，我在教会拥抱她时，她像是换了个人似的充满活力，我问她狗的名字想好了没。

"想好了，"她爽朗地说，"米奇。"

"米老鼠，因为它有一双大耳朵？"

"不！"她惊讶地说，"因为打从我第一眼看见它，就觉得好像是上帝偷偷给了我活力①。"

被偷偷塞给露丝的米奇，代表了人和动物之间有益健康的联系，它能促使人运动并走入社会，而这些是我们独自一人时不愿意去做的事。多年来，露丝的医生一直叮嘱她要每天外出散步，要试着控制体重、保持关节灵活、让心脏强健，并且振作精神。但露丝很容易喘不过气来，而且坦白说，有点忧郁。走出户外似

①　米奇，原文Mickey，有"精神、活力"之意。

乎很花力气，再说，为了什么呢？不过，一旦米奇进入她的生活，她就非得外出遛狗才行。

当露丝开始早晚都出去遛狗时，街头巷尾的整个世界在她眼前展开。米奇的步调平稳、缓慢，但它出于动物的天性总会东闻闻、西嗅嗅。这么一来，她原先的活动范围在米奇的带领下扩大了。露丝的体重马上掉了好几磅，双颊也红润许多，眼里又有了光彩。原本只在她开车去超市或去教会途中瞥见她的人，如今会停下脚步上前和她聊聊她那只迷人、可爱的狗。那些特别爱狗的人也会因此而热情地对露丝嘘寒问暖。

露丝陆续地买了不少以狗为图样的饰物，像胸针、耳环、丝巾等，她也愈来愈自信乐观。领养了米奇之后，露丝又活了五年才过世。虽然我们很难说这些改变当中，哪一样对延长她的生命最有帮助，但在我和她一起到动物收容所之前，我敢说她活不过那一年。

宠物有一种神奇的力量，能用喜乐而非恼人的自律，击败呆坐不动的生活方式所造成的长期危害。一项研究发现，养宠物的人每星期的剧烈运动量比没养宠物的人多三倍以上。另一项研究显示，人在养狗之后走路的时间剧增。很多针对心脏病患者及养宠物的老年人活动量的研究也显示，有宠物做伴的人运动量比较多，尤其是养狗的人。还有一项研究指出，养狗的老人平均每天花 84 分钟带着爱犬在户外散步。每天早晚各花 15 分钟遛狗算是适中而规律的运动，这正好就是美国卫生总署所提倡的适中而规律的体育运动。但世人往往无视这项呼吁，而置自身和家人于极大的危险之中。

我们大多数人或多或少都过着露丝先前那种作茧自缚的生

活。让我们心灵深处陷入瘫痪的，是当今社会高科技、少联系的生活方式这种毒素。人潮在我们眼前迅速川流而过，我们每天所见的人比从前的人一辈子见过的还多。我们接触到人，但彼此没有联系。每天的目标常常是："把时间挨过去，回家，关机，躲起来。"

我们开车急速驶过镇上，被折磨人的通勤耗得虚脱。每天回家按下遥控器打开车库的门，从屋子的最暗处走进来，举步维艰地走上楼梯，感觉自己像中空的纸浆玩偶一般。邻居看不见我们，我们也看不见他们。感谢老天爷！我们可以拒绝任何人进入没有压力的房间来打扰我们。现代科技让我们每个人整日坐在电脑前，用手指敲打键盘，从网络上购买所有的东西甚至食物。美国疾病控制与预防中心的统计数字显示，美国人缺乏运动的程度已到了令人咋舌的地步。

只有 22% 的美国人达到政府呼吁的运动量。其中非运动不可的，像耐克或佳得乐的电视广告上汗流浃背的运动员，就占了12%。有四分之一的美国人一有空就坐在沙发上，除了偶尔按按遥控器外，一动也不动。这 1.14 亿美国人每天根本不运动。夹在这两个极端中间剩下的这群懒散的人，还算能让人说动，愿意偶尔散散步或打扫屋子，但也不会太勤快。我们的文化鼓励我们越懒越好，我们有电梯就搭；开车到街口的商店，或到供开车顾客专用的窗口买东西；坐在割草机上割草；在办公室写电子邮件给隔几个位子的同事问事情，而不直接走过去。"肥胖症的持续蔓延、扩大是影响公共健康的严重问题，"疾病控制与预防中心的主任杰弗瑞·卡普兰说，"我们必须像对待流行性传染病那样，认真积极地对待美国人肥胖的问题。"

疾病控制与预防中心声称，不运动是过早死亡的主要潜在因素之一，甚至比抽烟的危害更大。每年有将近 25 万人因呆坐不动的生活方式而早死。一百年前，造成死亡的主要因素是传染病，譬如流行性感冒、结核病以及腹泻。医学克服了这些疾病之后，癌症及心脏病（直接与生活方式相关的疾病）跃升为美国人主要死因之首，55% 的人死于这两种疾病。自 1950 年以来，患有心脏病的人数增加了 37%，心脏病成为美国人的头号杀手。

受糖尿病所困的美国人多达 1600 万，而且以每天增加 2200 人的速度持续增长。自 1958 年以来，第二型糖尿病的发生率增加了 60%。青少年也因为待在屏幕前的时间太久而健康堪忧。最常见的第二型糖尿病以前被称为成年型糖尿病，现在由于在儿童身上发现这种病例而改名。如今甚至是年仅 6 岁的儿童，也会出现原先只有 40 岁以上的成人才会有的糖尿病症状。糖尿病是致命的杀手。"糖尿病已是成人眼盲、截肢、肾衰竭的首因，其导致心脏病及中风的几率是其他疾病的两到三倍。"耶鲁大学教授及美国糖尿病协会前任会长罗伯特·舍温博士说。

肥胖症（心脏病及糖尿病的主要成因）确实相当普遍。疾病控制与预防中心指出，自 1991 年以来，肥胖症的人数占到总人口的 57%，非常惊人。肥胖症的人口中有近乎 55% 的人过重，将近 40% 的人可被视为肥胖（也就是身体脂肪占了体重的三分之一以上）。20 世纪 70 年代，大约有 5% 的儿童可归为肥胖，目前这项比例是 11%。尽管公共宣传极力呼吁我们注意孩子的健康问题，但我们的教育机构并不领情。过去十年里，学校开设的体育课急剧减少。1991 年，42% 的高中学生上体育课，如今这个数字降至 19%。目前唯一规定学生必须每天做运动的只有伊利诺伊州。很多急需资金的学校邀请必胜客及塔可钟墨西哥饼速食店进入学校餐厅开分店。

不运动和肥胖之间的恶性循环深深嵌在我们的动物本性里。杰弗里·穆萨耶夫·马松在他所著的《哭泣的大象》中深入剖析动物的情绪面，他提出一个德语的概念"funktionslust"，这个单词意指发挥自己的能力所获得的乐趣。马松描述道，在动物园的铁笼内生活的狮子，虽然食物不缺乏，身体也受到医疗照护，但却忧郁得无精打采。马松想知道的是，倘若动物能尽情发挥天生的本领，它还会像无法一展长才时表现的那样沮丧和痛苦吗？有一件事是很清楚的：当它不能自由行动时，它就吃。位于奥马哈的内布拉斯加大学健康教育系教授克里斯·伯格指出，研究显示，被幽禁起来的动物，比可以随意游荡的动物吃得更多。

我们很多人也会为了自己好，断断续续地努力多做点运动甩掉肥肉。超过三分之二的人声称要减掉一些体重，或起码维持目前的体重，但健身课程的缺课率却依然居高不下。一项以新加入健身运动课程的妇女为对象、为期一年的追踪研究显示，刚开始时，有5%的人选择激烈的健身课程，34%的人参加较温和的健身课程。不到三个月，选择激烈健身课程的人当中有50%的人退出，选择较温和的课程的人则有30%退出。

多年来，我也属于那半途而废的一族。1995年，我正式迈入不惑之年，也挥别了让我的腰围一览无遗的李维斯牛仔裤。我的穿着走的是宽松路线，感觉腰上系的皮带一年比一年紧，后来扣环就永远扣在皮带上的最后一格，衬衫上标明的尺寸L之前有一排X，简直就是艾尔·邦迪的翻版，他高中时原是前途无量的运动能手，如今是体重226磅的软脚虾，动起身来好像周遭全是慢干混凝土似的。我不必担心运动方面没有巅峰表现，反而担心该怎么绑鞋带，我低下头来只看到圆滚滚的大肚腩，看不到鞋子，绑起差一点够不到的鞋带时气喘吁吁，沃尔玛量贩店卖的无带便鞋颇合我意。

那年过年，我送给自己，嗯，我想象中崭新的自己，一台诺迪克牌樱木抛光的情境式电子跑步机。那崭新的自己显然是比较上进的，他要求各种可供选择的电子仪器来测出预定的心跳率，设定健身的模式并定时。我知道这一回在名人强力保证绝对可以燃烧卡路里的鼓舞之下，运动将只是小事一桩。

七年过去了，这台跑步机依然像新的一样，摆在壁炉间里的曲体拉划器旁边。我拜访过的大部分人家里，也都是不折不扣的运动器材博物馆，陈列过去十年来所有"炙手可热、不买可惜"的"窈窕"塑腹器、弹力健腹机、美腿机、博飞健身器。这些时时提醒我们毅力不足的运动塑身机器，正耐心等着下一个新年计划或是夏季清仓大拍卖。

在健身器上做运动的最大问题是无聊。在我的脊椎突出对生命和事业发出警报之后，我不情愿地答应特雷莎每天到地下室的跑步机上走动半小时，并在傍晚时和沙朗一道散步。我气喘吁吁地迈着沉重的步伐，跑步机在脚底下轰隆轰隆地震动，觉得自己像只困在巨大仓鼠滚轮里跑圈圈的大脚怪，拖着臃肿的身躯，无聊地待在地下室。我数着显示器上闪着红光的倒计时数字，仿佛死刑的宣判正一分一秒被撤销。我的身体没有一个细胞感觉到运动的快乐，浑身上下完全无法因为表现了自己的能力而获得乐趣。我脑中涌进一些和工作或其他事情有关的念头，有时我甚至还转身去拿了纸笔把想法记下来。

第二天我全身酸痛，仿佛和一群精力充沛的蛮牛比了一场高中橄榄球赛。我的身体疼痛、僵硬，简直以为身上出现了死后僵直的反应。那天早晨，我没有在跑步机上运动，到了下午，我又决定让沙朗自己去散步。但当我走过窗前时，沙朗那具有穿透力的眼神仿佛在说："嘿，老爸，到外头来走一走，甩掉一身肥肉吧。"那恳求的眼神让我无力招架，于是依了它。我放下手边的事，拾起手套和雪地靴。

宠物能听见你说的每个字，能感受到你的声调的变化，听到椅子的移动声，懂得你的肢体语言，而且察觉到你从屋子另一边传来的脚步声，它们知道何时是散步的时间，而且绝不接受你的回绝。它们静静地趴在地板上，注视你肌肉的抽动和你的表情。我的丈母娘薇尔黛只需在"懒姑娘"躺椅上稍动一下，她养的京巴犬和西施犬的混血狗欣怡，就会像表演中国功夫那样，后腿直立，准备往他们屋子对街的林中小径奔去。

对运动频率有过研究的人指出，即便是毅力坚定的健身迷也会偶尔偷懒。研究显示，一旦你原定的目标没有实现，挫折感和失望感就会增强，研究者所谓的"自我效能"便下降。运动的自我效能指的是你体能上能够进行某一项运动，而且情绪上也有决心、有自信去完成它。展开新的养生之道的第二天，是效能感跌至谷底的时候，你没法再次感受到身体动起来的美妙效果，感觉不到肌肉伸展的优美和举重强化骨骼的力道。决心能让你维持运动一阵子，但时间一长，大部分的人都需要有个伴儿一起运动，或亲眼见到快速的成效，才能继续朝目标前进。

能进行规律运动的人有较强的自尊心和较佳的睡眠质量，不容易感到焦虑，心情也比较开朗。不过，当你身体酸痛时，你看见的是体力不佳、身材走样的自己，心情大概也不会太好。一项研究指出，影响人持之以恒运动的最大因素，是家人的支持。虽然狗不像好意的家人那样，会时常说一些鼓励打气的话，但它知道你什么时候该运动，而且能让你在找借口推托时很不好受。

　　我见过有人为了不去散步而使出一些蒙骗宠物的可笑招数，没有一样奏效。人举手投足之间无不传达出关于"散步"的信息。我的一个朋友某天不想遛狗，要放他的狗鸽子，于是从侧门偷溜出去，一回头却见狗从窗内定定地望着他，表情似乎在说："想得美，老兄！"

　　珍妮特·舒兰伯格在内布拉斯加州的奥马哈市成立了一家"宠物一把罩"公司，那是她和另外两名员工共同组成的三人企业，专接临时看护宠物及负责遛狗的生意。珍妮说，每天轻快地遛狗三个钟头之后，她往往很想再和先生杰森悠闲地散步。不过，他们养的卷毛比熊犬和迷你杜宾犬的混血狗罗斯以及贵宾犬伊奇，却总是自告奋勇地要跟着一起。当珍妮偷偷地问杰森"要不要'动'一下"时，有时罗斯会用嘴咬着伊奇的皮带，拖着它连滚带爬地下楼往外跑，要不就是伊奇索性叼着自己的皮带，自个儿到外头溜达。

　　梅吉就像新兵训练营的操练手一般，可以叫它的主人希德·戈德堡这位退休的二战海军陆战队操练手听令行动。希德喜欢在下午五点左右带着梅吉在佛罗里达州萨拉索塔的公寓大楼四周散步。但梅吉偏好更早一点，每天四点半整，这只5磅左右的约克夏犬会从地板跃到躺在活动式躺椅中的希德身上，以一副军令如山的态度提醒他（好像他会忘记似的）"时间到"。希德可没办法装睡敷衍它。它会在他躺椅旁不停地踱步，嗅嗅它的皮带，最后用前肢趴到希德的躺椅扶手上,直瞪着那不情愿的"新兵"。你会以为它要他整装背上背包行走 10 英里。希德总拗不过它,只好乖乖起身。

动物伙伴不只是让你作息规律的唠叨鬼,还是让你能坚持运动的重要推手。一项针对养狗人的长期研究发现,养动物确实能使他们户外活动的时间急剧增加,对需要鼓励才肯多活动的老年人尤其有效果。经常进行某方面的运动能保持筋骨活络,也能让你有足够的自信外出活动。一项针对非养老院的老年人为期一年的研究发现,养宠物的人在日常生活各方面的得分皆较高。宠物也让你在换新路线散步、遇到新邻居以及闲暇时更有安全感。

体重增加也会导致忧郁,就像莫林·凯勒结束十四年的婚姻时一样。当她的婚姻开始亮起红灯,也就是离婚诉讼开始前两年,她就重了 20 磅。和丈夫分居之后,她得用啤酒把自己灌醉才能入眠。六个月后,她搬回科罗拉多州里托顿和姐姐一家一同住时,体重又增加了 30 磅。

她姐姐家养了一条 11 岁大的拉布拉多犬,名唤邦可,是只行动迟缓的老狗。那一年这家人决定,邦可太老、太虚弱了,不适合和他们一起在夏天到处野营旅行,于是把它留在家里。莫林每天总会带着邦可走上好长一段路,然后才去求职。

莫林的姐姐凯西住在邻近高架运河一带,这条运河把普拉特河及其他水源输往附近的丹佛市。在凯西居住的这一区,运河蜿蜒地流过饲养马和牛的牧场,它同时也是当地野生动物的饮水渠。当莫林带着邦可沿着河岸散步时,他们可以看见蛇、狐狸和数十种不同的鸟类。"这运河的上游是一片大山丘,爬上那山丘后我们俩都气喘如牛。我们实在不喜欢走这山路。"莫林说着她清晨散步的情形，"我们都走得筋疲力尽，当姐姐一家回来后，邦可简直连抬头招呼他们的力气都没有。"

莫林也开始参加减肥班，服用抗忧郁药，加入镇上的健身中心。多管齐下的努力发挥了效果，她在三个月内甩掉了 30 磅，之后很快找到一份工作，有能力独自搬到外头住。她打包好行李即将离开之际，恳求姐姐让她带着邦可前往新家住，但她姐姐也舍不得邦可离开，于是在姐姐承诺会带邦可散步之后，莫林与他们道别。她姐姐信守承诺，邦可从此又能年年跟着家人在夏天时四处野营旅行了。莫林离婚之后获得她原先养的一条狗，一只米格鲁犬，如今它天天在莫林下班时陪她散步 45 分钟。

近来有许多研究显示，只要规律地运动，即便是微量的运动，就对健康有深远的影响。最近哈佛大学的一项研究就指出，即便是散步时步履缓慢的妇女（其实已称得上是悠闲的漫步），罹患冠状动脉疾病的几率也只有完全不运动的妇女的一半。芬兰的一项研究显示，只要体重少掉 10 磅，罹患糖尿病的几率就减少了58%。一如健康教育系伯格教授所说的："虽然遛狗没办法和马拉松训练相比，但它对身体健康却有莫大好处。"

带着狗外出散步的一大好处是增加和人接触的机会。在最近英国的一项研究里，研究者追踪一位养了一条黄色拉布拉多犬的妇人连续五天遛狗的情形，以及连续五天没带着狗外出散步的情况。她带着狗出去遛的那五天，总共和 156 个人说话，或者说一天超过 30 人，没带着狗散步的那五天，前后只和 50 个人说话。英国华威大学心理学系教授琼·麦克尼古拉斯指出，狗所引发的人际互动是让人身心更健康的关键。"由此项研究的结果我们不难理解，为何研究常常指出养宠物的人比没养宠物的人更健康。"

麦克尼古拉斯说，"更多和人随机接触的机会能增加幸福感并促进友谊。"

狗确实能增加人际互动的机会，不管遛狗的人长相如何。在第二阶段的实验里，研究者让遛狗的人穿上不同的服装，一些人穿着烫得笔直的裤子、西装、衬衫，并打领带；另一些人穿牛仔裤、磨损的工作靴、旧T恤和沾汗的外套。唉，那些拘谨的英国人哪！在爱达荷邦纳斯费里这地方，你若看见有人穿西装、打领带走在大街上，你一定会停下脚步来一探究竟。结果，与这些英国佬擦肩而过的人会先注意到他们的狗，之后才看到他们的穿着。不管遛狗的人打扮如何，人际互动明显提高很多。

知道我的用意了吧！美国国立卫生研究院估计，美国人一年耗资330亿美金购买减肥产品和服务，而增进健康的最好方法是从床上跳起来，奔到外面的世界去，只用花那巨额花费当中的一丁点儿。你的狗事实上是你免费的个人运动教练，提供给你的可不是让你重现昔日青春雄风的时髦妙方。它帮助我们打破孤立和不动的恶性循环，鼓励我们走出户外看看这个世界，和邻居闲话家常，让我们对自己的身体和动物性的一面更有自信也更满足。

七 马术治疗

我在兽医系念到大三时，最怕上马科实习课，我怕马怕得要命。我父亲以前在内华达州北部的贾比奇山脉牧马时，就在马背上受过好几次伤，他经常对我们耳提面命：和马在一起时要提高警觉。父亲每次被马咬、踢踹、狠狠往上抛的经过我都耳熟能详，尤其是他不小心跨到马鞍角上，伤到了一处要害的那一回更是历历在目。我们家农场养过一匹马，我就有那么一次试着跨上马鞍，结果它猛抽了一下尾巴，我立刻从马鞍上跌落，连滚带爬地逃之夭夭。

我进入兽医系就读之前从没骑过马，没抬起马脚检查过后蹄，也没摸过马的口鼻部有多么柔软。兽医系里三个月的"马科实务"逼得我不得不每天花四个小时的时间接受医护马的训练——担任马的护士。我必须测量它们的体温、脉搏和呼吸，帮它们打针，喂它们吃掺有药物的糖浆，更换绷带，在伤口上敷药膏，有时候还要爬上四脚梯检视它们颈部顶端的开刀切口。没错，我得独自一人进入马厩内。

实习的第一天，我在华盛顿州立大学兽医学院的动物教学医院，拿着听诊器，走在宽广侧楼里一条灯光昏暗的走廊上。在这长长的水泥狭道尽头，大门敞开着，另一名学生护送着一匹受伤的俊美赛马回到马厩。赛马很怕生，新环境让它不安。它昂首阔步朝我走来时，我尽可能地把背紧贴着墙让出路来，它的眼神因为恐惧而狂野不羁，用力甩着头，仿佛它立在起跑点的栅门前，脾气自然就变得暴躁。我在心里暗自祷告，照顾这匹马的工作可别落到我头上。

不料，祷告失灵。隔天我被指派来帮助这个有 1200 磅重的家伙从手术后的麻醉中安全醒来，并协助它站立。学校派遣两名学生前来这间地上铺有厚垫、光线昏暗的康复室等候，一位守在头侧，另一位守在脚边，等它逐渐醒来时帮它站起来。在正常的情况下，马撑起自身的重量站起来是一种协调的动作，但眼前这匹马努力要起身时，会因为药效未退而昏昏沉沉，它可能会跌倒。

先不讨论它的安全——我自身的安全怎么办？它会使劲地猛踢，我会比拳击赛中败下阵来的拳击手更快倒落在地，等着裁判数秒。

另一名学生和我踮着脚尖蹑手蹑脚地来到它的头尾处，就怕把它吓着了，昏暗的康复室只听得到他沉稳的呼吸声。要不是我抖得太厉害，这呼吸声听来还蛮能让人平静的。我凝视它强壮的双腿，脚底嵌着沙拉盘大小的马蹄。在昏暗的光线下，它肌肉的轮廓和静脉的线条看来有如天鹅绒般光滑。时间缓缓流过，它没有任何苏醒的迹象，我有很多时间可以思考。

我究竟在怕什么？我自问。我顺利通过小型动物的实习，包括狗、猫、牛和猪（他们称后两者为可食性动物）。这些动物我从孩提时期起便相当熟悉，我常幻想自己是这群动物的领头王。但在马厩里我可就神气不起来了。我很忌妒能在马面前气定神闲、安然自若的人，我不想看到自己像个傻瓜或胆小鬼的模样。我不

123

想暴露自己的弱点，这是我作为兽医的薄弱部分。

那匹马躺在那儿，对周遭的情况没有任何意识，我在它后腿旁，脑中快速闪过恐惧、自己的不足和自大，这三者无助于我应付这匹马。要顺利完成眼前的任务，我必须驾驭自己的情绪，谨记着当下的目标。

马能召唤你真实的本性，和它们互动会让你当下的感受浮出水面。马巨大的身躯和强大的力量让你必须起而挑战它。赫赫有名的驯马师帕特·帕瑞利说："每个拥有马的人都在运用马术治疗。"

马术治疗（hippotherapy）是利用马来进行治疗。hippo 是希腊文，意指"马"。尽管人类利用骑马来进行治疗的做法已超过一个世纪，但它作为一个研究领域而蓬勃发展得从一名勇敢的女性丽斯·哈威尔说起。罹患小儿麻痹症而几近瘫痪的丽斯赢得1952 年赫尔辛基奥运会盛装舞步马术银牌，当年男女选手首度能平等竞争。后来一位挪威物理治疗师艾尔思贝特·鲍斯可受到丽斯战胜残疾这事的鼓舞，为残障儿童设立了骑马中心，运用马的动作来促进骑乘者对肌肉的控制和协调性。

半个世纪之后，全世界有 24 个国家有马术治疗中心，马的功用扩及治疗性骑乘，协助身体、心理、认知、社交、行为上出现问题（譬如患有脑性瘫痪、脊柱裂、智能障碍、忧郁症等病症）的人进行复健治疗。北美残障者马术协会区分了马术治疗和治疗性骑乘的不同：前者是由有执照的治疗师所督导、以马的动作为基础的物理治疗；后者指的则是运用各式骑乘技巧来增强力量、肌肉控制、手眼协调及沟通技巧的治疗。两者皆利用马为工具来整合身心，无论骑乘者是企图找回个人力量的受虐妇女，还是想增加身体协调性的脑瘫患者。

所有人类会与之发展出亲密联系的动物当中，马是唯一在体型上比较庞大的动物，比中等的人要大上 8 到 15 倍。爱好骑马的人要持续面对如何保持平衡、发力、控制的问题。即便不必面对这些问题，和马面对面也会带给你很多刺激。当我站在医院昏暗的房间里，陪在慢慢苏醒过来的马身旁时，我必须面对它带给我的情绪上的冲击。若我表现出恐惧，后果可能不堪设想；倘若我傲慢自大，强迫它去做它不愿做的事，那么我和我的伙伴将面临身体伤害的危险。要让这匹马醒来时不惊慌，我得想个法子让身体和心灵平静而从容地反映出达到目标的意图。

那天下午，天助我也，那匹赛马醒来时十分镇定。多亏它，也多亏了导师和教练，以及我毕业后 22 年来遇见的数十匹马儿，我对马不再心生畏惧。在我这一生当中，马由敌人变成朋友又进而成为家人，我们的农场里就有五匹夸特马，每年我们全家都会骑着马到爱达荷山区里漫步。

特雷莎和米克尔在马背上只消稍把头一转，或让马鞍稍稍动一动，马就会乖乖听命行动，这本领我永远自叹不如。她们已超越了骑乘的层次，就像帕瑞利曾打趣说，骑乘只不过是别从马背上跌下来而已。对她们来说，指令始于脑子，随即送到心里，接着由四肢传递给马，这正是帕瑞利所形容的理想的伙伴关系，而非主仆关系。就像任何成功的伙伴关系所呈现的真正精神，马术治疗必须是双向的交流。

骑马是物理治疗师所谓的三度运动。每迈出一个步伐，你的骨盆都会往上提拉一些，继而往两侧稍稍摆动，接着前后移动。马会复制这个顺序。这些动作的感觉刺激，能够帮助有身体障碍

125

或神经缺陷的人重新熟悉肌肉如何活动。马蹄踏着地面的力道是另一个多向度的活动，能刺激骑乘者的膝盖、髋部和脊椎，远非物理治疗师利用医疗器材进行复健比得上的。马术治疗师说，坐在马背上进行物理治疗的好处，在于马并非像机器一般重复某个动作，而是进行一种律动，经常挑战着骑士随时保持平衡。

"我们相信，活动会刺激大脑，这个回路是双向的。"北美残障者马术协会的物理治疗师兼医疗顾问琼安·本杰明说，"我们因我们所做的治疗能直接影响脑神经系统而自豪。"北美残障者马术协会目前已颁发合格证给美国将近 1500 名马术治疗师。

我曾经观摩过琼安治疗患有脑性瘫痪症和唐氏症的儿童，以及患有多发性硬化症的成人的情形。进行这类马术治疗时，病患并不是真的骑马奔驰，因为他们不会驾驭马。这一切都是由合格的物理治疗师牵着受过特训的马行走，让坐在马背上的患者感觉马匹步伐的律动，调整自身的姿势和动作，促进运动神经的协调和平衡。

琼安为患者多莉·道尔西设定的治疗目标，是做到策马快步时所需要的身体姿势，也就是身体微微向前倾，以半站的姿势配合马快步绕圈走的律动。多莉在 1982 年患上多发性硬化症前，参加过英式马术比赛，可以轻易做到这个动作，但她现在必须让她结实、强壮的左腿和虚弱的右腿动作协调一致，这必须借由骑马来加强肌力和平衡力之后才有办法做到。

这家位于加利福尼亚州查茨沃恩的马术治疗中心名为"驰骋"，其治疗课程包括 40 分钟的马背训练。多莉来到中心下车之后，在助步车的协助下走向宝玉——一匹走起路来步伐小、步态稳健的夸特马。琼安事先把宝玉带到坡道旁一处平稳、宽敞的平台边，这么一来多莉比较容易跨上马背。

多莉和宝玉在马场快步绕圈或在树荫下练习某个特殊动作时共有三人在场：一位牵着马，一位随行在侧以确保多莉的安全，还有琼安。有另外两个人在一旁关照宝玉，琼安可以心无旁骛，仔细察看多莉的伸展动作并加以调整，以便达到目标。

一系列的课程结束时，琼安对这六个月来多莉在肌力及动作协调性上的进展进行评估。多莉得意地把自己移上助步车，随后自信地走向她的汽车。即便只上了一堂课，她拖曳着右腿行走的情况也有所改善。多莉每个礼拜和琼安进行马术治疗，并在其他教师的指导下参加瑜伽课程，四年下来，她坐着时身体能挺得越来越直，行动上也渐渐不再那么依靠左腿。

66岁的多莉不期待自己能完全康复，只要可以避免进一步退化，她就心满意足了。

帕特·帕瑞利开设的课程是教人如何运用个人风格指挥马匹，而不用强迫、恫吓的方式，就像他的名言："爱、沟通和引导三者并重。"帕特对运用这个原则所形成的人与马之间的伙伴关系相当自豪，这种默契甚至能让人在15米外发出一个简单的口令，马便会乖乖走上拖车，或是让人骑在一匹马的背上指示身边的另一匹马跃过障碍物。尽管帕特驯马的技巧为他赢得国际声望，但他个人最满意的成就是他的儿子卡顿。

卡顿还是婴儿时便罹患脑积水，也就是脑室积水，一般常称为"脑水肿"。脑内不断增加的脑脊髓液使得颅内压上升，进而影响视力、平衡感及动作的协调性。卡顿出生后脑部不断胀大，3个月大时，他陷入昏迷，帕瑞利夫妇急忙带他到加利福尼亚州的奥克兰儿童医院就诊，医生在卡顿的脑部插管以导出脑液。住院治疗几周后，帕瑞利夫妇带着卡顿以及医生诊断的残酷结果回到科罗拉多的家中。医生说，就算卡顿能活下来，也可能永远没办法走路或说话。

"永远没办法"这字眼对帕特这个蓄着翘八字胡、6英尺4英寸高的魁梧牛仔而言，是一张战帖。帕特回忆说："听到这种宣判，我只有一个态度——是吗？老子不信！我倒要看看怎么搞定它。怎么搞定它？不过就是多一点爱，多一点沟通，多一点引导罢了。"

头一个挑战是卡顿的运动协调性差，而且腿部无力。打从卡顿6个月大起，帕特便带着卡顿一同骑马，他把卡顿安置在他和马鞍角之间，骑着马在牧场内漫步。当卡顿大到能坐直身子时，他让卡顿坐到斯巴奇背上。斯巴奇是帕特所有马中最优秀的一匹，对帕特极为服从，帕特在围栏的另一边喊一声"呜喝——"，斯巴奇就会马上停下脚步。帕特认为，要帮助卡顿独立自主，绝对需要像斯巴奇这样服从性高的马。"当你把孩子放到马背上时，你是以他们的命作为赌注的，所以这法子非成功不可。"帕瑞利说。

帕特谨慎地留意着坐在斯巴奇背上的卡顿。他从卡顿的表情中看出卡顿希望马往前走，但斯巴奇并未感受到卡顿的意图。"他心里希望斯巴奇向前走，但他的身体并未传递出这项信息。"帕特说，"他10岁时，有天突然开窍了。他发现他的下半身必须做出动作，斯巴奇才会往前走。"

卡顿想通了之后，努力用下半身传递他的意图——双腿用力夹紧马的躯干，身体的重心往他想前进的方向移动。当卡顿成功地让马前进时，他的整个身体开始能以不同的方式活动。"他的身和心开始合作，"帕瑞利说，"他感觉到他能够掌控他的世界。"

从此，卡顿的骑术突飞猛进。"他从需要系安全带才能走，进步到能像风一样奔驰。"帕特说。在马背上有这样的突破之前，卡顿走路得拖曳着腿又常跌倒，通常得花 10 分钟才能走上 60 米的距离。而当他较能控制他的肌肉之后，同样的距离不到一分钟就能走完，比原先快 10 倍。

帕特明白，帮助卡顿进步的不只是他的爱、沟通、引导，还有卡顿在马背上所花的时间和功夫。帕特外表看来是个和蔼可亲的牛仔，骨子里可是个严肃且专注的人。但马教导他生活需要多一点玩乐。

"通过好玩的游戏，我们学得更快。"帕特说，"从教导卡顿的过程中，我发现，要他做到某件事，关键是让他觉得好玩、有趣。"

除了在马场上教卡顿骑马，帕特也训练卡顿做脑力体操。他们用糖果来练习加法和减法，卡顿答对题目就有糖果吃。帕特也愿意玩文字重组的游戏。"我会把'把那袋狗食拿来'说成'把那食狗袋拿来'，"帕特说，"或者，我会指着米黄色的杯子对他说，把那橘色的碗拿给我。他会像看着傻蛋一样看着我，嘴巴嘟囔着发牢骚。我最喜欢看到他这副模样，当他表现出这模样时，表示你让他的脑筋跟着动了。"帕特在生活中增添的一些玩乐项目对卡顿很有帮助，反过来这也帮助帕特成为更优秀的老师。

随着卡顿的骑术和自信心与日俱增，帕特开始让卡顿在牧场里帮忙赶牛，最后甚至在马术表演赛和马术研习会上，让卡顿上场示范帕特的马术技巧。卡顿最近刚从高中毕业，对一个原本被认为没办法走路、说话的人来说，这可是了不起的成就。卡顿开心地参加马术表演，为北美残障者马术协会募款，但他可不认为自己是残障者。

虽然帕特不是受过训练的马术治疗师，但他了解人和马之间联系的强大力量。"很少有动物会让你在骑上它们时融入它们的力量之中，"帕特说，"但你骑在马上，你会融入它们的情绪和心理状态。这比单单某个人或医生能给卡顿的支持多得多。"

丽莎·葛瑞尔也知道她的儿子需要不一样的支持。打从儿子出生那一天起，丽莎无时无刻不担心儿子纳撒尼尔的健康。他一出生就是个小不点儿（她现在还叫儿子"小豆豆"），而且体重一直没像正常的婴儿那样持续增加。5个半月大时，他的体重只有8磅，进食很不顺利。儿科医生要丽莎放轻松，随着纳撒尼尔慢慢长大，情况自然会好转。纳撒尼尔只是个小娃娃，胃还很娇弱，有时候一天吐奶多达20次，医生预测吐奶的情况会逐渐减少。但其实没有，丽莎说。

丽莎决定带纳撒尼尔看肠胃科医生。医生把放射性物质放入他的消化道，X光照片显示出先天性的缺陷。他的胃有一半位于胸腔内的食道下方，而几个月来的进食困难造成胃部萎缩，而且检查发现胃部呈180度的扭绞状，因而血液的供应受阻，使得产生坏疽的可能性提高。

医生立即给纳撒尼尔进行了手术，把胃扭绞的地方解开，并使之复位。之后纳撒尼尔看似痊愈了一阵子，但三个星期后再次入院。上次手术留下的伤疤结痂把他的肠给堵塞了。"多灾多难。"丽莎这样形容那段辛苦的日子。

纳撒尼尔一岁半之前总共开刀三次，住院六次。当丽莎和先生大卫·布朗伯格对儿子的病情渐渐感到无望时，加利福尼亚州大学洛杉矶分校的一位治疗疼痛疾病的专家建议纳撒尼尔服用去甲替林，这是给成人服用的三环抗抑郁药。这真是神来一笔！纳撒尼尔的神经系统突然间就上了轨道，胃也没问题了。只不过吃了一周的药，纳撒尼尔就能自己坐起来，而且开始爬行了。

进出医院两年的苦日子过去之后，纳撒尼尔的健康状况终于稳定下来。

待纳撒尼尔的病情一被控制住，丽莎和大卫就努力帮助他学习因生病而落后的一切能力。他开始爬行，能靠自己的力量站起来，虽然站得不稳，也不会走路。他的语言发展更是严重迟缓，丽莎和大卫从他明亮的双眼看出，他懂得的东西比他能表达的多得多。于是丽莎带纳撒尼尔到"驰骋"马术治疗中心，希望他和马的接触除了能刺激神经系统外，还能带来多方面的帮助。

"手术带给他太多负面经验，如疼痛和创伤等。我希望他在马厩里看到的、听到的、触摸到的一切，多少能帮助他降低对疼痛的敏感度。"丽莎说。除此之外，她希望他能学一些习惯方法。

"体弱多病又发育迟缓的小孩会过度依赖大人。"丽莎说，"他们变得很会支使人，专横又霸道，这都是他们被捧在手心里时时被呵护的结果。我希望他能和动物建立关系，培养出同理心。"

一开始，纳撒尼尔丝毫不像个小霸王。第一次治疗时，他把脸和手埋在丽莎怀里，琼安怎么想办法都没用。丽莎很无奈，但琼安鼓励她要有耐心。琼安很快注意到，马吃东西和排便的动作吸引了纳撒尼尔的目光，而这两个基本的生理功能纳撒尼尔很难做到。注意到这一点之后，琼安征得中心特许，让纳撒尼尔喂马吃红葡萄。他每个礼拜都来喂马，连续三个月，他渐渐地和马处得愈来愈自在，对中心的环境也愈来愈熟悉。然后他开始模仿马的动作，他生平第一次放到自己嘴巴里的东西，就是从马的饲料袋里拿出的一颗脏兮兮的红葡萄。"我一想到那粒红葡萄上面不知道有多少细菌，我就怕。"丽莎说，"但是，看着他主动把某样东西塞进嘴里，我还是克服了那可怕的感觉。"

五个月之后他们才开始正式进行治疗，纳撒尼尔终于准备好，愿意爬上马背，他小小的头戴上最小号的儿童头盔后还可以在里头晃动。他坐上马背后的表现则是处处让人惊奇。"他变得更会表达自己，对要求更能回应，更爱讲话。"丽莎说。

就理论上来说，骑马之所以对发音障碍及语言障碍这么有疗效，是因为马有种独特的方式能够刺激骑乘者的整个神经系统。"语言治疗是一种由上而下的治疗。"露丝·迪斯缪克-布莱克利是位墨西哥籍的语言治疗师，她从 1981 年便开始让病患坐上马背治疗。她说："我们若只从嘴巴和大脑着手，便无法把身体其余的部分全涵盖进来，但说话和语言却有赖于身体其他系统的整合。马拥有高度精密的脑神经系统。一匹半吨重的马可以利用某一小块皮肤的极微细抽动来赶走马蝇。进行治疗时，就好比是它把它精密的系统借给失调的系统来使用。"

纳撒尼尔的语言治疗师琼安·舒马赫决定前去观察他骑马的情形，她的住处和"驰骋"只隔了几条街。她对纳撒尼尔愈加纯熟的口语反应相当惊讶，决定在马厩里给纳撒尼尔上语言治疗课。语言治疗师愈来愈多地使用居家治疗的方式，因为病患在真实生活的环境下学习，确实比在课堂上重复练习一些随机挑选的单字发音有效多了。迪斯缪克-布莱克利说，马术治疗正好符合在真实生活中进行治疗的潮流，而且受到美国语言听力学会的认可。

舒马赫和纳撒尼尔在马术治疗课开始前一小时来到中心，他们在马厩内四处逛，讨论狗、猫，当然还有动物排便的情形。他们也到户外赏花、摘橙子。纳撒尼尔骑上马背时，琼安·舒马赫便走在一旁，在琼安·本杰明训练他的身体动作时，继续从旁协助他进行语言表达。

丽莎坦言，她不认为马术治疗是她儿子说话进步神速的主要原因，因为如她所说："这孩子无时无刻不在接受治疗。"丽莎把她担任辩护律师的工作减为一周三天，好陪伴孩子接受各种治疗。除了语言治疗和马术治疗之外，他还接受物理治疗、职能治疗及心理治疗。这些治疗当中的任何一个，或者说这些治疗加起来，让纳撒尼尔有了很大的改变。

纳撒尼尔无法做到他这个年纪的其他孩子已经相当精熟的事，譬如自行进食和排便。他每天必须保持 15 到 16 个钟头不动，好让营养剂由插入胃部的管子一滴一滴流进他的消化系统内。这大半是在他睡觉的时候进行的，但丽莎承认，纳撒尼尔看电视的时间比她所愿意看到的还多，而且很多时候他是坐在儿童推车里，一边注射营养针，一边逛洛杉矶的购物中心。丽莎很希望他拥有能掌控某些事情的感觉，但不允许他变成老是用闹脾气的方式操纵大人的小暴君。

"当他坐在离地面 5 英尺左右高的马背上时，他只能依靠大人，"丽莎说，"他是所有人注意的焦点。尽管如此，他不能时时为所欲为，中心里的人期待他提出要求时能温和有礼。"

丽莎希望，骑马除了能提供给纳撒尼尔身体刺激外，还能帮助他培养出为自己的行为和态度负责的责任感。马毕竟只是马，听从琼安的指挥，或快或慢地行走。人带着自身的问题来到马背上，不论问题为何，你都会看见他们前后表现出的鲜明对比。"马让孩子体验到在冒险历程中合作的必要。"好马帮心理卫生协会的会长莫林·弗雷德里克斯如是说，该协会的成员正是运用马来进行心理治疗的。拥有佛罗里达大学博士学位的心理治疗师玛里琳·索可洛夫在她开设的妇女团体治疗课程中把马派上场，她给课程取名为"好马力"，正是因为看到了这股力量。

在传统的治疗里，病患和治疗师坐在椅子上，讨论发生在咨询室外头的事。在以马为辅助的治疗里，所讨论的事就发生在与马互动的当下。玛里琳发现，这种治疗的实体性以及马和人的对比，加快了治疗的进程。有鲜活的当下经验可以解析，多年的治疗瓶颈因而得以突破的例子屡见不鲜。

两年来，玛里琳和她的伙伴莫瑞·斯图尔特在莫瑞位于佛罗里达州马里昂县的马场中，每周进行两小时的团体治疗。玛里琳慢慢地让病患接触马。在第一个钟头里，妇女在马房中央围坐成一圈，她们听到马在四周的栏位里活动的声音。随着团体的情绪愈来愈高涨，这些马来到栏位的栅门前观望，吸引团体的注意力。

这些妇女必须先照料马好几个礼拜，才被允许骑上马背。起初，她们只躺在马背上。"我们鼓励她们用身体尽情和马接触，"玛里琳说，"这有助于她们去感觉，就是这样！"

如何行使个人力量和掌控力，是玛里琳的这群患者普遍会遇上的问题，这些人有忧郁、焦虑、饮食失调方面的问题，很多还受过家暴。"你要如何用有别于殴打它、强制令它屈服的方式控制这巨大的动物？"她们自问，"这和我一向所知道的方式有何差别？"

其中一位名叫艾米的病患曾遭受性虐待。她2月份加入"好马力"团体治疗之时，由于失业而抑郁，她的父母送她来接受治疗。艾米照料她的马卡西诺一个多月之后，她向玛里琳坦白，她还是信不过这匹马。"它个头那么大，它爱怎么样就怎么样。"艾米说。

玛里琳要艾米去想象，卡西诺是对她进行性侵犯的那个人。艾米试探性地推它一下，卡西诺动也不动。接着艾米双手按着马的胸腔，用力把它往马房的另一端推，并感觉到身上涌出一股源源不绝的力量。这时，其他妇女聚集在马房的另一端，在她一次次地出手推卡西诺时，为她加油打气。

"她用身体展现出她想把伤害她的人置于何地，"其中一位在场旁观的妇女说，"她没有用伤害报复他，而是把他推得远远的。"艾米使劲推马的这几分钟，对她来说是个突破。一个月后，艾米充满自信地去应征一份工作。她被录用了，最近搬到几千英里外的地方开始新生活。

"与其说是找回力量，不如说是我把自己放在首位。"艾米谈起马对她的人际关系的影响时说，"我想，勇于要求你所想要的，清楚地表达，别轻易认定不可行，这些就是引领马，也是引领自己的人生所需要的。这次课程对我的帮助，就是让我渴望活出自己的人生，不再当个漠然的局外人。"

就像我在动物医院昏暗的房间里等待赛马苏醒那难熬的几分钟里所体会到的，靠在马腿上，使劲扶着马站立的过程，让你的恐惧暴露无遗。马帮助你直探恐惧的根源，并找到战胜它的方法。对身体残障的人来说，马彻底发挥它的力量去刺激和帮助人重整神经系统；对那些需要找回力量和掌控力的人来说，马帮助他们看清问题所在。帕特称它是爱、沟通和引导，玛里琳称它是平衡、界限和呼吸，但他们两人所描述的，都是我们努力整合身心、让我们的行动和姿势表达我们真正意图的方式。

八　动物辅助治疗——独眼神药和其他动物治疗师

威洛医生在马里兰州贝塞斯达的美国国立卫生研究院担任住院医生第四年，她走出医疗中心停在十三楼的电梯，来到儿童肿瘤病房，开始她每周一次的巡房。她的身材姣好，鼻子高挺而尖，浓密的秀发几近雪白，乌黑的眼睛水汪汪，依旧待字闺中。尽管她聪慧、和善、直觉灵敏，却有个外号叫"骚妇"。

她走过护士站，每个当班的人都对她频送秋波，其中一位甚至拍了拍她的头。当威洛医生走进 1301 号病房时，她全部心思都在公务上。她坐到 18 岁的卢卡斯·斯巴克斯的病床旁，开始洗耳恭听。她安静地听他说话，从不打岔。毫无疑问，威洛医生是一剂良药，从卢卡斯的表情可以看出，她的出现让他感到安心，仿佛吞下一粒"快乐丸"。离开之际，她把头靠到卢卡斯的腿上，等他给她一个拥抱，然后才离开去看下一个病人。

威洛医生是一只 7 岁大的惠比特犬，它和它的伙伴琳达·索拉诺（任职于美国国立卫生研究院附设的国立首都治疗犬公司）从事动物辅助治疗已经四年。每周两次，五十多对人狗搭档来到这个由政府出资的一流医疗研究中心，安抚患有重症而接受临床试验的患者，并帮助病人复健。

这些得到认证的宠物治疗小组在执行治疗的一个小时前，要先到医院大楼门口外的休息室报到。每一只动物都要接受兽医检查，看看身上是否有跳蚤、扁虱、皮疹或其他皮肤病，之后才能进到病房内。它们的人类伙伴也必须向医生保证，他们的狗在过去24小时之内洗过澡。

等兽医检查完毕，国立卫生研究院工娱治疗部门的人员会指派当天的任务给他们。国立卫生研究院的医生会留意他们的病人——有些病人一住院就是好几个月——喜不喜欢动物、愿不愿意动物辅助治疗小组来探视他们。这些动物可以帮助忧郁的病人振作精神，减少病人的焦虑，帮助有慢性疼痛的病人舒缓疼痛，或者在病人接受物理治疗时充当帮手。小组也可能需要在一天之内提供各式各样的治疗，全看当天他们负责的那个病房内病人的需求而定。拿卢卡斯的情形来说，对抗病痛的各个阶段他都接受了动物辅助治疗。卢卡斯得的是一种难缠的血液疾病：白血球黏着缺乏症。这是种遗传性疾病，罹患这种病的人，体内的白血球无法离开血管去对抗皮肤或组织的感染。

卢卡斯一年半前刚住院时，精神忧郁，状态退缩。如果其他人也像卢卡斯一样，高中上到一半必须辍学，远离在田纳西州斯巴达市的朋友和家庭，住进几百英里远的医院，谁不会变成这样？但动物辅助小组每周两次的探视提振了他的精神。他离家之前刚养了一只小狗，能和一只喜欢依偎在他身旁、温暖而友善的狗在一起，等于拥有了一条熟悉的安心毯，一个安全的小窝。一周之后，他和医护人员的沟通变顺利了。当疗程开始时，他的狗朋友的角色开始转变。疗程让卢卡斯痛苦难当，他不再只是安静地和狗在一起，他比以前更常爱抚它。关于和宠物相处的益处，研究显示，爱抚宠物能让我们的身体放松，降低心跳速率和血压，促进呼吸平稳。此外，把注意力放在自身之外，抛开烦恼和忧虑，也有镇定效果。

卢卡斯的免疫系统因为缺乏健康的白血球而受到连累，所以即便是最轻微的擦伤，也要好长一段时间才能愈合。医生治疗他血液中的化学物质之余，也要处理无法愈合的溃烂。由于卢卡斯的大腿上有多处溃烂，他接受了好几次植皮手术。而植皮手术要想发挥作用，伤口的血液循环必须很顺畅。

动物在这一点上也帮了忙。我拜访国立卫生研究院的那个晚上，卢卡斯遛狗遛得可起劲了。他牵着威洛在儿童病房里一圈圈地绕。随后我到别的楼层观察另一个小组工作时，又看见他牵着另一只狗冲过走廊。最后，当拜访的行程全部结束，所有的小组回到我们最初碰头的休息室时，卢卡斯又出现了，央求别人把狗交给他去遛。就让他带其中一只出去动一动吧，我心里这样想。当治疗小组中一半的人对伙伴细数着治疗时所发生的情形时，这些狗伙伴趴在人的脚边几乎不动。一对查理士王小猎犬在红色的小推车内睡着了，那台小推车专门用来载送狗进出国立卫生研究院，有如一台人力的移动狗屋，其中一只狗甚至还打起鼾来。认为动物辅助治疗不必花体力的人，真应该来这里看看。

这些小组描述病人和动物的互动情形时，身兼首席工娱治疗师的护士雷内·斯塔布斯埋头做笔记，这些笔记稍后会被写入病人的病历里。小组给出坦率的意见，直言他们认为当天的治疗是否有效，是不是需要进行下一次的治疗，假使是的话，那么三天后的下一次治疗，小组应该特别注意应该在哪方面加强。

美国国立卫生研究院如此严肃地看待动物辅助治疗，透露出动物作为治疗工具的概念已逐渐被接受。虽说打从 9 世纪起，动物便被用来安抚病人，但医学界开始把动物纳入对动物有好感的病人的治疗计划，不过是近二十年的事。

颁发执照给宠物伙伴的德尔塔学会区分了动物辅助活动和动物辅助治疗的不同。所谓的动物辅助活动，是由一名受过特别训练的义工带着动物到校园、疗养院或阿兹海默症养护中心去（比方说，一位好心的中年妇人提着装有小兔子的篮子），让大家和宠物玩一玩，开心一下。相较之下，动物辅助治疗有明确的治疗目标。

比如说，动物辅助活动的义工会每周带着自己的狗前往医院病房内，短暂地探视想跟狗玩的病人，而动物辅助治疗则是由复健专家和动物搭档的特定小组，在一定的时间内帮助病患克服病痛。动物辅助治疗的另一项目标，是帮助新装上义肢的病人和狗在医院走廊玩"你丢它捡"的游戏，借此加大病人肢体活动的幅度。

这些互动要发挥功效，皮带两端的人和狗都要接受训练。有鉴于此，德尔塔学会于1991年规定了动物辅助治疗所需的技能和行为准则，并开始颁发执照给通过检验的治疗小组。单是去年，就有超过4500个宠物治疗小组得到德尔塔学会的认证，在全美45个州以及5个国家进行治疗。协会的目标是在2003年让得到认证的小组达到6000对。德尔塔学会的候补名单上，有100个机关单位等待宠物治疗小组的支援，但合格的小组供不应求。

查理·布鲁格诺拉，这位在警犬训练单位任职22年的退休警官，是动物辅助治疗小组的审核委员之一，他在加州苹果谷成立了一家名为"狗狗总动员"的公司。他打趣说，他是把"地狱里的狗化为天使"。因长期训练狗，查理练就了一眼就可以看出这只狗能不能当"天使"的本事，而他第一眼看见甜心便惊为"天使"。

甜心是一只可爱、快乐的流浪杂种犬，1999 年曾被两名年轻人放火烧身。这两个畜生把汽油浇到它身上，用烤肉用的长棍形打火机点燃汽油，置它于炼狱之中。当在附近速食店用餐的一对夫妻看见甜心着火时，赶忙冲过去用夹克包住它，并找到一家愿意免费为甜心医治的动物医院。

　　甜心的下半身三度灼伤。当这对夫妻向瑞克·莫利医生说明甜心是怎么烧伤时，莫利医生几乎压抑不住胸中的愤怒。但他看到了甜心。"它摇着尾巴，没有放声大叫，但我们知道它痛得不得了。"他说，"它的眼神充满痛楚，却明白地告诉我们'忘了这一切吧'。"

　　莫利医生剪去它身上烧焦的毛发，为它注射静脉输液和强效抗生素，以抵抗会带来生命危险但又避免不了的发炎感染。他为它清理伤口，抹上有强力保湿效果的外敷药，并把伤口包扎起来。接着，他悬赏 1000 美元要把那两个纵火的年轻人揪出来。

　　当甜心被人故意烧伤的事情传开后，整个社区动员起来。报纸、电视、广播皆报道了甜心的遭遇。大家来到动物医院捐钱帮它复健，最后，捐款高达 9000 美元，并有将近 100 人想要领养它。莫利医生特地从纽约请来一名动物皮肤科专家替甜心进行植皮手术。他们从甜心的颈侧割下几条 15 厘米长、7.5 厘米宽的皮肤，然后把这块皮肤放入一台特殊机器加工。这机器可以软化皮肤，让皮肤变成一大片薄薄的网状组织，以便覆盖更大面积的灼伤部位。"甜心做了下巴拉皮手术。"芭芭拉·瑞兹开玩笑说。

　　芭芭拉和莫利医生一样是甜心的救命恩人。芭芭拉一看到报纸报道，便马上开车到动物医院要求领养它。当她得知有一大堆人排队等着要领养它时，她自愿提供任何帮助。她表明愿意带着

12岁的女儿罗拉到诊所义务照顾甜心。于是，长达两个月的时间，身为职业治疗师的芭芭拉每天下班后带着罗拉来诊所，当甜心进行下午的涡流浴治疗以刺激新生皮肤成长时，母女俩则坐在甜心身旁安抚它，最后在它全身抹上保湿乳液。

芭芭拉为甜心的付出，说来一部分是帮助自己的伤口愈合。三年前，她和罗拉到墨西哥度假时，遭遇汽油罐爆炸而致下半身被灼伤。她急奔动物医院探望甜心那天，还因为自己被烧伤的身体而极度忧郁。她一直无法接受身体布满伤疤的模样，痛苦万分。她形容自己"整天自怨自艾"，并发现自己的祷告内容一成不变，她老是问上帝自己为何要遭受这种劫难。"如果这个劫难有意义，请你指点我。"她说。当她在报上看到甜心时，她知道那是上帝的旨意——"去吧！"莫利医生和他的员工被芭芭拉的遭遇和她对甜心始终如一的悉心照顾深深感动，决定把甜心交由她领养。

将甜心领养回家后，芭芭拉让它躺在三个丝绒枕上休息：一个枕在它头下，一个垫在脚下，另一个小的放在两腿中间，避免两腿摩擦伤到细嫩的新生皮肤。芭芭拉发现，有甜心为伴比吃抗忧郁药还有效。当她为甜心的腿按摩时，她自己的腿也充满活力。"人难免遇到磨难，但都会过去。"芭芭拉说起她从甜心身上学到的一课时说，"甜心从无怨恨，也不觉得自己倒霉而愤愤不平。"

芭芭拉想到，甜心既然有如此魔力让她恢复健康状态，那么它应该发挥这种天赋帮助更多的人。她希望甜心成为宠物治疗小组的一员。于是芭芭拉打电话给查理·布鲁格诺拉，他是那地区唯一有资格的审核委员。查理之前也曾听闻甜心的遭遇，而且为此感到震惊，同时对它的经历也很感兴趣。他很高兴有机会见到这只大名鼎鼎的狗。

查理说："谁都会爱上甜心。"这话可一点都不夸张。当你望着它的眼睛时，它那闪烁着希望和甜美的眼神能瞬间温暖你的心。当你后退一步，从稍远的距离看它，你会发现它外表的毁损触目惊心：从尾巴到脊椎一半处的这一长条区域全无毛发，这部位的毛发需要重新长出来。灼伤的皮肤已经愈合，粉嫩而有光泽，看起来很平坦，摸起来却不怎么柔软。另一个受创伤的痕迹是，它的左耳因烧伤而稍微变形。

查理一眼就爱上了甜心。不过，尽管甜心带给人快乐和爱，却毫无规矩，完全不懂得基本的服从，而服从却是动物参与宠物治疗的必备条件。但在查理看来，这些都是小问题，他愿意免费训练它。查理和他的德国牧羊犬墨利在动物辅助治疗领域有长达10年的经验，对查理这样一个老资格的人来说，他知道甜心和芭芭拉在协助烧伤患者时，能发挥的力量有多么强大。

查理一面训练甜心基本的服从，一面减弱它经历过的无可言喻的恐怖。查理带着甜心到它被烧伤的那一带街区散步，他会摆出他当过警察的架势，询问他遇见的每个人，知不知道那两名放火的年轻人的下落，但那是好一段时间之前的事，难以追究了。回到家，他在火堆旁替甜心按摩，当它愈来愈感到舒适时，他会突然把点燃的打火机靠近它的头，让它懂得退却，跑出房间。他最妙的一招，也是最怪的一招，是他在红色的火种外头裹上奶酪，然后要它把奶酪舔掉。

甜心目前是德尔塔学会认证的合格宠物狗，加入了动物辅助治疗的行列，在箭头医院协助病人接受治疗。查理喜欢带着它到烧烫伤中心，特别是去探望即将接受植皮手术的病人。查理想起最近在烧烫伤中心遇见一位焦虑而退缩的年轻人，因为露营时太靠近营火，火苗点燃衣服，以致背部严重灼伤。

查理告诉这位年轻人甜心的遭遇，年轻人则说起自己被烧伤的经过，几度泣不成声。他伸手拍拍甜心，当他的手缓缓抚摸它光亮粉嫩的皮肤时，查理告诉他，那里就是甜心动过植皮手术的地方。那年轻人审视了好一会儿，然后说："皮肤柔软又温暖，看起来没那么糟。"

他们见面不过五分钟，护士便告知手术即将开始。"我们帮他打了一针强心剂，"查理说起那一回的治疗，"甜心消除了他对未知的恐惧。"当他被推出病房往手术室去时，他说："那小狗做得到，我也一样做得到。"

身为一名审查委员，查理"识才"的眼光一流。不同的动物要和不同的人搭档，所以各色人马他都欢迎。当某对搭档通过检定后，审查委员会推荐这对搭档去最适合他们的机构。如果查理认为某只活泼的边境牧羊犬合格，他会推荐这只狗前往妇女家暴庇护中心。这种狗精力无穷，可以赶走忧郁，而且小孩子特别喜欢它们爱胡闹的天性。若是一只心如止水、不动如山的猫，他会建议它陪伴老年人。不过，当他们看到福星（黛安·弗朗西斯养的一只相貌怪异的猫）时，就连动物辅助治疗最不屈不挠的宠物配置顾问，也要为之伤脑筋。

黛安·弗朗西斯的父母养了一只16岁大的猫，这只高龄的猫生下一窝小猫，其中最小的一只就是福星。福星生下来时体型只有其他小猫的一半大，左半部的脸也因未发育完全而变得畸形。尽管如此，它的生命力非常顽强。它独眼、颚裂，扭曲的尾巴有一截残端，走起路来像喝醉酒似的摇摇晃晃，黛安因而担心它有脑损伤。黛安说服父母亲，把福星带回她的公寓一起住，和她的得力助手（一只贵宾犬）合力抚养它，这只贵宾犬当它养母，经常抚摸拥抱它。福星断奶之际，体重比之前重了好几倍，高达14磅，是那家里除了黛安之外最重的一个。

虽然长得一副海盗无赖相，但福星似乎认定自己貌若天仙、聪明绝顶。要是我们能有福星那种自信和泰然自若就好了。

福星和黛安是一对搭档。黛安每周都会带福星去一次位于得克萨斯州谢尔曼的费尔福小学，她在这所学校里任职。福星喜欢赢得众人的目光，若孩子们的欢迎掌声不够热烈，它还会大声埋怨。师生就座后，它也会来到它的位置上——教室正中央，慵懒地摊开四肢躺下，等着孩子们来抚摸它。

当福星认为孩子们上课上够了，便爬上课桌趴到作业本上，这是孩子们最快乐的时候。它会翻翻他们的本子，然后抬起头，愤愤不平地仰视前方，直到大家伸手抚摸它。福星会满足地使劲呜呜叫，叫得全身震动，这对这些孩子是好事。孩子们学会比划"呜呜叫"的手语前，他们会用手语说："福星在'发抖'。"

黛安相信，福星可以教给孩子们一件事，就是无论你的外表如何，你都可以活得有自信、有尊严。福星不只渴望他们的爱，它还不怕羞地勇敢要求爱。"我想他们知道福星的长相与众不同，但它依然活得自在。它是只了不起的猫。"黛安说。

福星也在瑞芭·麦肯泰尔复健中心提供动物辅助治疗，它在这个中心传递的信息很不一样。焦虑而疼痛的病人，常被不时大声呜呜叫并渴望得到大家的爱的福星所吸引。黛安相信，这治疗有价值的地方，是它非常珍惜他们能够给它的一切。这些病人很消极，而且不能外出，但福星需要他们，他们有力量使它快乐。

大家会坐着轮椅，从走道上一路驶过来，就想看一眼福星那

144

独一无二的长相。黛安记得，有个妇人因为福星没去探望她而难过。她走下床，坐上轮椅，在中心里四处绕，直到她看见福星。当她和福星面对面时，她盯着它好一会儿，然后说："我的老天爷，它比我们所有人都惨。"

这两个不同的群体都很看重这只协助治疗的猫，但却获得完全相反的信息。孩子从它身上发现的动物辅助活动信息是：明天会更好。大人从它身上体悟的动物辅助治疗信息则是：有人比我更不幸。

动物的疗愈作用因不同动物、不同人而异，所以有一些治疗计划会提供不同动物以供选择。虽然动物辅助治疗小组的宠物伙伴还是以狗为主（约八成），但所有的动物都可以派上用场。目前参与的动物包括：狗、猫、兔子、马、鸡、驴、美洲驼、鸟与肚子圆滚滚的猪。

费城附近的多伊尔斯敦医院的义工，会定期来地方上的圣地兄弟会医院担当治疗师，为动过外科整形手术的儿童复健。比方说，对于手部动过大手术而需要复健的儿童，医院动物辅助治疗的负责人凯·威廉姆斯会请她的妹妹特别定制一件藏有很多机关的"好管闲事"背心，背心上缝一些有盖的小口袋，里头藏有玩具，并有拉链、纽扣、鞋带等设计，帮助儿童练习重新控制手指。孩子们也很喜欢帮动物打扮，系上围巾、领带，搓弄毛发做造型，戴上太阳镜，一面动手一面哈哈笑。

我讲述过许多动物帮助病人康复的故事，这无疑是动物在医院里的一大功用，更准确地说，它们帮助病人从侵入性治疗中得到喘息和放松。对病人而言，动物推翻了医院的作息和医疗命令。和动物在一起时，时间停下了脚步，规则也全套翻新，但没到天马行空、毫无章法的地步，只是从常轨开溜，抱抱毛茸茸的温软身躯，凝视关爱的眼眸，拿出偷藏的零嘴，换得会心的舔舐。

宠物能让人在受创时重燃明天会更好的希望，就像它们帮助科伦拜高中枪击事件的生还学生一般。在和它们短暂邂逅后（通常不超过五分钟），这种生活步调的改变便带来了深刻的冲击。我访问过的每一个参与动物辅助治疗的治疗师，都见识过动物作为触媒的威力，足以让几周甚至几个月都不说话的病人开口讲话。医疗机构里的动物在需要安静的时候也能发挥重要作用。

切瑞林·弗瑞拥有两只治疗犬，一只叫贝拉，另一只叫泰恩，两只都是不列塔尼猎犬。泰恩活泼好动，若是有人需要提振精神，泰恩知道怎么轻轻与人接触赢得注意，甚至还会举起脚掌拍拍人家的脖子逗人开心。不过，切瑞林到医院工作时，她会带贝拉同行，它的性子内敛、沉着。

治疗往往从切瑞林和贝拉进到病危病房的那一刻开始。贝拉一现身，被它所关爱的人便开始释放内心的情绪。"它就是能让他们允许自己哀伤。"切瑞林说，"它把他们带回现实里，回到当下，能够开始哭泣、说话、怀念从前。"通常家属会想抱抱贝拉，偶尔也会把临终病人的手拉向贝拉，特别是那些曾经养过并真正爱自己宠物的人。

切瑞林说，贝拉最令人震撼的一次表现，发生在一个感情甚笃的佛教家庭，那家人齐聚母亲房中，为即将过世的母亲默默守夜。由于这位母亲不过五十多岁，却即将撒手人寰，所以这家人特别痛苦。切瑞林询问他们是否愿意贝拉前去探望，这母亲的女儿想到母亲一辈子养狗、爱狗，便答应了。来到他们家中时，切瑞林蹲坐着，一面轻拍蜷伏一旁的贝拉，一面安慰家属。突然间，贝拉站起身来，好像听到无声的口哨似的嗅嗅闻闻，随后扑向床边，努力想爬上床靠到那气若游丝的妇人身边，仿佛在回应旁人都没听见的某个召唤。

"我不知道它这个动作有何用意，"切瑞林对着那家人说，"它从没有过这样的举动，我想你们的妈妈恐怕快撑不下去了。"那女儿随即痛哭失声，其他的家属也开始落泪，彼此相拥而泣。接着家人全围到这妇人床边，握着她的手，向她告别。切瑞林决定把贝拉带回车上，心想在这种时刻，她也帮不了忙，再说，她相信这家人需要一些时间独处。

通常，贝拉工作两个钟头下来回到车上后，总是筋疲力尽，不支倒地。但这一回切瑞林却几乎控制不住它。当她们走向车子时，贝拉突然回头往玻璃大门冲去，想要进到屋内。刚好屋里有人要外出而打开门，贝拉趁机向屋内钻，直奔那妇人的卧室。

切瑞林使出全身的力气才把 35 磅重的贝拉拖回车上。十分钟后，她回到住处记录这次的探视经过时，得知那妇人刚刚过世。

切瑞林对贝拉的行径感到很矛盾。它鲁莽的举止让家属把情绪宣泄出来，但不是对着贝拉宣泄。贝拉把他们带回当下，去面对正在发生的事，而不是像之前一样，全埋在隔离情绪的心墙背后。

事后，这妇人的女儿和小儿子约切瑞林见面，切瑞林一见到他们便赶忙道歉，希望贝拉没有帮倒忙才好。不过，这对姐弟是来向她致谢的。"你们为即将过世的人及其家属所做的事相当了不起。"这女儿说。

现代医学能够延缓死亡，但我们将要咽下最后一口气时，往往是在异地某家能让我们延长生命的高科技都市医院里，看不到信赖的家庭医生熟悉的面孔，亲朋好友和宠物也不在身旁。这时候，宠物，即便是陌生人养的，也能让我们在挥别人世时感到平静。

切瑞林相信，在这些情绪激动的时刻，动物之所以拥有力量，在于它们能用心灵交流。"它们拥有纯真，"她说，"它们没有理性和思考去遮蔽它们的知觉。它们纯粹用身体去察觉，感知当下的情况。它们闻得到，而且感觉得到。"

当身旁有人病重或奄奄一息时，我们很多人吓得不敢"感觉自己的情绪"。当我们开始感觉到悲伤、悔恨就要决堤泛滥时，我们该怎么办？在这种情况下，动物变成我们的表率，向我们示范在经历这种排山倒海而来的巨大事件时，如何勇敢面对、坚强无惧。动物向我们展现，我们不该压抑或克制情绪，而是接受这些情绪的洗礼，然后放手让这一切过去。这无疑是肯定生命的强力治疗。

九　宠物好帮手——朋友的援手让我渡过难关

卡萝·金每月都会有两次和加利福尼亚州欧申赛德市宝威常新俱乐部的朋友们聚一聚的机会，一起通过步测考验他们的协助犬的本领。这些狗一开始有半小时的时间自由玩耍，之后他们的人类伙伴会带领它们接受灵敏度训练。它们必须爬上和走下 A 字形斜板，跑过跷跷板，在一排竖立的杆子间以 S 形路线迅速穿梭而过，这些训练都是为强化它们的体力、耐力和敏捷性而设计，以便帮助失能的人类伙伴的。对很多狗来说，其中难度最大的一项，是走过横放在地上高约 6 英尺的阶梯。狗必须走过阶梯上的每一根横档，这需要相当精巧的动作才做得到，是模仿跨越下水道的渠闸设计出的。

这些狗的主人在这些活动结束后，会相约到附近的丹尼快餐店吃便餐。几年后的某天，卡萝和她的协助犬布巴及其他朋友（四个人坐在轮椅上，另有几人拄拐杖）坐在餐厅内，但有位顾客开口抗议。

"它不是导盲犬，不可以进餐厅。"那位顾客相当坚持。

没错，布巴看起来丝毫没有协助犬给人的那种刻板印象，而卡萝也完全不像我们一般认为的残障人士。布巴不是体型超大的猎犬，而是只有 7 磅重的约克夏犬，极为小巧，小到卡萝外出时经常把它放在棉袋里夹在腋下。布巴不会引导她远离危险的十字路口，也不会带领她安全地走上手扶梯，但少了它，卡萝无法过完整而积极的生活。卡萝患有广场恐惧症，1996年她领养布巴之前，进入公共场所会引起她的极度恐慌，所以她根本无法独自离家外出，整个人几近失能。但有布巴在身边，卡萝开始在其他成人的陪同下离家外出。几个月之后，她能够和布巴单独旅行。

那餐厅的经理试着对气愤的顾客解释，布巴确实是协助犬，但这名顾客听了却更为光火，并大拍桌子要求经理通知警察。于是经理找来警察，警察联络后备支援。等到四名警察抵达时，宝威常新俱乐部的这群人已开始用餐，他们那些累得筋疲力尽的狗则安静地趴在桌底下睡觉。布巴蜷缩在它最要好的朋友长毛狗古柏身边，窝在古柏前后腿之间的毛发里，几乎看不见它的身影。

警察要求卡萝出示布巴是协助犬的证明文件。卡萝拿出她随身携带的文件，在餐厅和连锁店遇上这种情况对她来说已司空见惯。她取出联邦政府、州政府、地方政府的法规，上面明列身心障碍者可以带着辅助动物进出公共场所，以及美国残障行政局核发的一张卡，上面摘录了相关法规以及免费的800热线，还有她的医生开出的诊断文件，说明卡萝基于医疗的需要，必须随时带着布巴同行。警察看完这些文件后，卡萝蹲下身拨开古柏的毛发，向他们展示她那正在睡觉的可爱"安心毯"。

于是警察向那位抗议的妇人说明布巴是合法的协助犬，之后便离开了。

对卡萝和其他数百万名从外表上看不出有身心障碍的美国人来说，这种让人神经紧绷的事稀松平常。据估计，全美有5400万人患有身心残障，约占总人口的20%。也就是说，这些人目前或曾经有过失明、脑性瘫痪、失聪、多发性硬化症、帕金森氏症、瘫痪、癫痫或脊髓损伤等严重影响日常生活中单项或多项活动的疾病。

身心障碍更宽广的定义包括罹患癌症、糖尿病，以及因烧烫伤而严重毁容，或因太高、太矮、太胖等而心灵受伤的人。法律上的定义也还包括像卡萝这样有精神疾病的人，譬如有恐惧症、创伤后精神压力紊乱、躁郁症、广场恐惧症等。而根据美国残障协会的定义，辅助动物意指能缓和失能状况的任何训练有素的动物。

卡萝的精神科医生布莱恩·布伦斯嘱咐她养一条小狗，以帮助她在无法离家外出期间对抗焦虑和忧郁。"有些人只敢在孩子或另一半的陪伴下离开家。"布伦斯说，"布巴的存在为她营造出一个安全空间，就像她的安心毯。一旦你面对恐惧，发现自己安然无恙地撑了过来，然后再一次面对，又发现自己撑了过来，几次之后，那恐惧便会减弱到无足轻重的地步。这就是布巴帮助卡萝做到的事。"

治疗忧郁要从两方面着手：生物层面和心理层面。美国国家恐惧、焦虑与忧郁症治疗中心主任伯纳德·维托内博士这样说，宠物有助于提升患者的自尊心、自我掌控感，来对抗消沉意志，并培养有别于以往的更好习惯。他见过很多忧郁症患者被治愈的案例，他们因接受药物、理疗、宠物三管齐下的做法，即所谓的"宠物搭配百忧解"疗法，而变得生机勃勃。

患有广场恐惧症的人经常需要一个"安全的人"陪在身边，就像布巴给予卡萝安全感一样。"安全的人"也有其自身的工作与个人生活，很难随时随地陪在身边。"但是'安全的宠物'可以寸步不离，不会在私底下吝惜或抱怨。"维托内说。

纽约的心理学家苏·夏皮罗的患者都有辅助动物来协助他们对抗外表看不出来的疾病。夏皮罗说，有恐惧症的病人会把他们的不安投射到宠物身上，如此一来他们能感到更平静、安定。她打了个比方说，这就好比把婴儿交给一个害羞的人抱，你会瞬间发现那宝宝使得他自在、舒适。通过这种"投射性认同"，他们可以专注于这种不安的感觉，并开口谈论它，找到方法面对它，在这过程中，他们也顺带进行自我治疗。

卡萝如今在全国各地分享布巴及协助犬带给人的精神支持。她在地方委员会上为争取残障人士携带辅助动物同行的权利奔走，并对几个不太符合美国残障协会法规的机构提出异议。"这如果不是康复的标志，那还能是什么？"她问。

我们大多数人想到协助残障人士的协助犬时，脑中浮现的是健壮的拉布拉多犬或金毛寻回犬引导盲人安全过街的景象。我们对协助犬的印象如此根深蒂固，伙伴协助犬合作协会会长艾德·埃姆斯说，当有听觉障碍的朋友带着协助犬去饭店时，服务生常常会送上盲人专用菜单。

然而，全美国的身心障碍者当中，盲人只占3%，特殊的辅助动物仍有很大的空间提供独特的服务。比方说，全国有超过1000万人罹患一种极害怕自己会当众出丑的焦虑症。社交焦虑症是最常见的焦虑症。忧郁症和酗酒则是美国人最主要的两大精神问题。所幸，这些社交恐惧症可用药物、心理治疗及宠物三管齐下的做法来治疗。

如此一来，即便你是像琼·艾斯纳一般的躁郁症患者，即便正处在狂躁状态，看起来也会与一般人无异。琼是美国国立研究院（其前身为美国国立科学研究院）的遗传学博士，一辈子受忧郁症之苦。她的父母亲也有精神疾病：母亲患有躁郁症，父亲则有创伤后精神压力紊乱，琼靠着努力在学业上和运动上取得成绩，度过了惨遭性侵犯的阴暗童年。成年后她仍会不时跌入忧郁深渊。几年前她经历过一段心情极为低落的日子，无法步出家门，情绪在极端忧郁和极端狂躁愤怒之间摇摆。在这个时期，她开始想找一只罗得西亚脊背犬做伴，因为在童年最黑暗的那段时间她曾和一只罗得西亚猎犬非常亲密。

琼坐在八只幼小的罗得西亚脊背犬当中，其中七只活蹦乱跳地争相抓她的脸，琼选了窝在她腿上睡觉的那一只，取名叫芥末，之所以取这个名字，是因为她最近在男友的鼓励下成功克服对生鱼肉的反感，生平首度吃了寿司。她尝了一口，便深深爱上那种滋味。她用这种爱恨分明的方式迷上了日本芥末这呛鼻、鲜绿的寿司佐料。芥末代表了尝试不是很有把握的事，却从此上瘾的美妙。

接下来的一个半月，琼发现，如果她坐在电脑前好几个钟头，芥末就会反复用鼻子撞她的手臂。有时候她会被它惹火，大声喝止它。后来她发现，它只在她疯狂地专注于电脑时才会有那样的举动。芥末是在警告她：她渐渐显露出狂躁的迹象。她了解它在警告她，但它如何知道她濒临狂躁？于是她上网搜寻服务犬的相关信息，得知有些狗能够对癫痫的发作发出预警。若狗能预知癫痫的发作，她想，芥末也许是她的福星。

患有精神疾病的一大问题是，疾病本身会损害你觉察自己心灵状态的能力。倘若你罹患癌症或摔断腿，没有人会怀疑你。当患有躁郁症的人情绪攀升到极度狂躁状态时，他们会变得狂妄自大、不可一世，觉得这世界过于墨守成规而枯燥乏味。如果你提醒他们马上进行改变——因为他们花钱大手大脚、好几天没有规律地吃东西和睡觉——他们会告诉你，你大错特错，他们比你以为的要好太多了。

"躁郁症患者会对配偶疑神疑鬼，也往往不相信医生。但他们对动物发出的信息深信不疑。"精神病药物学家及美国国立卫生研究院情绪疾病科的研究员马克·史密斯说，"你很难和狗起争执，即便是病情最严重的时候，人还是保有最基本的理性。你很难指控你的狗对你图谋不轨，狗就像一道激光劈入人的内心深处。我希望，我们能训练更多的狗闻到或察觉出躁郁症初期的症状。"

琼说，芥末对她陷入狂躁状态提出警告这件事，是人们想谈的一面，但对她来说，这只是芥末帮她保持正常的微小一面。她和芥末几乎有90%的时间都在一起，它的陪伴帮助她把忧郁抵挡在外，并引导她走回这世界。它甚至会在偶发事件意外触动她不堪的回忆时帮她一把。

琼最近曾到镇上的唱片店翻找美国原住民的音乐，却冷不防地在一张唱片封面上瞥见她念大学时强暴她的男人。她一时无法动弹，耳边响起一阵渐渐加强的声音，那是恐慌发作的前兆。她像机器人似的走到柜台前，告诉店员唱片封面上那男人对她的伤害。突然间，她双腿发软，瘫坐在地，并开始跟芥末倾诉。她不停地说："现在已经是2001年了，这男人现在伤害不了我了。"琼相信，如果当时没有芥末在身边，她最后很可能会住院。

琼和卡萝都不知道恐慌什么时候会发作。它毫无预警，令她们防不胜防。那些协助癫痫病患者的协助犬也面临同样的情形，但它们的作用却很强大。

桑雅·沃尔斯打趣说她自己是"年轻的老骨头"。她虽然只有 27 岁，却因为罹患严重的小儿糖尿病而数次生命垂危，病情使得她的双眼达到法律上所定义的失明。她丧失了边缘视野，上学时还得依靠胰岛素上课。她的糖尿病会引发癫痫。多亏有宝贝这只 14 磅重的捕鼠猔犬，她才能在南伊利诺伊大学卡本代尔分校当全职学生。宝贝领着她安全地走在街上，她上课时，它则乖乖坐在她背包上。如果桑雅和朋友一起骑车或健行，宝贝比她买的血糖测量仪还要准。桑雅走路上学时，宝贝是她的导盲犬，尽管它的体型比一般导盲犬小很多。到人行道时，宝贝会停下来；若前方有障碍物，它会扑向桑雅的膝盖，提醒她绕过路障。"我真希望宝贝的块头更大一点，"桑雅说，"但它为我做了很多，好几次把我从鬼门关前救回来。"

四年前桑雅参加夏令营，那时她才领养宝贝没多久，桑雅半夜癫痫发作。宝贝找到了舍监住的小木屋，努力把她摇醒，随后领着她来救桑雅。当他们来到桑雅床边时，宝贝不断哀号，神情悲伤，直到医生抵达。

在家时，如果桑雅的癫痫即将发作，宝贝会凝视着她，爬到她腿上，把鼻子凑到她嘴边，指示桑雅赶快量血糖值并调整饮食或服药。当桑雅癫痫发作的次数由一周一次降至六个月一次时，宝贝的工作负担减轻了。如果桑雅癫痫发作，宝贝会冲过去把其他人找来，或抓公寓大门引起邻居注意。如果救援迟迟不出现，它还会打 911[①] 求救，按下有特殊装置的电话上的一个很大的按钮，即我们所谓的"K911"。

----
① 美国的急救电话。

宝贝的这些技能是玛里琳·波娜训练出来的。玛里琳是密苏里州布兰森市人，经营一家协助犬训练公司。她相信任何品种的狗都可以被训练来担任这项工作，只要宠物和主人够亲密，而且主人能够意会狗发出警告的独特方式。玛里琳在训练课程一开始，便要求狗主人记录狗的生活日志，以便把这只狗的日常活动和她称之为"沟通行为"的特殊活动区分开来。

"有些狗会用离开房间来发出警告，"玛里琳说，"有些狗会咬主人的脚，另一些狗则会变得激动而有攻击性。"

训练的过程相当漫长，玛里琳花很多时间和狗及其主人相处。当主人癫痫发作时，玛里琳会抱着狗靠近主人的嘴巴，甚至指导狗去舔主人的嘴唇，因为她和许多人一样，相信狗能侦测出气味的变化，尤其是糖尿病所引发的气味变化。当血液中的血糖升高，糖尿病患者会散发出甜甜的水果气味；当血糖浓度下降时，则会散发出刺鼻的氨气味道。"我曾见过一只狗在浴室门外闻到淋浴中的主人血糖下降，而发出警告。"玛里琳说。

布瑞达·尼尔的狗巴比是一只 140 磅的拉布拉多和洛威纳混种狗，经常跟着她到西弗吉尼亚州雷文伍德市的理发店去。当美发师为布瑞达整理头发时，巴比会待在离她六米远的接待室乖乖等候。一天下午，来到理发店 15 分钟之后，巴比闻到布瑞达的状况有异。它先找到她的皮包，然后叼着皮包到她身旁，把皮包放在她腿上。布瑞达随即测了血糖值，发现血糖浓度降至正常范围以下。当布瑞达把手伸到皮包内摸索随身携带的糖果时，巴比耐心地在一旁等候，直到布瑞达把糖果含进嘴里，巴比才起身回到接待室。

布瑞达和巴比的训练师是住在北卡罗来纳州的莎伦·赫曼森，

她很谦虚地说："我只是强化它们与生俱来的本领罢了。"莎伦曾帮丽·梅耶训练她的狗波利斯，丽希望当她癫痫发作时，仍能确保四个年幼孩子的安全。1995年，丽的癫痫已经有一年多没发作了，但有一天在她开车上班的途中，从高速路出来转入辅路时，她的癫痫突然发作，导致五辆车连环相撞。其他驾驶员冲到她车旁要搞清楚怎么回事，发现她身体像木板般僵硬，头直直往后伸，失去知觉。等到救护车抵达时，她已恢复意识，但对刚才发生的事浑然不觉，这是癫痫的另一个副作用。

"他们要我打开车门或是摇下车窗，但我完全不晓得他们是谁。"丽说。

这次可怕的意外之后，丽听说癫痫协助犬能预警癫痫发作。虽然药物帮助丽把癫痫控制住，但每年还是会发作好几次。最好的情况下，一只训练有素的狗可以在她癫痫发作之前警告她，好让她有时间确保女儿们远离伤害。即便不能如此，最起码，受过训练的狗能保护孩子们的安全，直到癫痫发作结束。

丽寻找驯狗师的过程一波三折。买一只狗加上训练的费用可能高达一万到两万美元，远非她所能负担，而且她必须离开家六到八周参加训练课程。最重要的是，谁也无法保证训练好的狗能够在癫痫发作前发出警告。"如果我们失败了，至少你拥有一只真心爱你的狗。"玛里琳·波娜说。尽管狗在她调教之下完成任务的成功率很高，但她承认没办法打包票。丽在镇上一家宠物食品店为家里的两只狗添购食物时看见莎伦·赫曼森的名片，上面注明，她擅长训练残障人士协助犬的基本服从性。丽马上拨了名片上的电话。

她们从一窝小狗里谨慎地挑选了波利斯。丽原本看上一只安静坐在角落的文静小狗，莎伦则建议挑另一只更活泼的小狗，它正咬着她们脚上的鞋子，似乎相当留意周遭的一切动静。"你不能挑狗群里的王，也就是领头狗。"莎伦说，"我们希望它能保护她，但不能太具支配性和领地概念。假设她在购物中心癫痫发作，领头狗不会让救护人员靠近她或她的皮包。"

波利斯不受管束，它见到什么都咬，衣服、袜子、家具、遥控器都不放过。"我先生好几次气得想勒死它。"丽说。但波利斯后来却变成那20%能侦测出癫痫发作的狗之一。

那20%不是由研究所证实的，却是迈克·萨普慧眼所识。迈克·萨普是"任务狗"的创办人，这组织位于密歇根州，以训练各种残障人士协助犬为使命，迈克负责执行口令训练。"任务狗"至今训练了65只癫痫协助犬，其中12只能侦测出癫痫的发作。

一天，丽在浴室里，她先生詹姆斯在厨房洗碗，波利斯开始哀号和踱步。詹姆斯以为这只3个月大的小狗想要到外头溜达或想找人玩耍，直到他听到丽的头撞上浴室门上的声音。丽的癫痫发作，即便波利斯在浴室外的另一个房间内，它仍比丽和詹姆斯先一步察觉到。

波利斯第一次侦测到癫痫发作时刚接受训练没多久。随着它日渐长大，它学到很多如何在丽癫痫发作时保护孩子的宝贵技巧。丽和莎伦训练波利斯让孩子们远离瓦斯炉。丽曾经在淋浴时癫痫发作而倒下，倒下时顺势关上了冷水。波利斯知道如何关上莲蓬头，也会把浴缸排水孔的栓塞拔开，以免主人溺水。日子一天天过去，波利斯在察觉到癫痫即将发作时，愈来愈显得急切。丽在家中电脑前工作时，波利斯会在她癫痫发作前十分钟，把她的手从键盘上撞开，并且拖走她的椅子。

"它只会在某件事，譬如癫痫或很严重的偏头痛就要发生之前，变得吵吵闹闹或很让人心烦。"丽说，"它会使出浑身解数让我发脾气，夺走遥控器就跑，或做一些它长大后就没再做过的举动，一切都是为了引起我注意。"这就是波利斯让丽放心的地方，她相信它能保护孩子们的安全，就算癫痫发作她也不担心。

很遗憾的是，梅耶家的老三麦肯齐对波利斯严重过敏，他们只好把波利斯送给别人养。丽没料到自己竟如此幸运，继波利斯之后又拥有一只更出色的狗莱尼，一只标准型贵宾犬。

莱尼在三个月内顺利通过基本的服从训练，很快学会波利斯掌握的所有技能，除了拒绝把头探入浴缸之外。不过莱尼拥有其他令丽相当欣赏的特质。当女儿们在庭院玩耍时，莱尼会站在窗前看着她们，要是她们之中有谁走到街道上，它会不断吠叫。莱尼看到最小的女儿爬到厨房里的高脚凳上时，也会不高兴地抗议。要是全家人在百货公司走散了，有些孩子跟着丽，有些孩子跟着詹姆斯，它也会急得跳脚，它的直觉告诉它全家人得随时在一起。当丽癫痫发作时，它会坐到平躺在地的丽身上，两只前脚分别压住丽身体的两侧，以免她伤到自己。最后，它学会预警丽的癫痫即将发作。

在这一点上，莱尼和波利斯是一个样儿，把自己变成讨人厌的家伙。莱尼会一改平常温和可人的模样，爬到丽的腿上咆哮。这讨厌鬼的行为出现 10 到 20 分钟之后，丽的癫痫便会发作。某天，莱尼开始一边低吠一边绕着梅耶家最小的女儿达顿打转，丽决定去查看当时只有 6 个月大的达顿情况如何。她来到达顿身边时，恰好看见女儿正经历所谓的闪电式发作，几秒之内横扫婴儿全身的瞬间癫痫，紧接着，达顿发出令人毛骨悚然的尖叫声，丽一听就知道达顿偏头痛，就像她自己癫痫发作后犯偏头痛一样。

丽急忙带着达顿到小儿神经科挂号，医生让达顿留院观察，把测量心电图的仪器接到达顿身上，以记录脑电波是否呈现出癫痫过后的迹象。随后丽和莱尼回到观察室。神经科医生盯着仪器看，这时莱尼又突然焦躁起来并不时低吠，5 到 10 分钟之后，心电图仪记录了达顿另一次的癫痫发作。

狗是怎么察觉到的？它们是否闻到什么味道？是注意到人行为上的改变？还是感觉到某种电磁波？大多数的驯狗师不同意狗注意到人行为上的改变这个观点，因为很多狗是在紧闭的门外侦测到癫痫发作的。

佛罗里达大学的研究员黛博拉·达希尔，在宜信基金会这个专为残障人士谋工作的慈善机构资助下，对癫痫病患者和狗进行研究。研究结果显示，10% 的狗能侦测出癫痫即将发作。而所有这些人，全都体验到了同样的五种发作前的预感（感官知觉的改变，譬如看见白色闪光或对气味变得极端敏锐）。所以，狗也许闻到空气中电气化学物质的改变。癫痫发作之前，脑部的电流活动增加，医生们在医学杂志《柳叶刀》上指出，增加的电流活动在癫痫发作的前 7 分钟变得相当明显。有个说法是，狗能感觉到电流变化，就像它们能够在大晴天里预测暴风雨即将来临一样。

"癫痫病患者的家人往往知道病人何时会发作，母亲的直觉永远最准。"北卡罗来纳州温斯顿-赛伦的魏克佛斯特大学附设的浸信会医学中心癫痫部门主任比尔·贝尔医生说，"狗就像这些母亲一样，它们不知道自己是怎么知道的，但它们就是知道。"狗的这种第六感是打哪儿来的？普遍的解释是狗有超灵敏的嗅觉。"癫痫发作之前，脑中有某些反常的活动在持续进行。"哈佛医学院脑神经学助理教授，同时也是美国癫痫基金会会长的史蒂芬·斯坎特在接受《读者文摘》专访时说，"可以想见的是，这种反常活动可能会导致出汗或释放某种分泌物，而狗闻得到这些味道。"

迈克·林格菲特的心脏科医生尤金·亨德森推测，达科塔能闻到迈克心脏病发前几个钟头在他血液里开始累积的某种化学物质。杜安·皮克尔在史密森尼学会科学家的协助下，正努力不懈地寻找雪纳瑞犬乔治能闻到黑色素瘤的原因。能够侦测到血糖浓度变化所引发的癫痫的狗，当然闻到了不对劲的气味，因为就连人类本身用自己最原始的嗅觉，也闻得到这些味道。

也许，一如比尔·贝尔医生说的，狗就是知道。欧本大学兽医学院的拉里·梅尔斯博士测试了超过 3000 种狗的嗅觉。他的研究发现，人类的鼻子具有 500 万到 1500 万个嗅觉接收器，和狗比起来少很多，而人类脑中解读这些嗅觉接收器传送过来的信息的区域，相对而言也小很多。相较之下，狗的嗅觉接收器据估计约有 2.5 亿个，除了接收器的数目是人类的 20 至 30 倍之外，狗能够侦测到某种味道的灵敏度也是人类的 1000 万倍。

吉姆·沃克博士和妻子戴安娜·贝德勒·沃克合力分析杜安·皮克尔从乔治身上收集的资料。吉姆把鼻子的敏锐度与最尖端的数码相机相比拟。他说，要制造品质更好的数码相机，你不需要更好的接收器，而是要更多的接收器。我们的嗅觉接收器少得可怜，专司嗅觉的大脑灰质也小得让人欲哭无泪，因此我们人类充其量只能闻到房间另一头传来的廉价古龙香水味。而相较之下，公狗却能闻出镇上另一边的母狗在发情的味道。

人类和狗之间存在着古老的契约，这是双方在不断身体接触和不断演化的过程中所缔结的，它出于对彼此的尊重和需要。人类学到利用狼来当人的眼睛、鼻子、耳朵，保卫自己不被潜在的危险所伤害，并帮助狩猎。反过来说，狼一旦尝到了原始人给的食物，便认定自行猎食太费工夫了，靠人类填饱肚子比较实在。时至今日，我们仍然依赖犬类灵敏的嗅觉来侦测身体病变、炸弹、毒品，乃至失踪人口。总的来说，认为狗能够侦测出癌症，对癫痫病患者提出警讯，或预知糖尿病发作，实在不足为奇。

但狗可不只是大方地把它们优异的嗅觉本领借给我们使用而已。拿知道孩子癫痫是否快要发作的母亲来打个比方，母亲了解孩子惯常的行为模式，只要孩子行为稍有改变，她马上就能知道会有什么事发生。如同迈克和达科塔的兽医哈罗德·库拉格医生说的："大部分的狗都能够知道你是否快要心脏病发，但大部分的狗只会打量你一眼，心想你不值得它发出警讯。"

这虽然是库拉格医生说的玩笑话，但他抛出了一个关于协助犬的有趣问题。就提供精神支持的协助犬来说，人和狗之间的默契就是一切。这类狗提供给人类伙伴的，大多是万无一失的紧急安全防护，这种安全感是他们在最难熬时的依靠。他们会告诉你，辅助动物给予的安心是人生中确定无疑的一件事，就像人终有一死一样。

有别于提供精神支持或侦测疾病发作的协助犬，导盲犬被要求执行更多让人惊异的任务。因此，导盲犬协会这个历史最悠久的协助犬组织，总把导盲犬养得高大强壮。

我拜访加利福尼亚州圣拉斐尔导盲犬训练中心那天，一早便来到了这世上最美好的桃花源，我和一群担任小狗玩伴的老年志愿工作者度过了美妙的一小时。这些志愿者的工作令人相当羡慕，他们每周来训练场一次，和金毛寻回犬幼犬、拉布拉多犬幼犬以及德国牧羊犬幼犬玩耍。志愿者陪小狗玩的用意，是要让这些小狗习惯和友善、慈爱的人类相处，最好是从它们睁眼的那一刻开始。

这些小狗一出生就沐浴在各方的关爱之中，它们的一举一动都被录下来，包括它们的母亲照顾它们的过程。断奶后，白天的部分时间它们会在明亮的草坪上和其他幼犬一起嬉闹。草地上有各式各样的玩具，譬如皮球、耐咬的玩具、可供拔河的绳索，还有倒翻的半球形垃圾桶盖让它们攀爬翻滚。小狗的人类伙伴要长期记录它们的行为表现，记录它们是否容易受惊吓，是否对皮带的约束适应良好，是否害羞、怕生。

这些小狗长到 8 至 10 周大时，便被转交给寄养家庭饲养。寄养家庭里自愿照顾这些幼犬一年或一年以上的善心人士，依照饮食、服从性、运动以及如何和人类打交道等各方面的严格规定饲养它们。这些狗和寄养家庭的人一起上班，熟悉外面的世界，尽量花时间融入人的世界。各地区的寄养家庭每个月固定聚会一次，导盲犬训练中心的人员也会进行家访，确认这些狗的成长过程符合中心的标准，并找出问题，解决问题。

这些狗可能随时会被导盲犬中心淘汰或者"改行"。如果这些狗咬人，表现出强烈的掠食本能（譬如一看到猫或车子就追着跑），听到尖锐的声音就激动，或不能做到基本的服从，它们确实应该改行。

这些狗长到一岁至一岁半之间，会回到圣拉斐尔接受全套医疗检查：照 X 光看有没有髋关节发育不全症，检查眼睛有没有白内障。驯犬师带着他们进行多项散步评估，看它们是否有任何不胜任导盲工作的身体或性格上的毛病。大多数的狗都没办法通过考评，每年通过导盲犬训练中心拣选的狗不到一半，之后它们要么成为真正的导盲犬，要么成为专门配种用的种狗。

被导盲犬中心挑选出来的少数珍贵的狗，由驯犬师接手培训。他们每天和狗相处，带它们到购物中心，让它们熟悉扶梯、人群、人行道路沿、十字路口以及市区和郊区日常的混乱状况。在这个阶段里，驯犬师淘汰掉更多在行为上或性情上不胜任的狗。

狗接受训练期间，每隔两周会有不同程度的视障人士到中心，和导盲犬一起接受训练。驯犬师在为期两周的课程的第一阶段，需要教导这些盲人学员用的狗学会一些指令。驯犬师谨慎地观察这些盲人学员，为狗和人进行搭配，一旦选定搭档，这对搭档就要共度接下来8到10年的光阴。比方说，倘若某个盲人学员个性温顺，你可不能把胆大包天的领头狗配给他。

"这个训练重点不在达成任务，而是培养默契。"协助犬协会会长及"独立狗伴侣"创办人邦妮·伯吉博士说，"我们必须把个性相仿（双方的爱好以及对事情的反应一致）的人和狗搭配在一起，这么一来，盲人学员才不必费力要求狗去做它该做的事。这好比是找个终身舞伴，一起舞出美妙的华尔兹，而不是老踩到对方的脚。"

训练三天之后，便是"定情日"，大多数的盲人学员对这一天的记忆比毕业那天还深刻。这一天是他们和他们的狗伙伴见面的日子。

"你不记得那天中午吃的什么，因为午餐过后就要和属于你的狗见面。"肯·艾坦伯格说。肯是导盲犬训练中心的狗会管理员，也是个盲人。当我们交谈时，他的狗大亨正在他脚边睡觉。"那天中午你根本吃不下，你只想着狗的事。然后你头一次听到那只狗的名字，那名字随即进到你心里。当我和大亨碰头时，它用身体包住我的脚，从此没离开我半步。"

接着驯犬师开始在训练场的安全范围里，训练每一组搭档熟悉人行道路沿和横越十字路口的方法。盲人学员马上就能自信地大步走，步调也比用拐杖走得要快。等到盲人学员熟悉如何下指令并习惯拉着狗走路的感觉后，驯犬师会在白天和夜晚带着他们到附近的购物中心以及旧金山市区内，好让他们学会自在地和大都会打交道。

两周训练课程结束之际，一对对的最佳拍档在温馨的典礼中毕业，就算参加过这典礼十几次的人再次来到会场，还是会热泪盈眶。寄养家庭的人带着他们曾悉心栽培的狗来到台前，表达他们对狗的赞赏和喜爱，随后把这份牵系"转让"出去，把它交到下一个有福者手中。有时候寄养家庭会由大到小全员到齐，在麦克风前赞赏这只不再属于他们家的狗有多么可爱。

我最近一次参加这毕业典礼时，有一家人还写了一首诗献给狗，一人朗诵一行。很多寄养家庭捐款给导盲犬训练中心，感谢中心给他们这一段训练狗的体验。随后新主人也有机会向工作人员、寄养家庭和整个社会致谢，感谢大家的努力才让自己能拥有这只得天独厚的狗。

这些导盲犬是免费送给盲人领养的，也就是说，该中心必须积极募款，才能把这些狗送给需要的人。有时候国际狮子会和国际同济会等民间团体，会定期赞助某只狗所需的所有费用。一些慷慨的私人赞助者偶尔也会选只狗赞助。整体而言，这是一项开销庞大的事业。据估计，每一只导盲犬的产生，成本高达七万美金，尤其是将近五成的惊人淘汰率使得成本居高不下。这就是导盲犬训练中心以及其他比较小型的机构，譬如"独立狗伴侣"，之所以积极执行育种计划，极力研究如何利用基因工程孕育出更完美的狗的原因。

盲人以及其他残障人士，譬如听障者，对导引犬的需求量相当高。导引犬必须结实健康，体型偏瘦，髋部有力，背部强壮，不能有白内障等视力损伤。要养育一只优秀的狗，专业机构的育种计划专家会组成顶尖的数理分析团队，其中的专员能推算出某只狗上五代的祖先基因组合为何，据此衡量是否把这只狗纳入育种计划中。

这些机构里的驯犬师努力满足案主变化多端的需求。导盲犬训练中心创立于1942年，当时成立的目的，是为了帮助从二战归来的失明退伍军人。这些退伍军人除了失明之外，大半都身强体壮。然而，目前在"独立狗伴侣"或导盲犬训练中心接受训练的学员，除失明之外身体上还有其他的毛病，而且很多已经上了年纪。"我们要求狗在某些方面要非常温和、冷静，而且好掌控。"导盲犬训练中心执行长帕蒂·欧尔森说，"我们也要求它们在更复杂的环境里执行任务，包括有升降梯以及各种运输工具的地方。这是个艰巨的任务。"对狗来说，另一个交通工具方面的挑战是汽车。现在车子行驶得愈来愈安静，导盲犬愈来愈不容易听到行进中的车声，因而使得它判断交通状况时更加困难。

训练各色协助犬的"任务狗"和"独立狗伴侣"或导盲犬训练中心不同，其有史以来所训练的动物大半都来自动物收容中心。2001年，98%的听障协助犬和30%的服务犬来自收容中心，但能通过层层关卡的狗，愈来愈难找。2001年的前半年，75只来自收容中心的狗当中，只有 9 只通过半年的训练和考核。其余动物则来自繁殖业和个别民众的捐赠，或是小型的育种计划。

首先，"任务狗"要求案主把他们的居家环境以及个人身体上的局限和强项制作成影像，以便工作人员挑选适合的狗来搭配。案主来到训练园区接受为期两周的密集训练，其课程从如何发号施令到牙齿保健应有尽有，之后，由一名实地训练专员和案主见面，开始到案主家里和工作地点进行人和狗双方的量身打造训练。"任务狗"有上百名这样的实地训练专员。

迈克·萨普相信，居家训练比在训练场环境内对形形色色的残障人士进行大班教学要好太多了。"把精力旺盛的大学生和他的活动力差的 50 岁母亲相比就会明白，"迈克说，"同一只狗不可能对这两类人都适用。"实地训练专员每隔一年半会再度前往案主家里进行确认，因为他们大半的个案，尤其是老年人，失能的状况会有所变化。"他们失能的情况可能年年都有变化。"迈克说，"如果案主说——'我以前还会自己开灯，现在没办法了'，那么我们就会训练狗执行这项新任务。"

"任务狗"为各类残障人士训练协助犬。对于脑性瘫痪患者、肌肉萎缩症患者、多发性硬化症患者、脊髓损伤患者，他们训练狗推轮椅、打开厚重的门、捡起掉落的东西、打开和关闭电灯、取药、接电话、把脏衣物放进洗衣机、取出洗干净的衣物、拿食物和饮料。另一项独特的训练是针对听障辅助犬而来，这类协助犬要以肢体碰触的方式提醒并引导它们的人类伙伴去应门、接电话，还要对烟雾警报器的声响提高警觉。

迈克强调这些协助犬反复受训和更新技能的重要性。十一年前，迈克派一只名叫金吉的黑色拉布拉多犬当露丝玛丽·道格拉斯的听障辅助犬。这些年来，他一直和露丝玛丽保持联系，并安排训练课程确保金吉处在最佳状况。最近道格拉斯家失火，金吉护送露丝玛丽到门边，门一打开，火势引起的气流便把他们推向屋外。由于平常这个时间她先生已经回到家，金吉以为露丝玛丽的先生还在屋内，便回头往里冲，露丝玛丽拼命抓住金吉不让它往火场里去，但仍旧被它挣脱了。当火扑灭时，消防队员发现金吉吸入过多浓烟窒息而死，它的尸体就倒卧在她先生的卧室门口。

最令"任务狗"及其他驯狗单位——如宾夕法尼亚州察达斯浅滩的"独立狗"公司——感到头痛的是帕金森氏症，这种病会使肌肉僵硬并不由自主地颤抖。帕金森患者说，这种病最让他们沮丧的地方，是感觉自己像是被囚禁在身体里，僵硬而不听使唤。我父亲还有哥哥鲍勃都有帕金森氏症，所以我非常了解这种病的骇人威力。据专家说，药物可以有效抑制肌肉的僵硬和颤抖，但药物无法解决姿势不稳和身体发僵的情况。

当病人身体发僵但脑子依然在动时，他不会觉得虚弱无力，所以他会不断试着往前走，但脚却怎么也跨不出去。发僵的情况会引发焦虑，病人会逐渐变得退缩、孤立。药物对身体发僵的情况使不上力，但狗帮得上忙。经过特训的协助犬，会运用它的脚劲刺激主人的小腿，这就像被狗施以按"掌"之礼一般，有立竿见影之效。

马修·斯特恩博士是费城的帕金森氏症和动作失调研究中心主任，同时也是宾夕法尼亚州大学医疗体系的脑神经学教授，他相当热衷于帮助病人找到合适的协助犬。六年前，在一家企图在高科技的万灵丹之外寻找解决之道的先进制药公司的一位项目经理的要求下，斯特恩访问了"独立狗"公司。斯特恩博士建议该公司创办人及驯犬师珍·金，若能训练狗用脚掌按压帕金森患者的小腿，对患者身体发僵的情况会很有帮助。珍觉得这个想法相当可行。结果，狗经过特训后，不但能利用它们的脚掌功夫帮助病人恢复行走，一段时间过后，病人身体即将发僵时，这些狗还能够预知，并防患于未然。

住在马里兰州波多马克市的61岁退休牙医彼得·莫拉比托，罹患帕金森氏症16年。他养过两只由"独立狗"训练出来的协助犬，目前的这一只是2岁大的大丹犬，名叫奈尔斯。大丹狗非常适合当帕金森病患的协助犬，因为它们非常贴心、殷勤，而且又大又壮。

彼得利用奈尔斯增加他的身体稳定度和平衡感，走路时，他的左半侧倚着充当四脚架的奈尔斯，右半身的腋下则支着丁字形拐杖。有时候彼得一天会跌倒四五十次，奈尔斯会帮助他站起来。身体发僵的情况每天少说也有10至20回，看药品是否发挥效用而定。奈尔斯会用脚掌踩压彼得的小腿，帮助他恢复行动，奈尔斯的脚掌功最大的好处是让彼得眉开眼笑。帕金森病患出现在公共场所时，经常会被人认为是喝醉酒或嗑药。不过，大家看到奈尔斯时，这种疑虑消失了，他们会被狗吸引，顺便和彼得聊天。"托狗的福，大家又把彼得当人看了。"妻子玛里琳说。

看到狗给予帕金森病人的情感支持，斯特恩博士感到不可思议。"动物对身体和心理的问题都有神奇的疗效。"斯特恩博士说。他现在经常建议病人养宠物，这个疗法可不是他从哈佛医学院或杜克医学院里学来的。"唯一的问题是，帕金森协助犬的培养过程需要好几个月的时间，根本供不应求。"

如果砸下更多的钱，说不定可以达到供求平衡。残障的人口落于社会中最贫困不堪的族群内。这些人当中很多人每个月大约只有 400 美元可支配，这笔钱还需支付最基本的食宿开销。对于他们来说，经过专业训练的协助犬的费用根本是天文数字，照护它们的费用也是。尽管协助犬能帮助他们的人类伙伴对社会有所贡献，这个好处如此明显，但保险却不支付协助犬的费用，也不赞助协助犬的定期或紧急照护费用。"如果电动轮椅坏了，你就改用手动操作，这样很不方便，但不会有生命危险。"德尔塔学会全国协助犬训练中心的项目主任塔玛拉·怀特霍尔说，"如果协助犬有问题，你非处理不可。"

艾德·埃姆斯的协助犬科比就是个好例子，他原本以为科比的问题是解决不了的。

科比是艾德养的第二条狗，当它很快记住银行的方位以及艾德最喜欢的几家餐厅时，便赢得了艾德的欢心。它还是一个适应力绝佳的旅行伙伴，是艾德和盲人妻子托妮不可或缺的帮手。这对夫妻经常巡回全国各地，就残障人士权益的议题到处演讲。科比 6 岁大时，左前腿罹患癌症。艾德和托妮深受打击，他们为科比感到惋惜和难过，舍不得这么快和科比告别，压根儿不想养另一只狗来取代它。

得知科比罹患癌症这天，他们正好来到加利福尼亚州大学戴维斯分校的兽医系演讲，于是对听众说出了科比必须截肢，再也不能当协助犬的噩耗。但在场的学生却不以为然，场内议论纷纷，大家举出很多三条腿的协助犬依然能发挥功用的例子，其中有只还能帮忙牧羊呢。学生坚持说，如果他们能帮助科比强化另外几条腿的力量，科比一定能继续担任他的工作。

返家途中，埃姆斯夫妇对学生的热情和乐观感到开心，但缺了一条腿的狗就像桌子少了一只脚，没法四平八稳的。他们心想，说不定科比将来还会从人行道路沿跌下来。然而，截肢后的科比依然勇敢。每回看到埃姆斯夫妇把导盲犬的挽具套上托妮的狗艾薇的脖子时，科比仍会兴奋不已，而且它看上去依旧那么强壮。于是埃姆斯夫妇决定不妨一试，请邻家的小孩每天带着科比到公园跑步，训练它的脚力。

"它走起路来单脚跳的情况很明显，但我们没料到它那么壮。"艾德说。当他们准备把狗带上小货车后车厢时，先来到科比身边，不料它一跃而上，真的需要他们帮忙的，反倒是 11 岁大的艾薇。埃姆斯夫妇调整科比的挽具，把重心挪向其余的三条腿之间，让它继续执行它的工作。

有一段时间，埃姆斯夫妇担心外界会怎么看待这件事：大家会认为我们虐待这只可怜的残障狗吧？多亏科比那条几乎蜷成圆弧形、不时无忧无虑地挥摆的尾巴，将埃姆斯夫妇的疑虑一扫而空。科比依然喜爱它的工作，而且乐在其中。随着时间推移，埃姆斯夫妇了解到，科比的可贵之处不只是乐观开朗，还有它残而不废的精神，表达了每个残障同胞的心声：我们享有贡献一己之力的权利。一如艾德所说："就我们广大的盲人而言，我们只有一个请求——给我们一个机会，我们只需稍做调整，一样办得到。"

十 快乐银发族——宠物创造的日常奇迹

我母亲弗吉尼亚常打趣说，一过了 70 岁，她的名字多了两个字——"以前"。譬如说，弗吉尼亚"以前"有 5 英尺 4 英寸高，弗吉尼亚"以前"的视力是 2.0，弗吉尼亚"以前"是个农妇。这就是我母亲的典型作风，一笑解千愁。打从 1996 年父亲过世后她搬到特温福尔斯以来，这里的居民就给她取了个绰号叫"怪婆婆"，因为她满脑子都是网络上看来的最新笑话，见人就说，包里则塞满了漫画（大半都有伤风败俗之嫌），见人就发。"大家一看到我来了，就知道可以大笑一场了。"她吹嘘说。

你必须要很了解她，才看得到她笑容背后的悲伤。如果你后退一步，拉远距离来看"以前"这个玩笑话里的机锋，你会发现，那三句让人啼笑皆非的话，正好描绘出一幅母亲随着孩子长大而逐渐凋零的失落风景：身形日渐矮小，耳不聪，目不明，还卸下了人们赖以认同自我的工作。问题是，在我眼里，我母亲和从前没有两样。在我心目中她所失去的，不如她所拥有的多。毕竟，没了 2.0 的视力又如何？她一样有双锐利的眼睛。我看不出她有变矮的迹象，在我看来，她身躯依然壮硕。

我脑海中关于母亲的最早记忆，是她驾着拖拉机背着春天的太阳在田里干活的影像。那是一张近距离的特写，不是孩子隔着窗户往外看母亲驾着机器在地平线上工作的远镜头。我坐在父亲用铁丝固定在拖拉机一侧的木板箱上仰望着她,母亲在箱子上头铺了几层旧毯子。等到我大到那口木板箱装不下时,我就在一旁做些杂活儿。每天的生活是从清晨五点半母亲踏进我和鲍勃共用的卧房开始的,她手里拿着一杯水,嘴里哼着她自编的起床令:"起床了,起床了,早晨起床的时间到了。"然后我们真的就速速起床,因为如果你胆敢赖床,她就会把那杯水往你头上浇,你就会气急败坏地开始那一整天。

当我们结束两个小时的杂活儿并挤完牛奶,我母亲已经在餐桌上堆满了丰盛的农家早点,我从当时的一顿早餐中所摄取的卡路里,足足抵得上我现在一整天所摄取的热量。餐桌上总有培根、香肠、蛋(水煮蛋、炒蛋、煎蛋),冬天有热的麦片,夏天有冰的麦片,再加上煎饼、华夫饼干、小面包。我们喝荷士登牛挤出来的全脂牛奶,里头所含的乳脂肪比例是所有牛乳中最高的。这牛奶喝起来除了新鲜香醇之外,总还带点焦味,因为母亲会用她从百货公司买来当嫁妆的锅,在炉火上把牛奶加热杀菌。除了操持家务外,记录账务和洽谈各种合约等事也由她一手包办,外加管理外籍劳工。

我看见父母亲像两个巨人似的站在那片土地上:父亲以人定胜天的意志驾驭这片土地,母亲则以足智多谋的脑袋打理家中大小事。但随着他们一天天老去,生活的范围改变了,从拥有一个大家庭,并由家庭延伸到社会,到最后的独居生活。我的姐妹们一一嫁到外地,后来我哥哥在 130 英里外成家立业。我和朋友合伙开了一家兽医诊所,离爱达荷州特温福尔斯只有 30 英里,我和特雷莎先在特温福尔斯成家,现在则住在离特温福尔斯 600 英里远的爱达荷州另一端。

我父亲 1982 年退休时，把房屋周围的土地租给另一名农夫，幸运的是，接手的人对工作的要求和父亲一样高。如果我父亲每天走出家门看到的是他马虎潦草的工作态度，一定会气得少活好几年。一年一年过去，我愈来愈担心爸妈对退休生活会不适应。和大半辈子辛勤工作比起来，他们每天只需要照顾几头牛就好，落差实在太悬殊。责任少了，也没有任何消遣，父亲的心情说变就变，对母亲来说更是苦不堪言。父亲为此持续就医吃药，但大半的日子他就是不知道如何打发时间。有时候他会突然出现在我的诊所，说他可以帮我打扫停车场，当个有用的老人。我希望帮他弄只狗来养，或许可以改善他的忧郁，在依赖他的人和动物愈来愈少的这个人生阶段，也许一只狗会是他每天起床的动力。

某天早晨，我坐在一窝迷你雪纳瑞犬当中，想找出哪一只的个性和父亲合得来，一坐就是一个多钟头。父亲从没有一只属于他的狗，所以要挑出性情和他契合的狗比我想象中要来得更困难。最后，我挑了一只个头最大、皮毛最黝黑的公狗，看起来就像个板着脸、坏脾气的大老粗，和父亲很像。当我在爸妈家门口敞开大衣，让这只扭个不停的小宝贝进到屋里时，我爸对它一见钟情。爸给它取名叫百事，因为他最爱喝百事可乐，从此这两个家伙形影不离。不久之后，我妈也有了一只属于她的雪纳瑞犬。

结果，效果出奇的好。爸妈走到哪里，它们就跟到哪里。当他们俩的车开进我家车道时，这两只狗早把头伸出车窗，像是一对注射类固醇之后肿大的土拨鼠。还没听见它们的吠叫声，就先看到它们的嘴一张一合的。当我爸妈一言不合就要起口角，或没完没了反复唠叨一些健康问题时，我只要问他们狗的情形，就可以轻松扭转情势，他们溺爱狗比溺爱孙子更甚。在夏天的那几个月出游时，他们会准备好几罐冰水，让它们可以在车旁休息时解热。当我坐着爸妈的车去购物中心时，他们在停车场一圈又一圈地绕了 15 分钟，就为了找一处树荫，好让它们待在车里时比较舒适，简直要把我逼疯。他们坚持要给这两只狗三种层次的安全与舒适：树荫，个别专属的冰袋，车窗打开或是车子不熄火、冷气足。

在生命的开端，宠物教导孩子要有责任心和爱心；在生命的尾声，它们帮助我们持续展现出同样的特质。老年人对宠物极尽呵护宠爱之事，已然是通俗文化里的一个温馨传统，以此为题材的卡通多到数不清。老年人从对宠物的付出当中获得无限乐趣，他们和宠物之间的浓情蜜意，每个盛情难却不得不捧着相册翻阅狗狗们几乎张张相同的脸部特写的人，一定都感受得到。那甜蜜浓得化不开，没错，但有益健康，而且延年益寿，就像医学和动物研究里愈来愈多以老人和宠物为题所做的调查得出的结论一样。

加利福尼亚州大学洛杉矶分校公共卫生系的教授朱迪斯·西格尔针对将近 1000 名保健病患所做的调查显示，养宠物的老人就医次数比不养宠物的老人少。英国皇家医学会在英国地区进行的独立研究也印证了这项结果。他们的研究指出，刚开始养狗或养猫不过一个月的老人当中，有五成觉得小毛病减少了，这些小毛病包括关节痛、花粉症、失眠、便秘、焦虑、消化不良、伤风感冒、一般的疲累、心悸或喘不过气、背痛以及头痛。

蒙大拿大学在一项研究里，请老人以复选方式勾选养宠物的理由。结果显示，超过 70% 的人勾选"做伴"，52% 勾选"渴望爱与关心"，36% 勾选"渴望被保护"，这些需求对老年人来说格外迫切。

对老人而言，积极与外界接触和保持健康同样重要。加拿大贵湖大学公共保健系教授帕明德·雷纳以 1000 多名加拿大老年人为对象，利用日常生活活动量表比较养宠物的老人和没养宠物的老人在自我效能上的差异，询问受试者是否具备基本生活能力，譬如自行上下床、进食、穿衣、洗澡、如厕。量表显示，养宠物的老人活动力较旺盛，经过一年的持续追踪，他们在量表上的得分相当稳定，但没养宠物的老人分数却持续下滑。雷纳博士刚开始进行研究时，以为只有养狗的老人才会表现出较高的自我效能，因为狗基本都比猫好动，需求也更多。但她意外发现，养狗和养猫的老人在量表中的得分都偏高。"自我效能显然和责任感以及照顾他人有关。"雷纳博士说。

1996 年，科罗拉多的研究人员证实，养宠物的确让老年人的活动量增加。养狗的老年人比没养狗的老人走更长的路，体内三酸甘油酯的含量也明显少很多。加利福尼亚州大学戴维斯分校兽医系教授丽奈特·哈特于 1993 年的研究，也支持养狗的老人活动量较大这个说法。丽奈特追踪她所居住的移动型住宅园区内遛狗的老人和没遛狗的老人行走的距离。她发现，遛狗的老人行走的距离是没遛狗的老人的两倍，而且养狗的老人在社交、身体、情绪方面的不满也明显比较少。

丽奈特也留意到养狗的老人和人交谈的内容。不管有没有把狗带在身边，养狗的老人总是满嘴狗经，唤狗的小名，以充满感情的口吻谈论狗的习性和需求。行人经过他们时会停下脚步打招呼，而且往往会关心一下狗。无论养狗的人私底下的生活如何，拥有一只狗是一个可识别的正面特质。弗吉尼亚"以前"也证实了这个观点，不管我们聊到什么话题，她总会设法得意地插上一句："我疼爱雪纳瑞可是出了名的。"

丽奈特这项研究最有意思的地方，是她附带观察到的一个现象。她发现，没养狗的老人谈的是往事，而养狗的老人谈的是当前发生的事。我认为这个附带的观察，是这项研究最耐人寻味之处。有太多老人深信，唯有逝去的一切才是美好的，对其中许多人来说，日子一天一天过，就像日历一页翻过一页，只是空转虚度。但宠物把他们带回当下，而且让每个当下充满意义。指出抚摸动物能降低心跳速率和血压并减轻压力的研究，也注意到同样的现象：宠物能把压力大、血压高的人带回当下，无论他们的年纪多大，都能让他们发现此时此刻有价值的事物何在。

也许这是老年人在日子最难熬时，更依赖宠物给予情感支持的部分原因。朱迪斯·西格尔发现养宠物的老人就医次数较少的那项研究，其用意在于检视宠物如何帮助老人应付压力。研究里那些没养宠物的老人遇上压力比较重的事件时，譬如伴侣或挚友过世，就医的次数明显增加。但养宠物的老人不管有没有经历失落，就医的次数依然少而稳定。

堪萨斯州的卡洛琳·基尔曾试图就老年人对宠物的依附程度进行测量研究。当人心情低落时，如何和宠物相处？卡洛琳把受试者在压力量表以及寂寞量表上的得分，和受试者所评定的宠物最佳特质结合起来进行相关分析。结果，最寂寞、压力最大的老人把宠物"平静地凝视着他们"这个特质评为"非常重要"。而且，他们愈以为宠物专注地看着他们，对宠物的依附也就愈深。

这项研究忽略了触摸这个因素。照理说我们都知道，如果你养了宠物，你不会只是远远望着它美丽的身影，在房间的另一头和它四目相对。你望着它深情的眼眸同时，会抚摸它柔软的毛发。"老人往往觉得自己不值得被爱、被关心。'我又老又丑，瘦骨嶙峋，有谁会想抱我？'"在密歇根执业的家庭医生，同时也是美国家庭医学会会员的蒂莫西·托布里克说，"但宠物给的拥抱，热情澎湃，始终如一。"

人人渴望拥抱，但老人所获得的拥抱比任何人都少。得克萨斯州大学护理系教授玛拉·鲍恩对安养中心的老人和宠物之间的互动有深入研究，她发现，大人在拥抱他们的父母亲时都相当别扭。"当你必须用身体表达关心时，好像你和那个人这辈子相处的点点滴滴全都在那一刻冒出来般五味杂陈，"她说，"但和宠物在一起，完全没这个问题。"

然而，研究无法量化的，是你和另一个自有主见的个体的真心交流。这可不是只有凝视、抚摸、降低心跳速率而已，还包括欢笑、消遣、争执。

兽医这个圈子就像个小型的兄弟会或妇女联谊会。我在1990年第一次见到唐和莎伦·多利夫妇时，是在一艘游轮上参加专为兽医专业人士召开的研讨会。作为一名兽医，你得习惯于看到表象以外的东西，而每回我在这些场合看到莎伦，总觉得她清澈的眼眸愈来愈迷茫（不是眼睛出了问题，而是善解人意的眼神不见了）。她会看着你，微笑着，头发挽了个小圆髻，但她大大的双眼却像浴室里的镜子蒙上一层水汽一般。我最后一次见到她，是1999年8月在堪萨斯州举行的中部兽医研讨会，她看起来像是我从前所认识而喜爱的莎伦的仿真蜡像。

莎伦在 1982 年动过耳部手术，从此经常抱怨头痛得很厉害。一年之后，她的记性开始变差。经过这些年，她健忘的情况越发严重。一回，她原本在客厅给地毯吸尘，却突然间放下还插着电的吸尘器，跑到厨房洗碗。另一回，唐刚买了一部新车，他让她在经销商那里等他，随后再一起开旧车回家，但唐还没来得及签合约，她人已经不见了。

　　"我们家距离经销商那里步行不过十分钟，但四个钟头过后她还没回到家，因为她迷路了。"唐说。

　　诊断报告证实他 49 岁的妻子有脑损伤，损及记忆力和分析能力。当她的病情恶化到必须住进疗养中心时，唐选了加利福尼亚州洛斯加图斯一间和他们家只隔四条街的疗养院。莎伦住进疗养院后，唐一个人住在他和莎伦一起住了一辈子而如今显得空旷的屋里，与莎伦之前收留的流浪猫吉祥相依为命。唐每天去探望莎伦，回到家就和猫"培养感情"。

　　和吉祥头一回起争执，是为了唐的书桌的所有权。莎伦离开后，每当唐坐在书桌前要开始工作，吉祥就会坐到桌面正中央。一回唐必须外出一整天，于是把吉祥锁在他的书房内。唐回家时，却发现吉祥在书桌底下大便，上面还覆有一张纸遮掩它丢脸的行径。唐气得罚它两个礼拜不准进书房，"它也气得好几天不跟我同处一个房间，但后来气就消了。"唐说。后来吉祥又可以进书房时，它知道待在书桌上的某一角。当唐在院子里拿着水管洒水时，它也知道了该待在院子的哪个角落，不会冷不防地被水柱喷到。

　　研究者无法量化宠物为居家生活带来的即兴乐趣。唐描述他每天带着动物玩具到疗养院探视莎伦时，充满爱意的口吻掺了些许无奈，莎伦现在就像小孩子参加永远不会结束的夏令营那般欣喜快乐。当他谈起吉祥时，口气变得既恼火又开心。"要是吉祥死了，我会到动物收容中心找一只被弃的猫来养，找一只跟我一样的老家伙。"唐说，"我的孙女曾经跟我住过一阵子，但是猫好相处多了。它不会对我无礼，也不会顶嘴。"

唐和吉祥的感情为他的生活注入爱与幽默。反过来想象一下，如果你走进一位全然孤独的老人家中，会看到什么景象。也许他整天开着收音机，好让屋里有其他人的声音。也许，你打电话过去，电话那一头的人由于好几天没接到电话而发出近乎恐惧的声音。也许，他被失落与病痛连番夹击，整日自怨自艾。像我妈这样一家子大小事等着她发落的女人，如果没有事情需要她来关照，她会不知道如何界定自己，这可是严厉的打击。

我父亲过世后，我母亲害怕独自一人住在农场里，于是她把农场卖了，买了一栋盖在特温福尔斯一小块土地上的新房子，小到我觉得会得幽闭恐惧症。尤其是你若从农场旧家厨房窗前往外望，再从她新家厨房窗前往外望，感受到视野上的极大落差，便知我所言不假。我们长大后，家中终于装了电话，我妈在听筒上接了一条六米长的电话线，可以一边讲电话，一边站在厨房窗前往外望。那扇窗面向南内华达州，可以远眺贾比奇山脉，我父亲年轻时经常在那山里牧羊。农场上没种几棵树，视野辽阔，不管她望向何处，都会看见我们家养的动物。

而今，当母亲站在厨房窗前往外看时，只会看见四面邻居的后墙，一个整洁的石头花园，里头有精心摆置的植物，以及铁铸的猫头鹰和鹿的雕像。看不到农场家中厨房窗前的风景，我似乎比我妈还要难过，但她绝口不提。她很喜爱这栋整洁的纯白色房屋，它完全依照她的品味搭建。让这个屋子洋溢着活力与惊喜的，是她新养的两只雪纳瑞犬，一只叫花生酱，另一只叫雪碧。

我妈从不寂寞。她说，当她坐在电脑前玩单人纸牌游戏或写电子邮件时，花生酱和雪碧就坐在她腿上。当我和她通电话时，它们也在她身边，因为她一定会要我分别跟它们打招呼。她在当地医院当义工，每天要固定探访某些人。知道她在这个社区落地生根后，我对我们一年见不到几次面的情况才稍能释怀。而且我认为，让我能宽心也同样让她宽心的，是她每天早晨一睁眼，就会有两个小家伙向她道早安；当她回到家时，也会有两个兴高采烈的家伙争先恐后地扑向她。

长岛北滨动物联盟的会长约翰·史蒂文森想到他年老的姑妈时，也感受到我对我妈的那种愧疚。"我姑妈总希望我周末去看看她，"他说，"我认识的所有上了年纪的人都希望有事情可忙，能够忙得有活力，而不是成天唉声叹气，让孩子们感到愧疚。我想我应该把他们和年事高的宠物凑在一起。"1993年，约翰发起了"老吾老计划"。

这个计划将老年人和年纪及生活步调与其相仿的宠物凑成对。尽管养宠物对老年人的好处如此明显，但也只有30%的独居老人在家中养宠物。鉴于很多老人因为考量花费以及照顾不周的问题而对养宠物却步，因此老吾老计划提供会员免费服务，包括接送宠物到动物医院就医，以及一个月一次的宠物美容。会员的反应极为热烈，使得维持计划运转的费用火速消耗了联盟的大笔预算，于是他们在两年前停止招收会员。不过，他们目前仍有将近500位会员，每周大约有一半的会员和该计划主持人乔尼·科伊联系。因为宠物的关系，该计划成为银发族最特殊的社会服务机构。

这些老人会打电话到计划办公室，找人到家中帮忙装空调，因为"我家那只猫热得受不了"，或者找人帮忙换灯泡。其中一位接送宠物的司机，是我们当中的"圣人"，他义务帮好几位老人割草。这些老人谨记着定期替宠物注射疫苗，但他们却经常忘记自己也要打疫苗。"这就是他们要的，"乔尼说，"对他们当中大半的人来说，宠物就是生活的全部。"

　　"我女儿会帮我报税，邻居会打电话来提醒我吃药，我也把驾照撤销了，但谁都不能把我的狗带走。"爱荷华大学老年人研究中心主任凯蒂·布克沃特揣摩老人的心理时这么说，"到了这个年纪，失落的东西愈来愈多，宠物是唯一不变的存在，它们给老人无穷的慰藉和永恒的陪伴。"

　　除了单纯的陪伴之外，宠物也会促使老人维持某种生活品质。苏格兰教育专家桃乐茜·阿尔斯特讲述了一个例子，一名老妇人不愿意在家开暖气而使得呼吸道反复感染。这名老妇人坚持，既然屋子里只有她一人，开暖气很浪费钱。不过，打从她养了一只金丝雀之后，她开始把室内温度调得暖和舒适，因为她听说这样有益于小鸟的健康。老人家会出于对宠物的健康和安全的考虑，维持居家品质及规律的作息，连带提升了他们对自己的照护保养，像"何必这么麻烦"这样的话也很少再挂在嘴边。

　　你也许会以为，老人用宠物来取代家人的关爱有点可怜，或者看到老人情感生活的重心全放在宠物身上而感到难过。没错，如果他们有儿孙为伴，社会也热情地伸出手，关照他们的生活起居，他们可以过得更好。但是当真实的情况不是如此时，宠物就是他们生活里的火花。我的朋友罗莉·斯威特伍德说得好："生活品质是一种感觉，也是一种事实，它可以很主观，也可以很客观。

如果你觉得自己不再讨人喜爱，不再被需要，那么你就是那样。"她继续说："如果你的想法改变，觉得必须尽量让自己保持健康，才有能力照顾另一个个体，那么你会觉得自己值得被爱，你对这世界的感觉也会完全改观。"罗莉是一位治疗师，在新泽西州的疗养院负责团体治疗。

宠物也帮助人以更深刻的方式和世界接触。哈佛大学动物学系教授爱德华·威尔森提出"亲生命性"这个概念，认为人的大脑对不同种类的动植物，会有选择性的注意力。威尔森相信，生活在各式各样的生命形式之中，能让人的感官知觉更敏锐，也会提升人的幸福感。也许这就是进行健康状态评量时，养宠物的老人经常比没养宠物的老人更健康的缘故，姑且不论他们个人身上的病痛。倘若你和我一样相信亲生命性这种说法，那么你就会同意，和动物、植物以及整个大自然的接触，是保持身心健康的关键因素。我是从我的岳父吉姆·伯克霍尔德移动椅子的简单动作里，深刻体会到这一点的。

吉姆这辈子都在他自营的伐木工厂当老板。有时候他手下有40名员工替他做事，有时候只有他一个人：老板兼员工。他通常会整个礼拜待在山区工作，晚上就睡在卡车后头他亲手搭建的木制野营车里。在他70岁大寿前后的某一天，大地之母有令，退休的时候到了。当时他正在锯一棵大树，一时没踩稳，跌了一跤，手中的链锯随而弹开，刀叶直劈他的左大腿。尽管那一刀深可见骨，切口皮开肉绽，他还是不以为意，从急救箱拿出几片创可贴贴上了事，回头继续工作。接着，有根粗枝从30米高的地方坠落，正好击中他的头。他摇摇晃晃地在林子里走了几分钟，努力回想自己是谁、身在何处之后，他开车下山，回到家里，从前门走进屋里,坐在餐桌旁他的老位子上,跟结婚50年的妻子薇尔黛说:"我不干了。"

吉姆的怪癖比精神有毛病的老病号还多。50年来,他总是戴着一顶绿色的棒球帽,衬衫的右口袋一定放一把折叠小刀,左口袋放着指甲剪,出门前一定会把咖啡壶的插头拔掉,皮夹里不同面额的钞票一定分开放好,而且他永远坐在餐桌的西侧,靠着挂有一双巨大的木叉子和木汤匙的墙,面向小而漆黑的屋子深处。即便逢年过节或有亲戚来访,折叠餐桌的桌翼全摊开时,他位于长桌一端的老位子也不会变。

你可以想象,当我和特雷莎在吉姆刚退休不久后来探望他,看到他坐在餐桌的东侧时有多惊讶。起初我们半句话也说不出来。"你坐在那里做什么?"特雷莎和我不敢相信地问。吉姆指向窗外的花园,花园里鸟儿在食槽旁啄食,松鼠在露天平台旁的树下玩它们的尾巴。"这些松鼠实在是很好笑。"他简单地回答。

你不需要说服吉姆说他需要大自然。他一辈子靠大自然吃饭,大半的工作时间也和大自然为伍,他当然需要大自然。不过,欣赏大自然可是另一回事。当他开始过着大半的时间都待在屋内的生活时,他渴望大自然解救他的灵魂。他不想成天只看到餐柜里薇尔黛那套老古董的咖啡杯组,镶在(从没使用过的)谈话间墙面上的20世纪50年代的深色嵌板,因堆满《国家地理杂志》而下陷的书架,那些杂志大概从爱达荷州还没正式成为美国的一个州时便一直摆在那里。如今他看着盛开的花,在水池里悠游的鲤鱼,如果伸长脖子,还可以瞥见屋前不到200米远的地方,平静的库特内河两岸点缀的棉白杨。

他放弃了餐桌上的主位,因为他想要更多的笑容和感官的餐

184

宴。大半的日子里，你会发现吉姆正翻着鸟类图鉴，第二十次（他忘了）辨识同一品种的鸟，或是用望远镜看着一群鹅在河中央的沙洲上打盹儿。感官体验的活络与丰富，是保持身心年轻的第一道防线。

衰老不会在一夕之间发生。从呱呱坠地开始，我们便开始走向衰老，衰老的过程是我们生活方式和处世方式累积的过程。出生于人口增长的高峰期的人已迈入高龄，对于安置这一大批银发族的问题，若仅从节约成本的角度考虑，参考一下支持养宠物有益老人健康这样想法的资料会很有帮助。美国国内人口增长最快速的族群是银发族，银发族目前的人数是 3500 万，占总人口的13%。到2030 年，美国将有 7000 万人超过 65 岁。能活到 65 岁的人，再活 18 年应该不成问题。能活到 85 岁的女性一般来说也可以活到 92 岁，而男性也可以活到 91 岁。银发一族的平均净增长数在过去这一个世纪以来，已经增加了 70%。

他们会活得更久，但生活品质如何呢？大半要天天和病痛、不良习惯、寂寞作战。他们当中有 80% 患有至少一种慢性病，50% 患有两种或两种以上的慢性病：其中有 58% 患关节炎，48% 有高血压，19% 罹患癌症，12% 有糖尿病，9% 患有中风。大约有 10% 至 15% 的银发族将可能有某种形式的轻微痴呆症，另有 15% 的人将有严重的痴呆症。

不管有没有生病，处于人口增长高峰期的这一代人具有独立精神，将为自身的自主性奋战到底。得克萨斯州大学护理系教授玛拉·鲍恩和内布拉斯加大学护理系教授芭芭拉·麦卡基进行令人折服的试验，说明无论人的哪一种感官失去作用，宠物皆能发挥辅助人类的角色。他们建议视力和听力逐渐衰退的老年人养导盲犬和听障辅助犬。他们说，老人家会逐渐消瘦，尤其是失去了味觉和嗅觉的人，会觉得食物不再可口而胃口变差。鲍恩和麦卡基相信，宠物可以刺激老人规律地准备三餐，并陪伴他们进餐。

显然，一些试图遏止医疗费用不断攀升且爱好宠物的政治人物也体会到这一点。加利福尼亚州通过了由女议员海伦·汤姆森所提出的法案，要求公寓大厦和移动型住宅区允许住户饲养动物，但仍要遵守某些规定。这条法案的支持者说，养宠物的人较长寿，生病后的康复速度也比较快。

假使你属于住在养老院的那4%的老人，你的家人应该帮你找一家容许你带着宠物同住、容许他们定期来探望你或容许他们留宿几晚的养老院。一如罗莉说的，老年人面临的两大问题是感到失落与失控。"他们一点一滴地失去掌控，到最后，连什么时候小便、何时能吃东西也无法控制。他们气愤、退缩、闷闷不乐，而且非常绝望。"她说。不过，当她带着她的狗莎亚到疗养院进行团体治疗时，所有人的精神为之大振。"莎亚一出现，大家的眼睛都亮了起来，心情也变好。在那一个钟头里，有个患老年痴呆症的病人回想起很多事。回忆其实是种天然的药物。"

由于入住安养中心这类机构的老人头三个月内过世的比率居高不下，迁移住所被视为相关因素，于是玛拉·鲍恩决定测试一下动物对住进疗养院或养老院的老人帮助有多大。之前有研究显示，当狗出现在养老院时，老人们比较开心。另一项研究发现，在房间内养鸟的老人，对院内同住的老人及工作人员的态度比较友善，在心理健康量表上的得分也比较高。鲍恩和研究伙伴吉尔·杰森以及弗兰克·卡迪罗把养在笼里的鸟放到刚入住的老人房间内，其他人房间则没有。他们希望一对活泼快乐的小鸟能够帮助老年人改善忧郁、寂寞和意志消沉的状况。除了研究人员，谁也没法打开鸟笼，当老人不在房内时，有人会进来照顾小鸟。

研究人员发现，当鸟在房间内时，医护人员和相关行政人员停驻的时间比较久。其中一位老人欣喜地说，她的医生每天早上来她房间时，会对着鸟唱一首简短的歌。不出所料，在院中老人自评的抑郁量表上，鸟的出现有极为正面的影响。当试验结束，鸟被带走时，很多老人感到难过。玛拉说有几位医生看到鸟对这些病人的心情有如此正面的帮助，都很想建议其他非住院病人养鸟。

如今愈来愈多的养老院开始养宠物来陪伴老人，他们发现，宠物带来的朝气和活力，和没有宠物的了无生气有天壤之别。我相当认同这个趋势，但我也暗地里担心，如果院内的工作人员不支持这个想法的话，这些动物的生活品质堪忧。如果狗一天 24 小时都待在养老院，要随时应付所有老人马不停蹄的要求，毫无喘息时间，将会非常辛苦。动物需要有一位属于他的主人，这主人会在夜晚带它回家休息，帮它修剪趾甲，定期打扮它。否则，原本想在单调乏味的养老院注入活力的一番美意，可能反而会酿成一场灾难。

新伊甸园疗养院，由哈佛大学毕业的老年医学专家及家庭医生比尔·托马斯创立，以亲生命性的理念为经营方针。托马斯医生说，疗养院是这世上唯一只存在单一物种（老年人）的地方，缺乏各类形式的生命相依共荣的生物多样性。当他 1991 年开始在大通纪念疗养院服务时，就开始努力落实亲生命性的概念。多年来，他和手下的工作人员经常带着各种植物、动物、园艺、小鸟以及儿童到疗养院里来，让这个地方更像个真正的家，而不是一个安置老人的仓库。

只要院内的老人说一声，工作人员就会把养在笼子里的鸟挂到他房内的横杆上。院内也养了很多狗、猫、兔子和鸡。各种动物在院里的各个角落共处的情景，像猫为了把小鸟瞧个清楚，处心积虑地靠近它，或狗舒服地依偎在猫身边睡觉，都为工作人员和老人增添了许多有趣的话题和正面的互动，提振了所有人的精神。托马斯说，在疗养院这个体系内，合格护士每年的流动率是104%，在大通疗养院里，流动率只有26%。过去的两年间，院内老人服用的处方药物比例由3.7%降至2.4%，而且他们服用精神类疾病用药来缓和躁动的状况也大幅改善。

从1992年成立第一家伊甸园疗养院起，伊甸园的理念迅速扩散，至今美国国内由伊甸园所认证的安养中心已超过200家。我所造访的这一家位于加利福尼亚州的埃斯孔迪多，是我们绝大多数人最不愿意被送去的地方。这家名为银发之家的疗养院，是阿兹海默症患者最后的去处，这里的老人全是别的疗养院因照顾不来而拒收的阿兹海默症病人。

我承认，当我驱车接近埃斯孔迪多时，心情有些紧张，像我这样属于人口增长高峰期一代的人，内心最深的恐惧是：我将来老了是不是也会被送到养老院去，完全不晓得年月和时间，也不认得我所挚爱的人。我脑中浮现了关于养老院的刻板印象：老人呆坐在公共休息室的休闲椅上，因被药物麻痹而显得顺从。

我的车子驶进银发之家的那一刻，心中的不安顿时消失无踪。那座单层建筑坐落在圣地亚哥北边的山腰上，建筑物本身维护得相当好，周围环绕着许多花园和儿童游乐设施，是一个充满活力的地方。一只活泼好动的黄色拉布拉多犬在门口迎接我，远处有只猫迅速地跃过走廊。我听到的第一个声音，是一群老人用中气十足的声音，参差不齐、五音不全地唱着《让我叫你情人》。那歌声夹杂着院内50只在各个笼子里的小鸟的鸣叫声。走廊上有个老人穿着风衣走过来，腋下夹着胡乱塞成一大包的床罩被褥。

"我要回家。"他对项目主任佩特·汤普森说，"我在这里受够了。"

"是吗？好吧，你要走，我们很遗憾。"她说，"我相信你女儿今晚来看你时，发现你已经走了会很惊讶。"

"我就是要走，你不能拦我。"他说，手指着另一个老人，"他要开车载我，我们俩要一起走。"

"好，没问题。但你时间没那么赶，对吧？你能不能等一分钟？"佩特平静地说，"我想打个电话给你女儿，通知她今晚不必过来，免得扑了空。你何不稍坐一下，让我拨电话跟你女儿说一声。"

佩特把老人带到沙发上，把他那一包被褥放在旁边，并召唤中心养的八只狗其中的一只过来。这只狗把头靠在那老人膝上，仰望着他。那老人脸上绽放出笑容，伸手轻拍狗。我在一旁看了几分钟，想知道这一幕会持续多久，那老人会不会仍然坚持要离开。他抚摸那只狗好一会儿，慢慢忘了要离开这件事，他的心思也许飘到十万八千里外，或者回到了三十年前。当他的手停下时，那狗轻推一下他的手，他对着狗微笑，手又继续轻抚着它。

这一幕只有短短几分钟，却是这家疗养院处理老人情绪波动的缩影，而这样的情绪波动每天都会出现，有时候每个钟头都会来一遍。阿兹海默症瓦解了病人的性格，搅乱了感觉经验的轻重缓急。"他们从外在世界中抽离，陷入内在世界里。"加利福尼亚州大学圣地亚哥分校老年精神医学教授伊妮德·洛克威尔说，"他们的脑子失去了检索的能力，或者说，至少失去了辨认事情轻重缓急的能力，这和精神分裂症的情况很相似。他们的感觉纤细敏锐，但他们表达不出来，所以我们无从得知。问题是要找到和他们沟通的方法。就算是病情严重到卧床不起的人，也会想和动物打交道。"

若换到别家疗养院，这位老人得到的回应很可能是愤怒和冷嘲热讽，而这只会使得他更激动。"你以为你在干吗？你哪里都别想去。"工作人员也许会这样回话，接着猛然夺走他手中的被褥，让他更感到无能为力。在银发之家，他的要求被温和地拖延，还有狗来帮他分心，很快地他便自己平静下来。

"他们的短期记忆和语言能力退化得愈来愈厉害，他们会变得愈来愈情绪化和冲动。"佩特说，"病人长期生病下来，他知道自己的行为很不妥当，但他没办法控制自己，所以常觉得受挫和愤怒。在走廊看见他的其他病人并不知道他是不是想到了什么事，还是已经彻底迷糊，不晓得自己身在何处。我可以理解这种失落，并陪着他度过那一刻。这种时刻多来几次，一天就过了。"

许多以动物辅助治疗来帮助阿兹海默症病人的研究，也印证了那只狗对老人的影响。阿兹海默症病人看到狗出现时，大致上更有反应而且态度更正面。由鲍恩、麦卡基、凯瑟琳·巴特森以及卡萝·威尔森共同进行的一项研究发现，病人看见狗会微笑，倾身向前，伸手触摸，而且话也比较多。他们也会表现出更正面的情绪并给予赞美，比如他们会说："你懂我的意思，对不对？"以及"这狗真乖，你是只好狗，是不是？"

阿兹海默症的确切成因为何尚不清楚，这种病也无法根治。目前治疗的重点放在减轻某些症状，以及调整环境以缓和患者的躁动情绪上。凯蒂·布克沃特在她对阿兹海默症住院患者之社会行为的研究中提出，减轻症状及缓和躁动的一个方法，是让患者生活周遭的刺激符合他们的功能层次。刺激过多，他们会变得太过激动而有危险；刺激太少，他们会变得孤立而退缩。

鲍恩和麦卡基研究阿兹海默症患者和狗的互动情形时发现，大半的案例皆显示，训练有素的治疗辅助动物恰好就能提供阿兹海默症患者所需要的刺激程度。而且动物还是病人起争执时最佳的缓冲剂。布克沃特有项研究以退伍军人医院内的阿兹海默症病人为对象，她描述当病人发生口角时，狗会来到争吵的两人中间大声吠叫。"一旦这两人注意到狗在吠叫，他们马上忘了他们在吵什么。"布克沃特说。

在银发之家，这两个因素都发挥了作用：宠物分散了病人的注意力，并营造了融洽的氛围。

"我们这里是不说'不'的，"中心主任凯西·格林说，"阿兹海默症病人若住在家里由家人照顾，他们的世界充满了'不'——'不要碰那个东西''不要到外面去'。在这里，我们用'好'来回应他们。如果他们想到花园里替番茄浇水，一天浇二十次又何妨？如果那株番茄死了，自然会有病人想再种一株。"

工作人员秉持伊甸园的理念，刻意让病人在安全无虞的前提下，充分享有自主性。院内有固定的用餐时间，但餐厅里仍有一台 20 世纪 50 年代的餐车，病人可以随时泡杯咖啡或拿点东西吃。院区中心的护士站被改装成一个乡村厨房，内有冰箱和大量的食物，若有病人怀念洗手做汤羹的乐趣，也可以在工作人员陪同下下厨。希望自己仍有一些用处的病人，每天早晨可以加入清洗衣物、折叠衣物的工作行列。病人也可以在工作人员的帮助下，随意重新摆设卧房内的家具。

这些简单的选项对病人的健康有深远的影响。有位病人之前每天吃早餐时情绪总是激动暴躁，因而被某家疗养院逐出门外。她无法向人表达，自己从小在南方的富裕家庭长大，很少在十点钟以前起床，因此要她八点钟起床吃早点等于是完全打乱她的生活步调。她来到银发之家后，可以在十一点左右于餐车旁享用晨间咖啡，她的暴躁几乎消失无踪。

公司保留了成功和阿兹海默症患者和谐相处的记录，而很多人向来认为这一人群难以沟通。从 1997 年 1 月以来，175 名入院时原本坐轮椅的患者恢复行走能力，107 名原本在别的疗养院需要喂食的病人能够自行进食，37 名病人恢复正常排便能力，46%的病人减少了精神疾病类药物的服用量。

家人往往得以目睹动物对所爱之人的疗愈功效，而科学尚未见识其威力。凯蒂·布克沃特发现，在她进行研究的退伍军人医院里，病人的家属总认为医院里的狗对生病的家人的健康极为重要。当院方财务吃紧，无法支付这些狗接种疫苗及就医的费用时，家属们成立了基金会为狗的医疗费募款，大家纷纷慷慨解囊。

加入老吾老计划的老人，和丽奈特·哈特同住在移动型住宅园区的遛狗老人，都从宠物身上获得了同样的东西。外面的世界往前冲刺的步伐愈来愈快，落后的他们被抛得愈来愈远，而宠物则是他们的家通往世界的桥梁。他们通过宠物和外在世界联系，以一个能够付出爱与关怀并获得同样回报的形象迎接世界。

第二章　宠物处方

十一　找到对你益处最大的宠物

假使你相信养宠物能让人保持健康，那么，却有一个恼人的问题会挑战你的信念：美国有超过六成的家庭养宠物，为何当中大多数人并没有因此而更健康？若要药方充分发挥疗效，那就得依照指示服用才行。我们大多数人都没有充分利用我们和宠物之间的联系。这本书里描述的许多故事告诉我们，能从宠物身上受惠最多的，都是和宠物建立了深厚情感的人。

虽然我的生活周遭总是围绕着动物，但我也是直到生病之后，才真正见识到动物给予的疗愈力量。当病痛迫使我专注于每个当下，宠物成了我的物理治疗师、止痛顾问、专属运动教练、心理治疗师。唯有我花心思和时间加强彼此的牵系，诸如放慢脚步配合它们的步伐，听从它们的本能指示，和它们一样地聆听我内心的声音，并对更单纯的天赋表达感恩，我才能从它们身上受益。

这一章节我将提供给诸位和宠物培养默契的方法，从挑选与你的生活方式、期待和需求相符的最佳宠物拍档开始，并进一步针对个人不同的医疗状况推荐特定种类的宠物。我将从挑选宠物下手，继而提示训练宠物以及与之培养感情的方法，包括和家中已有的宠物增进情感的诀窍。

我也将分享我和动物们建立深厚感情的心得。我访问了顶尖教学医院里的专家与深具街头智慧的权威人士，这些人从《宠物猫》的资深编辑，到在收容所的茶水间里巧遇、对猫如何美容健身很有一套的嬉皮士都有。出乎意料的是，我采用的这些和宠物培养默契的步骤，竟能轻轻松松地融入每天和动物的互动里。我发现，就算我没生病，没从旋转木马般的生活里脱轨，这些步骤也不会耗去太多时间。最重要的是，我眼睁睁看着自己脱胎换骨，焕然一新！从善用时间和宠物相处之中，我不但感受到全然的满足，而且也在每天结束之际元气十足，精神饱满。

聪明选宠物——挑选和你最配的宠物类型和品种

这一节里我们将谈一谈如何挑选习性和你的生活方式最配、性情又和你的个性相得益彰的宠物。决定哪一类型、什么品种的宠物最适合你，好比买车要挑品牌、选型号，所以第一关就是我所谓的好车与好狗大比拼。花点时间想一想，你买下现在开的这部车之前花了多少心思和时间？而你买下一只宠物之前又花了多少心思和时间？我敢打赌，你挑选心目中的那台路虎揽胜所花的时间，铁定远远超过挑选你的爱犬路虎所花的时间，尽管宠物一般活得比两三辆车的寿命加起来还长。选购新车的人会研读消费者情报，考量车子的色系，亲自试车，并且听取家人的意见。不过，一碰到要挑只宠物来养时，我们很容易纯粹地感情用事，很少会收集相关信息。惹人怜爱的小狗小猫一映入我们的眼帘，一见钟情这种事便在我们身上真实上演。情不自禁爱上小狗小猫是我们无法抗拒的本性，我承认我也不免臣服于这种本性。

我把车停到沃尔玛超市前的停车场——全美国最大最专业的宠物收养中心——时，也曾看见巨型招牌斜靠在一个大纸箱前，上面写着："小狗小猫任你免费带回家！"尽管我很清楚那是怎么一回事，但还是不敌那标语的缠人媚功，被它伸出来的隐形弹簧手给勾了过去。原本连一分钟也腾不出来的过路人也招架不住，纷纷钻入拥挤的人群，只为瞧上一眼那些可爱的小家伙。

我们搬到邦纳斯费里后的第一个春天，特雷莎开车载着全家前往我们最喜爱的一个湖湾野餐，斯库特和我像双筒猎枪似的（我坐在前座上，而它坐在我大腿上）叠坐在一起，并顺路在星期六的露天市集旁停下来，买些刚出炉的面包。我原本只想买个面包就走，不料一转身看见特雷莎和我女儿米克尔把两团一模一样的乳黄色小毛球——8周大的喜马拉雅混血小猫——直直推到我眼前。"我们带它们回家好不好？"她们俩的哀求声像立体音效般回响着。

"当然不行，"我相当有责任感地答道，"我们不知道它们有没有生病，再说，我们到湖边时要把它们往哪里放呢？"接着是最经典的结论，"有适当的机会，我保证一定弄几只小猫来养。"

那个设法要帮那对双胞胎似的小家伙找到新家的孩子，原本垂视着空箱子的眼睛往上一翻，盯着特雷莎和米克尔说："如果我今天没帮这两只小猫找到新家的话，我爸说要让它们安乐死。"我心知大势已去。"让让路，斯库特！"我一面喊，一面带着贝克尔家族的新成员——多宝和探戈——上路。

我一时冲动领养了两只小猫的故事有个圆满的结局。多年来，多宝和探戈在我们的农场里快乐地执行赶鼠任务，成绩斐然。但对许多人来说，一时冲动带回家养的小猫小狗只会酿成灾难。看到幼小的动物时，内心涌出的那股想要保护它们的欲望，是我们无法抗拒的天性。只消看小猫小狗一眼，我们便马上落入这天性的陷阱中，我们的心跳超速失控，脑袋却呈现紧急刹车的状态。我们的情感热烈地回应，理智顿时消失，无法考虑接下来至少15年左右的岁月里，每天的责任和每年的花费所带来的全面冲击。我们通常会情不自禁地爱上萍水相逢的小猫小狗，于是便把他们带回家，没对将来拥有一只大猫大狗的生活事先做计划或安排。所以，当它们老是把屋子弄脏、抓破东西、在院子里东挖西挖、有事没事胡乱狂吠、不在笼子里睡觉，或是做出其他恼人的行径时，我们和宠物的感情开始滑坡，于是我们很容易再做一次冲动的决定，把这个突然蹦出来、令人头痛的家伙甩开。

　　每年有600万只失宠的动物被送往动物收容所。我们把宠物打入死牢，只因为它们不再讨我们欢心，只因为它们成了讨厌鬼。事实上，就大部分的情况来说，饲主轻易便可防止宠物做出那些导致被驱逐出境的任性行径，而且用对方法的话，花一点时间便能矫正过来。

　　血统纯正的动物也不能幸免于被判死刑的命运。卖座电影和热门电视剧掀起的一波波宠物热，衍生出不负责任的饲养行为，我和我的兽医同行正努力收拾残局，不断地对抗后续的医疗和饲主的人格问题。因为电影和电视剧走红的动物包括德国牧羊犬（《战犬任丁丁》）、柯利牧羊犬（《灵犬莱西》）、可卡猎犬（《小姐与流氓》）以及最近的金毛寻回犬（《神犬也疯狂》）、大麦町犬（《101忠狗》）和杰克·罗素㹴犬（《欢乐一家亲》）。我们一想到又会有下一波的宠物热就忧心忡忡，因为我们太了解饲主不当的饲养会引发什么样的问题了。

　　就像你现在所知道的，挑选将来和你长期做伴的宠物，可不是在展示橱窗前看对眼就成。挑选宠物就像挑你的另一半一样，光是英俊漂亮还不够。我们必须超越外表，冷静地分析双方合不合得来，确认彼此是否愿意承诺长相厮守。否则，我们终究要面对水火不容的差异和劳燕分飞的心痛。我希望告诉大家如何聪明地做决定，热情与理智并重，这么一来，你便能觅得一位和你苦乐与共的贴心好伙伴。

十二　准备好了吗

就像心理学家多年来一直告诉我们的，想要拥有一段健康美好的恋情，我们得先学会自我接纳，并确知自己想要什么。为了让你更了解你对与宠物做伴的需求和渴望有多少，请回答以下的问题：

1. 我是否能够腾出时间每天喂它、照顾它、陪它玩、训练它并和它一起运动？

2. 我是否能够每个月拨出一些预算，支付养宠物的相关费用，包括医疗、宠物保险、训练、食品饲料、住宿、宠物美容以及其他的杂费？

3. 我是否有足够的体力来训练和应付体型大而好动的成犬？我的身体或居家环境是否有某些限制，可能会让我——虽不至于不可能——很难做到规律地遛狗？

4. 我的居住环境是否局限了可选择的宠物的种类和大小？

5. 我的家人是否会对宠物过敏？会不会一看到宠物就讨厌？

6. 如果我想在原本养的一只或好几只猫之外，再多添一只，我的家中有没有足够的空间供每只猫活动，而不致引起猫和猫之间因护卫地盘而打架？

7.当我外出旅行时，我要如何安置宠物？

8.如果我经常需要加班，或长时间离家在外，我要如何妥善照顾宠物？

如果你考虑选择猫和狗之外的宠物，请参考美国兽医协会所提供的免费咨询服务。网址：www.avma.org。

让我们进一步实际揣摩一下你的世界需要哪种宠物。打个比方说，假设你是个单身贵族，住在公寓里，一天工作 14 个小时，你可能会想养一只白天不会恼人乱吼，但夜里一发现不寻常的动静就会适时吠叫的狗。或者，你需要动物的陪伴甚于提供保护，以你每天长时间工作的情况而言，猫也许是较好的选择。

你想要一只身躯庞大、傻里傻气的狗，还是一只小巧机灵的狗？你想要一只毛发浓密抱起来很舒服的狗，还是毛发短而硬的狗，不会让你去上班时全身沾满毛？你喜欢会滑稽地追逐孩子手中的一截绳索、爱好厮杀混战的猫，还是像摆饰般静静蜷伏在书架上可供玩赏的猫？

为了成功地把人与宠物进行搭配，我征询了科罗拉多州立大学兽医学院动物行为系助理教授，同时也是动物行为顾问的罗兰·特里普博士的意见。特里普博士提出我们熟知的"特里普新宠物挑选测验"。诚实作答可以帮助你有效地把选择范围缩小。当然，挑选的过程不是只有冷冰冰、硬邦邦的理性思考，这就像寻觅终身伴侣一样，还得彼此气味相投。

倘若你想从动物收容所里领养流浪动物，我乐见大家有如此善心，那么请参考特里普博士提出的收容所动物选择指南。我们只能通过这些帮助选择的工具略窥特里普博士关于人和宠物互动的渊博知识之皮毛。若需更详细的内容，请浏览特里普博士的网站：www.AnimalBehavior.net。

相亲大作战

要找到你的最佳宠物拍档，我建议你先浏览以下14个关键问题，然后再回答随后附上的特里普测验。标题后括号内的字句提示了特里普宠物挑选测验里的特定问题。比方说，如果你想利用特里普测验挑选理想狗伴，而且体型大小是你的首要考量，你可以立即参照问题一"大小真的有差别！"，获取更多信息。

1. 大小真的有差别！（体型大小）

若体型大小是首要考量因素，切记：狗的体型愈大，清洗时愈费事。另一个需要考虑的是寿命长短。大型犬成长的速度比较快，但寿命比小型犬要短。小型犬帮你省下不少的狗粮预算，但你要为它付出更多的牙齿保健费用。

务必要对可爱的幼犬转为成犬时的体型和性情有正确的想象。要知道，一只5磅重、比面包盒还小的罗威纳幼犬，你现在可以轻易地把它当小宝宝般放在袋子里夹在腋下，不出6个月，它长到80磅重的身躯可不容你小觑。

倘若你养狗的目的之一是保护你的安全，你可以考虑养一只像罗威纳犬这样令人望而生畏的大型黑色犬。但是要养大型犬，你得在它还是幼犬时严格地规范它并对成犬施以服从训练，以免它胆大妄为做出有伤害性的行为。如果你偏爱小型犬，也许固执的猚犬正合你意。猚犬和罗威纳犬一样相当有主见，所以两者都需要趁早进行长期训练。假设你没对猚犬或其他聪明好动的品种施以管教，它们很会自个儿找事做。譬如说，猎鼠㹴犬和米格鲁犬会挖地洞，巴吉度猎犬会大吼大叫，边境牧羊犬会围捕它的玩具，拉布拉多犬会跳到泳池里玩水玩得不亦乐乎。

如果你偏爱可以抱在怀里玩耍或懒洋洋趴在你膝上的狗，不妨考虑乖巧而毛茸茸的品种，像蝴蝶犬或玛尔济斯犬。巴哥犬也是很听话的小型犬，很适合和小孩子做伴，可以带来更多的欢乐和趣味。哈瓦那犬、玛尔济斯犬、拉萨犬、西施犬以及贵宾犬都比㹴犬沉静，也不会脱毛，但需要常常帮它们打扮。

修长的腿、慵懒的眼神、丰满的双唇是否令你心神荡漾？记好一件事，狗的腿愈修长，你每天陪它走路或跑步的路程就愈长。慵懒的眼神也许会融化你的心，但寻血猎犬的眼睛容易因沾灰尘或生眼屎而发炎，所以随时备妥你的钱包吧。而那些大而丰润的唇，譬如纽芬兰犬和圣伯纳犬的嘴巴，亲吻你时除了会额外发出吧嗒吧嗒声之外，还会让你的周遭永远湿湿黏黏。当巴吉度猎犬或英国古代牧羊犬长而下垂的耳朵落到盛食物或水的碗里时，总是主人按下快门的时候。下垂的长耳朵比竖直的耳朵容易发炎。耳朵竖直的狗看起来比耳朵下垂的狗更令人生畏。竖直的耳朵就像尾巴一样，会出于好奇而抽动，因开心而摇摆。说到尾巴，尾巴长而摆动优美的狗也许是你的"意中犬"，但千万要保持距离以保安全，免得它尾巴冷不防地大力一挥搞破坏，扫了你的兴。

2. 有些狗就是喜欢大热天！（毛发和理容）

有些狗就是喜欢大热天，但绝不是你那只长毛或有双层毛发的好伙伴，它原本该在雪国里拉雪橇的！你的宠物大半的时间会待在室内还是户外？你居住的地区气候最炎热和最寒冷的时候，温度各是多少？你有办法帮短毛的宠物保暖吗？你有办法让毛发浓密的宠物保持凉爽吗？

我最近曾在热气腾腾的迈阿密看见一只有双层毛发的长毛萨摩耶犬，气喘吁吁地使劲把体热散出去，以求凉快些，目睹这一幕让我感到很难过。另一个极端的反例，是我在山间的小木屋里看见一只吉娃娃，身穿比弗利山庄罗迪欧大道最新潮的毛线衣，却依然抖个不停。毛发长的狗需要你花更多的费用来梳理美容。你的钱包准备好让你的贵宾犬每四到六个礼拜上美容院打理一次吗？我看过有些客户每个礼拜带狗上专门为狗服务的理容中心洗澡、梳理、修趾甲。所费不赀，但宠物果然水灵。

可别傻傻地以为短毛的宠物不像长毛的宠物那样很容易掉毛。一般说来，毛发愈短，落得愈厉害。这是因为长毛会愈长愈长，短毛会不断掉落更新。任何宠物的毛屑都会引起过敏。猫类以及狗类，譬如波斯猫和萨摩耶犬，都是有双层毛发的品种，外层的长毛会持续掉落，内层则是短绒毛。有人说，双层毛发的宠物更容易引起过敏，因为落毛的过程中脱落的发屑更多。至于毛发的颜色，建议你挑选和你家的地板同色系的宠物，这样掉毛的问题会比较不明显。

3. 您贵庚？（年纪）

狗的性格是可以塑造的。对狗来说，2个月大到4个月大之间是学习的关键期，在这期间它的脑袋就像海绵一样能吸收任何信息，所以你很容易塑造它的个性和习性。如果你让3个月大的小狗参加不必拴皮带的社会化训练课程，就可以大大地降低它的攻击性，强化它玩乐的本性，并培养它和你家人及其他宠物的感情。

话虽这么说，成熟的狗也有它的优点。领养一只成犬有很多不容忽略的好处。首先，你看到的正是你要的！它的个性已然成型，性情比年幼的小狗稳定多了。年轻的成犬就像一台经济型房车，价格不贵，但大有可为。通常你养了一只小狗之后，接种疫苗以及各种花费便接踵而至。如果它是室内犬，你不必花很多时间进行室内训练。年轻的成犬未来不可限量，但仍旧得留意恼人的"包袱"——已经存在的行为问题或健康问题，搞不好这就是它等着让人养的原因。这就像采摘树梢上一颗饱满醇熟的水果一样，你势必得冒风险！

别把年纪大的宠物排除在外。处于黄金岁月的狗和猫都比较容易满足而且性情平稳，对有闲情逸致的哥们儿或想过低调悠闲生活的淑女来说，是绝佳良伴，只要确定你的钱包里银子很多就行了。上了年纪的宠物可能需要更多预期之外的医疗保健费用，譬如洗牙，眼睛、耳朵、皮肤的护理和每年的全身健康检查，包括验血、X 光检查和必须终身服用的药物。

4. 公母有别（性别）

一般而言，未结扎的公狗和公猫常有打架、到处晃荡和用尿标示地盘的行为。未结扎的母狗和母猫会有和生殖系统相关的毛病或癌症。母猫发起情来没完没了地呻吟、摩擦和打滚很可能会让你抓狂。狗儿一年两次发情的那几天，可能会在你最爱的那条纯白地毯上留下血渍。除非你是以满腔的热情饲养动物，不遗余力地护卫某个品种的最佳外观、健康和行为的完整性，否则我会郑重地建议你让宠物接受卵巢切除术或阉割手术。这一点之所以重要，不只是为了降低出现医疗问题和行为问题的风险，也为了减少过多无家可归的狗和猫。宠物一旦被阉割或切除卵巢，两性的个性差异将缩小而趋于"中性"。

5. 人来疯（对人的亲和度）

就像我们人类一样，有些宠物就是爱热闹！这些动物落单时可会寂寞难耐。交际花型的蝴蝶犬在等人出现或想要狂欢作乐时，会通过四处猛咬、到处开挖、不时吠叫或哀号来抒发它的焦虑。这些狗就是想黏着你！

如果狗和猫平常的生活里没有小孩子的话，它们可能会不愿意和小孩子相处，或是更糟，见到小孩就变得神经紧张、脾气暴躁，或用爪子抓人。绝对不能让小孩子单独和陌生的狗在一起。幼童和宠物相处时一定要有大人在场关照，免得宠物被欺负虐待。大人要教导孩子如何温和地对待动物，并示范给孩子看，如何运用口令要求宠物坐下或如何拿狗饼干给它吃。给宠物甜头将让你无往不利！

哪一种狗会是健身迷？如果你是那种一有空就会穿上运动鞋，痛快地跑一跑让自己通体舒畅的人，不妨考虑养一只爱好运动的狗（寻回猎犬、雪达犬、波音达犬、长耳猎犬，或者维兹拉犬、魏玛犬），或是热爱工作的狗（秋田犬、马拉缪特犬、拳师犬、牧羊犬、杜宾犬、大丹犬、罗威纳犬、大白熊犬）。这些品种的狗都精力旺盛，可以在你骑脚踏车或慢跑时跟上你的脚步。如果你想追求迷你马拉松的境界，切记逐步地锻炼它们，让它们渐渐习以为常。

虽然这些狗属于运动型和工作型的狗，但它们可不只是四肢发达，头脑也相当灵光，很有学习天分，因此训练课程对你和它来说都将乐趣无穷。如果你能让它对你唯命是从，它将一辈子对你忠心。

假使你想找一只像魔鬼贴一般，喜欢牢牢黏着你胜于玩玩具或和它的手足们厮混的宠物，领养宠物之前不妨先测试它的个性。找一个中性而封闭的环境，你抱着宠物或和它玩一会儿之后，把它放下并随即离开。假使它跟着你走，那么这便是它喜欢和人亲近的好征兆；如果它不理你或者径自走开，这表示你眼前这家伙将是只怕羞的动物，或者它对"人不能离群索居"这说法不以为然。假使这宠物主动跟你玩起来，踢你的腿，咬你的脚跟，抓你的裤管，那么这小子将是个骁勇善战的斗士。忠告：你心里最好先有个谱！

6. 和气一家亲（对其他宠物的亲和度）

你目前养的宠物真的需要一个四条腿的伴吗？你会不会太自以为是？事实是，并非所有的猫和狗都愿意和陌生的家伙分享它们的家，而且会对地盘被瓜分、玩具被侵占、爱被夺走的情况进行抵制。当你的猫就着沙发或门的一角摩擦自己的脸，这表示它在立桩标示地界，宣告它的势力范围。

猫天生就不是群居的动物，因为它们不会成群外出捕猎。你的猫白天一整天独守空闺，并不表示它在你回到家时不会和情敌争风吃醋。不愿分享住所的猫，会在屋内到处洒下臭气熏天的尿液，向入侵者清楚地发出警告，并宣示主权。当狗和其他宠物被一视同仁地对待时，它也不会太好过。我们必须理解和尊重它们脑中尊卑次序的概念，这就是同时训练、遛玩、喂养两只狗困难的地方。

话虽如此，如果你仍想在家中多添一只宠物，这里有几个小窍门可以帮助你在宠物们头一次打照面时营造出一团和气的景象。正如大家常说的："要留下美好的第一印象，机会只有一次。"首先，可能的话，安排新狗旧狗到狗公园、海滩或养狗场等中性的地方见面。这样做可以冲淡"这到底是谁的地盘"的火药味。就跟人一样，有些狗彼此一见如故，另一些狗则永远看对方不顺眼。

把新来的猫带进家门之后，要先暂时把它安置在另一个房间里，譬如浴室等，和旧猫隔离几天之后，再让它们逐步接触。喂猫的时候，两只猫中间可以用一道关上的门隔开，这么一来，它们可以慢慢熟悉混合彼此气息的气味，借此感觉到对方存在的正面体验。你也可以用同一条浴巾擦遍两只猫全身的毛，彼此气味交杂融合的嗅觉体验将降低两方对立着嘶叫呛场的可能性。

无论是新养一只狗还是猫，你都得让老住户享有优先权。先跟老住户打招呼，先喂老住户吃东西，允许它占有大半的房间或整栋屋子的空间（从你的腿上到卧室的床上皆应如此），把你大半的注意力放在它身上。毕竟这些都是它辛苦挣来的，劳苦功高的是它。

7. 了解真性情（发声/地盘特质）

有些宠物就是比较多话。好出声可能是天性使然，也可能是环境造就出来的。猎犬类的狗会低吠或嗥叫以提醒猎人它的方位。狗的分类学中的专有名称便透露出一些玄机，而这就是为何吠起来像吹号声（bugle）的狗取名为米格鲁犬（beagle），而喜爱咆哮（shour）的狗取名为喜乐蒂牧羊犬（sheltie）的原因。喜乐蒂牧羊犬、迷你雪纳瑞犬、德国牧羊犬这一类的狗咆哮起来蛮吓人的，所以常被养来喝阻不请自来的不速之客。有时候，这些狗就是喜欢陶醉在自己的声音里。我这样说是不是让你想到了谁?

如果你的左右邻居和你们家靠得很近,那么你若养了一只成天狂吠不止的狗,你和邻居的感情可能会因而生变。就像有些人会用打电话聊天来疏解压力,有些狗会用咆哮来宣泄各种压力,譬如孤单、无聊、太热或太冷所引发的不适、发痒、疼痛,以及运动量不足或是被小孩子欺负、看到老鼠爬过围墙、几只胆大包天的猫入侵后院等问题。如果你是那种希望宠物能静静地聆听你倾诉的人,挑选狗之前先做个测验:拍球,把玩具弄得嘎吱作响,拿着狗抗拒不了的零嘴在它眼前晃,跳上跳下,然后看看这只狗会变得多兴奋,是不是很容易吠叫,叫声又会持续多久。

反过来说,如果你偏好双向沟通,你可以帮助它发展它的口语天分,譬如回应它的喊叫声,或在它喊叫之后用食物、抚摸、全神贯注的爱犒赏它。它铁定食髓知味,乐此不疲!如果你喜欢和你的猫伙伴谈心,不妨考虑天生饶舌的猫,譬如暹罗猫、巴里猫或东奇尼猫。比较安静的品种体型都比较壮,毛发也较多,譬如波斯猫和缅甸猫。

8. 要来杯意式浓缩咖啡吗? (活动力)

有谁抗拒得了一窝幼犬当中最活跃、最渴望赢得你注意的那个小家伙?如果你也是个活泼好动之人,选这只准没错。不过,如果活动力旺盛的家伙会把下班之后的你惹得很烦,而你结束一天的工作后只想安安静静地休息,那么你得找一只和你个性相投的宠物。会耐心等着你靠近它,不会一下子就和你打得火热的小狗,也许就是你想找的那位低调的伙伴,它会和你分享静谧的夜晚,陪你听古典音乐,或陪你在花园里看一本好书。听过"累坏了的孩子就是乖孩子"这说法吧？如果你没办法把它的神经过敏（精力）消耗掉，那么当你希望它像活生生的豆豆布偶般和你躺在"懒骨头"上时，它却会像"墨西哥跳豆"般兴奋地跳个不停。你得让精力过剩的狗随时有得忙，否则它可会自己找事做，譬如把后院的土全翻了一遍，或把一只桌脚嚼成木屑，到头来搞得人仰马翻。如果你没给它足够的身心刺激的话，活泼好动的狗很会自己找乐子，比如把我们的鞋子咬烂。当一只活力四射的狗开始挖地洞，它不是存心刁难我们，它纯粹只是想打发时间或燃烧它的精力，就像我们会咬手指甲、踱步，或把指关节掰得嘎嘎响一样。遗憾的是，很多人没什么耐性，常把狗的这些举动视为难以控制的头痛问题，并以此为由把狗逐出家门。

除非你是运动员，想找只《神犬也疯狂》里那样的"神犬"；或是一名牛仔，想找只狗来帮你赶牛赶羊；又或者是驯犬师，想找只狗参加服从比赛，否则，挑选狩猎型或运动型的狗之前，我建议你三思而后行。与其选那些狗，你不如挑稍微文静一点、活动力在中低程度的狗。大丹犬和灵缇犬就是比较文静的两种大型犬。全国的宠物店里都可问到灵缇救援小组的信息。不过如果你想和不必拴皮带的狗共度闲暇时光，千万别选灵缇犬。很多灵缇犬锁定目标——譬如一只松鼠或猫——拔腿往前冲时，可是一去不回头的。

9. 紧绷的神经线（兴奋程度）

兴奋程度和好动程度稍有差别。容易兴奋的宠物在你没触动它的神经之前，可能很安静。一旦它看见什么新奇好玩的东西，你可得当心！这些狗会瞬间爆发出活力，开始狂吠，蹦蹦跳跳，转圈圈，东奔西跑，你根本没办法让它安静下来。容易兴奋的狗在接受训练时也很容易分心。个性沉稳的狗一般来说比较能够长时间地集中注意力，所以训练起来也比较容易。

10. 只想大玩特玩！（爱玩程度）

若想选一只爱玩的宠物，带着玩具测试它吧。爱玩的猫会向玩具猛扑过去，追着玩具跑，或用脚掌扑过去。你不妨拿一条细绳在你中意的小猫眼前晃动，或者把老鼠般大小的玩具抛到狗窝里，看看它们的反应如何。爱玩的狗会追逐玩具，捡起玩具放到嘴边咬，弓着身子玩玩具，挺着神气的耳朵，尾巴摇来摇去的。在小狗眼前拍球，或把玩具捏得嘎吱响，看看它有何反应。用快活的语调和它说话，击掌，弯下身来拍拍地板，看看这只小东西会不会开心地反扑。

来到陌生环境的狗或猫很可能因为生疏而有心理压力，展现不出好玩本性。耐心等等吧！这只动物也许就是你中意的那一只，只是在你们头一次约会时放不开而已。可能的话，找个安静的环境，多花点时间和它相处，等到它放松下来，你会看到它的真实本性，会知道怎么逗它它最开心。如果这只宠物执意要当个扫兴鬼，而你却很看重爱玩的特质，那么，天涯何处无芳草，下一只也许会更好。

11. 明星学员（训练）

狗要能长得健康强壮，有赖于饲主为他设立一套规律的生活作息和始终如一的家规。如果你想找一只爱因斯坦型的猎麋犬或学者型的狮子狗，能听从你各种复杂的指令行动，那么你要选择在注意力持久度、急于讨人欢心、智力这三项上得分高的狗。

聪明的狗可以被调教成"万事通"。当然，稍加训练便能事半功倍，但如果你养了条聪明的狗却没有施以适当的训练，那么在您府上当家做主的，可能是它。天生具有王者之风的狗，视服侍它用餐、清扫它的便所、替它打扮的我们为下臣，俨然以一家之主自居。天啊，主人们，速速扳回自尊吧！

要让狗安分守己，你得坚定地让它知道，你才是老大。如果狗感受到我们是可靠而仁厚的主人，并相信它只要遵循我们所立的规则，我们便会善待它，那么它就会听从我们的指挥。比方说，如果你要它懂规矩，喂食时可别随意把盛食物的碗摆到它眼前，你必须先要求它坐下，或发出其他指令，提醒它任何事都忽视不得。如果狗听令完成我们所要求的事，我们可用食物犒赏它的服从。在狗得到特权尝到甜头之前，譬如可以进到屋子里或走到户外、得到你的轻抚、有玩具可玩、增加娱乐时间等，我们必须先展现一家之主的风范，要求狗表现出忠诚和服从指挥的意愿。你必须让狗意识到，只有服从我们的命令它才能生存，这样它才会愿意受教。狗天生崇拜它们的领导者。

狗必须清楚地知道我们要求它做什么。有时候我们会不自知地给出混乱的指令，让狗无所适从。当我们抱怨狗不听话时，很可能是我们的训练方法有误，而它其实是一头雾水。参加有口碑的服从性训练课程，可以帮助我们顺利地和狗进行沟通，并建立狗所需要的上下从属关系。

狗的注意力持续度是它的学习天赋之一，这直接影响训练是否成功。要测试它是否有此天赋，可先把零嘴摆到它跟前，随后收手把零嘴移到你眼前，吸引它的注意力，并同时用快活高亢的嗓音说："看着我。"做出夸张的脸部表情，发出奇怪的声音，转动眼珠子，让它将注意力放在你的脸上。当狗看着你的眼睛时，你更得加把劲鼓舞它，用跟小孩子讲话的口气说："好狗狗！"观察它的注意力持续多久。可以的话，当它盯着你看时把那零嘴赏给它，然后拿出另一个零嘴，故技重施。记得多找几条狗比较看看。

12．"狗仔汉"（狗性）

给我一只"狗仔汉"！想要一只大胆、强壮、"狗仔味"十足的狗难道不行吗？我们总觉得，养一只雄壮威武的狗会让我们更受保护。然而，实情是，我们可能更危险。极度自信又强悍的狗到头来总会反咬主人一口，而不是保护主人。倘若你性子刚硬，想要狗每天在你的麾下听令行动，而且你也有能耐始终如一地执行家规，那么或许你可以镇得住一只有主见且强壮的狗。不过，假使你是个随性的人，喜欢溺爱宠物，那么我会建议你选一只顺从性较高的狗，这类狗天生就善于讨人欢心，也很听话受教，无须考验你的领导功力。

13．只有美发师才知道（斑纹特点）

金发尤物真的比较可爱吗？很多饲主、动物行为专家和兽医都认为，猫的毛色透露出猫的性情。

比方说，一般而言，虎斑猫以其社交手腕高明、热情如火闻名，同时也是打猎高手。深黑色的猫则脾气温和、聪明友善。反过来说，如果你家里已经养了一只花斑猫或玳瑁色的猫，我会建议你别再养另一只猫，因为当它的作息受干扰，或王国被入侵，女皇的地位不保，它可不会善罢甘休。问问你的兽医喜不喜欢替虎斑猫或花斑猫看诊就知道了。有些兽医认为三色猫喜怒无常而好斗。这说法只不过停留在表面，因为有很多具有血统证明的猫种有特定的毛色和纹路变化。譬如说我们应该问：索马里猫是不是比阿比西尼亚猫随和？暹罗猫是不是比缅甸猫饶舌？但我们还是就此打住吧！别加入那些真的很在乎特定品种的猫是否有其独一无二特质的人之间的唇枪舌剑。这些严肃的饲主谈起这个话题时争得脸红脖子粗的状况，足以睥睨大部分的政治辩论！

谎言满天飞，赤裸裸的谎言，还有统计数字。让我们瞧瞧这些统计数字。毛色雪白的猫和狗，尤其是还有一双蓝眼睛的，比较容易因老去而失去听力。最近由美国过敏、气喘与免疫学会年会发表的报告中指出，深色系的小猫引发病人中度或重度打喷嚏及哮喘的几率，是金色毛发的猫的两到四倍。

14. 我喵！我喵！我喵喵喵！（喵呜叫）

我认为猫咪心满意足地尽情喵呜叫，不会有叫得太过火的问题。若你的猫像重型货运卡车在无边无际的高速公路上狂奔般地喵呜叫，叫得愈厉害，你应该愈高兴，因为那喵呜声会温暖你的心，让你眉开眼笑。把你的耳朵靠在一只喵呜叫的猫胸前，你会感受到小宝宝倚在母亲胸口听她的心跳般的安心舒适。你如何测知猫会不会时常喵呜叫？当你抱起一只猫，它会不会在你的温柔拥抱之下发出持续的喵呜喵呜声？是不是隔了一个房间你还是听得到它在喵呜叫？当你把手放到它胸口时，你是不是感觉得到它的马达在运转？就经验而言，猫愈会喵呜叫，愈渴望赢得你的注意，愈会粘着你，以你的大腿为家。如果你想和猫成天厮守在一起，挑一只最会喵呜叫的吧。午睡时间就要到啦！

十三　众里寻"它"千百度

现在让我们认真地就实际情况来仔细选择你的最佳拍档。我们将利用特里普新宠物挑选测验法来挖掘你的奇想和渴望。如果你家中还有其他人，请家人也分别回答测验的问题，并一起对照彼此的答案。以低、中、高来衡量以下特质的重要性。让我们开始吧！

特里普测验——选狗篇

这是由特里普博士独创的一份评估测验，以帮助你寻找一只理想的狗。

体貌特征

（在每个空格里填写"L"：不重要；"M"：普通重要；"H"：近乎理想）

体型大小：

____ 小不点　____ 短小型　____ 身高及膝　____ 身高及腰　____ 愈大愈好

皮毛：

____ 短而柔顺　____ 短而蓬松　____ 长且伴有饰毛　____ 硬毛　____ 卷毛

____ 双层毛发

斑纹特点:

____ 均匀的单色   ____ 有纹路／有斑点 ____ 多重颜色

理容:

____ 不会掉毛   ____ 掉毛程度一般   ____ 常掉毛   ____ 需要经常梳

理 ____ 需要经常修剪毛发

年龄:

____ 小于 6 个月的幼犬   ____ 6 个月至 1 岁大的幼犬   ____ 2 岁至 6 岁

的成犬 ____ 大于 6 岁的成犬

性别:

____ 未阉割的公犬   ____ 阉割过的公犬   ____ 未切除卵巢的母犬

____ 切除卵巢的母犬

性情特征

(在每个空格里填写"L": 不重要;"M": 普通重要;"H": 近乎理想)

对人的亲和度:

____ 独立   ____ 善于和人相处   ____ 交际花   ____ 黏人的家伙

对其他宠物的亲和度:

____ 恋人   ____ 好朋友   ____ 不爱交际   ____ 有敌意

发声／捍卫领地时的叫声:

____ 很少叫   ____ 会叫,但很快停止   ____ 适度吠叫   ____ 大声狂吠

运动量:

____ 超级运动员   ____ 周末战士   ____ 在公园里闲逛   ____ 只在院子里

转悠   ____ 极为懒惰

脾气:

____性急 ____难以捉摸 ____脾气火暴 ____渐渐发怒 ____十分温顺安静

爱玩程度：

____玩具热衷者 ____只在周末玩 ____工作在先，享乐在后 ____让人扫兴

培训：

____表演犬 ____工作犬 ____看门狗 ____解忧犬 ____野狗

个性：

____顽固 ____独立 ____有团队精神 ____顺从

特里普测验——选猫篇

这是由特里普博士独创的一份评估测验，以帮助你寻找一个理想的猫伙伴。

体貌特征

（在每个空格里填写"L"：不重要；"M"：普通重要："H"：近乎理想）

体型大小：

____娇小 ____普通 ____高大

皮毛：

____短毛 ____蓬松 ____长毛

斑纹特点：

____均匀的单色 ____有斑纹 ____双色 ____三色

理容：

____自行打理 ____需要适度的梳理 ____需要定期专业美容

年龄：

____小猫　____成年猫　____老猫

性别：

____未阉割的公猫　____阉割的公猫　____未切除卵巢的母猫　____切除卵巢的母猫

性情特征

（在每个空格里填写"L"：不重要；"M"：普通重要；"H"：近乎理想）

对人的亲和度：

____玩躲猫猫　____独立　____打招呼　____黏在腿上

对其他宠物的亲和度：

____冷淡　____有敌意　____友善

发声/喵喵叫：

____无声　____打招呼　____叫个不停

发声/呜呜叫：

____小调　____大调　____沉默是金

爱玩程度：

____旋转木马转不停　____展现抓鼠本分　____没事就打盹儿

对事物的反应：

____坚决不露面　____稍有好奇心　____等等我！

我为莉莉选了一个完美伙伴

我当上兽医不久就结识了莉莉，她是我最喜欢的客户之一。她挚爱的宠物过世好几年之后，她才动起养另一只宠物的念头。

看到莉莉这种长情，我热情地建议她养一只和我的儿时玩伴卢克一样的黑色拉布拉多犬。

遗憾的是，我之所以出这个主意，仅仅因为我对拉布拉多犬情有独钟，而没考虑到拉布拉多犬的个性是否符合莉莉的需求、能力以及生活方式。

如果我当初花点时间多了解一下，我就会知道莉莉有严重的关节炎，所以诸如梳理毛发这类的简单动作对她来说也变得很困难。我也会知道莉莉容易晕眩，所以时常跌倒，而且她会对宠物的毛屑过敏。另外，她那一尘不染的家摆满了古董家具。

你可以想象，当我知道莉莉领养了一只拉布拉多幼犬，并且为它取名叫黑皮（因为它的毛色黑得像木炭）时，我有多得意。兽医们老爱说，拉布拉多犬"乱咬到两岁，掉毛掉到死"，这句话可不全是玩笑话。果然，本性难移，黑皮常常随"口"就着莉莉那些天价的家具脚磨牙，它自由自在地在屋子里晃荡时掉落的毛发满天飞，使得莉莉不停地打喷嚏和喘气，用掉了好几打的过敏吸入剂。黑皮 6 个月时，已经重达 40 磅，走起路来身上的肉还会跟着晃动。当莉莉在傍晚时分为了要带它外出散步，必须举步维艰地在古董之间移动她疼痛的大腿时，迫不及待的黑皮会使劲扯着皮带，仿佛那皮带像太妃糖般软。黑皮不但没像莉莉原先所想的那样当个凶狠的守卫，反倒开开心心地摇晃着尾巴迎接每个按门铃的陌生人。

由于黑皮带来的问题莉莉实在处理不了，她不得不把它送给其他更适合的主人去养。我从莉莉所付出的代价中得到了深刻的教训。于是，在深入了解莉莉的需要和生活方式之后，我给了她第二个建议，而这一次，我们觅得了莉莉的终身伙伴。莉莉和德文卷毛猫克莱若新谱的恋曲迅速抚平了她和黑皮分手的心痛。克莱若是我们在兽医院发现的一只流浪猫，喜欢在莉莉看电视剧或晚间阅读时，蜷缩在莉莉身边。原来，莉莉不需要一只守卫犬来保护她，而是需要一只安静贴心的猫帮她抵御更大的威胁：寂寞。

要是我让莉莉先做特里普测验，她就不会因为我的偏爱而受到伤害了。听过"爱情是盲目的"这句话吧，这也是我们和宠物之间关系的写照。由于对某只宠物的美好记忆而偏爱某个品种的狗或猫，乃人之常情。大家都知道，热情而有责任感的饲主大力宣扬他们养的宠物品种有多么好，其实都是很主观的。听信他们热情的推荐，可能会带来快乐，也可能会带来烦恼。然而，大多数的美国人都用乐观的态度来看待他们最爱的品种。谈到哪个品种的狗最好时，大家都基于个人经验提出非常肯定的意见。当你想找一只和你的生活最配的狗时，千万别把家人和邻居的意见和事实相混淆，务必寻求可靠的资源，譬如上美国养狗俱乐部的官方网站找资料，或向兽医询问，了解不同种类的狗的体型、性情及照顾需求等相关问题。如果你想知道哪个品种的狗最可能因为咬人的巨额赔偿令你的保险费提高，你可以请你的保险公司提供这方面的统计资料。

除了本书最后一部分提供的相关资讯外，我强烈建议你带着你的特里普测验结果与信得过的当地兽医讨论，以便理出个头绪来。

很多人以为，当今的宠物医院只提供一般的医疗和手术服务。当我在 1980 年从兽医学院毕业时，在兽医室的"里氏震级"上，挑选宠物和宠物社会化及行为训练方面都算不上亮点。我们当时以为，关心这些问题显得有点不务正业。宠物把家里弄乱等破坏性的行为，还是由驯犬师去操心吧，轮不到兽医来伤脑筋。但现在的情况已大不相同。

如今，兽医学院或研讨会里的动物训练课程往往场场爆满，挤得水泄不通，而且很多兽医学院里自由取阅的传单架上，满是各种行为训练的资料。兽医不但会对养哪种宠物提供建议，而且会介绍你认识声誉良好的育种机构、动物收容所及驯犬师。

你的兽医可能还会把你介绍给动物行为专家。这是一门新兴的专业，能够提供进阶的训练和网络资源，帮助你选择最理想的宠物，并预测你和你的宠物之间是否会有彼此适应不良的问题。动物行为专家受过专门的训练，能够协助你及时矫正宠物的坏习性，免得这类不良习性持续发展，危害你和它的亲密关系。

当你把选择的范围缩小到某几类特定品种之后，就可以预估宠物从出生到老死的一切花费，搜集不同品种的宠物的典型行为和医疗问题的信息。你在许下照顾它一辈子的承诺之前，有机会先睁大眼睛看清楚。

在收容所挑选宠物——选狗篇

其实你家附近的动物收容中心里，就有很多性情温和、潜力无穷的狗任你挑选。特里普博士公开了他挑选宠物的心得，帮助你走在收容所里看着一笼又一笼的"揪心"景象时，稳住心情来挑选和你的生活方式相符的狗。理想的狗通常具有几项共通的特质，包括沉稳、对人及宠物表现出友善和由持久注意力显示出的基本智力。下列几点有助于你辨识这些美好特质。

1. 走到每一排的狗舍前观察。留心你的第一印象，看看自己是否有瞬间被"震到"的感觉。经过这些狗笼时，观察这些狗有什么举动。锁定那些想要靠近你，注视着你，眼神和身体姿势流露出善意的狗。剔除掉那些在笼子里狂热地蹦蹦跳跳或显露出敌意的狗。

2. 靠近吸引你的那只狗，尽量保持镇定。放轻松站着，把身体重心移到一只脚上。目光望向那只狗，但避免和它四目相对。就理想上来说，你要找的，是会靠近你，好奇地仰望你，然后坐下来表现出驯服样子的狗。稍微发出声响还可以接受，但不能号叫或咆哮得过火。另外，它还要透露出聪慧且渴望讨好你的温和眼神。尽管依照这些标准来挑，可能没有一只狗能够入选，但这些特质是你挑选理想的狗时很好的切入点。

3. 挑选至少4个月大的狗，以降低它罹患致命疾病的风险，因为致命疾病极可能在意图虽好但动物过多的收容所中蔓延。

4. 如果你心目中有好几个选择对象，你可以测试这些狗的"反应力"。站在笼外，突然把双手举过头顶，并倾身稍稍扑向狗，如果它恶狠狠地向你反击，那么它就不是个性情稳定随和的家伙，很难搞定。如果它有点害怕地走开，你可得马上停止吓唬它的举动，进行下一个测验。

5. 接下来，你要尽量表现出"我刚刚只是开玩笑的啦，我其实很想跟你做朋友"的善意举动。蹲下身来，以愉快的口吻跟它说话，用手拍拍地板或你的大腿，鼓励它靠近你。如果这狗对你刚才吓唬它的举动心存芥蒂，那么也许它太胆小了，不会是个好伙伴。如果它已经释怀，而且开心地靠近你，那么它便保有候选资格。

6. 如果收容所的工作人员许可，你可以带着候选狗外出，一次带一只。一旦狗离开狗笼，心情安定下来，你马上可以看出，这只狗是仍对你有兴趣，还是对你不理不睬，径自往四周找乐子去了。

7. 评估狗离开狗笼后的活动力如何，并与它在狗笼内表现的活动力相比较。它刚被放出狗笼时会拉扯皮带或兴奋地活蹦乱跳，这是正常现象，但如果它好动的情形持续不减，它可能比你所想象的还要难应付，也许你根本无法搞定它。挑选大半时间都很安静，但会适时表现出兴奋的狗。

8. 当狗安静下来时，起码花两分钟的时间探视它的性情如何。挑选整体而言脾气温和而讨人欢心的狗，避免畏畏缩缩或态度强势的狗。

9. 拍拍它的头并沿着它的背部轻抚。看看它是喜欢你抚摸它而且索求更多的抚触，还是不搭理你并试图脱身。如果它渴望你抚摸它，那么逆着它的毛发抚摸它，看它是生气还是心平气和地顺着你。

10. 可用皮带牵着它到其他的狗笼前散步。观察它对其他狗的反应如何，是有攻击性，还是胆怯畏缩；是喜欢嬉闹，还是漠不关心。一般说来，最好是选"对狗友善"的狗，因为狗的一大乐趣，便是与你一同和其他的狗晃悠和嬉戏。

在收容所挑选宠物——选猫篇

如果你想找一只猫伙伴，特里普博士的七步指导如下：

1. 走过可选择的每一只猫面前，单纯地看着它们，留意它们给你的第一印象，看看有没有"一见倾心"的感觉。凭第一眼的感觉决定你想测试哪几只猫。

2. 特别留意猫毛发的长度、纹路和质地。猫的毛发愈长，你愈需要花工夫去梳理打点。很多兽医认为，虎斑猫（无论任何颜色）比较深情，也是出色的捕鼠专家，因此更爱玩；反过来说，花斑猫就没那么灵活。大体上说来，可以依照个人的偏好挑选喜爱的毛色和斑纹。

3. 站在候选猫所居住的笼外，看看它是否察觉到你的存在。避开胆怯畏缩的猫。很多猫在刚看到你的时候都会嘶嘶叫，但几秒钟之后发现你无意伤害它们，它们便会安定下来。挑选会走上前靠近你，渴望你的注意和关怀的猫。

4. 接下来，搬出"媚眼功"，看看猫的反应如何。你站在笼子外，全身放松，眼睛半闭半阖，就像猫非常慵懒时的眼睛一样。轻柔地呢喃低语，比如轻声地"喵呜喵呜喵呜"一番，小心别发出"S"的声音，因为嘶嘶声对它们来说是一种威胁挑衅。如果这只猫开始靠到笼子上摩擦身子，或伸出脚掌想摸你，就把它列入备选名单。

5. 带一截细绳之类能挑起猫咪玩兴的玩具前往，爱玩的猫很有趣，也比较容易在室内借由玩玩具来运动。但请谨记，活跃的猫咪也比较会爬上窗帘、书架，抓刮家具，打破昂贵的物品。

6. 征求收容所工作人员的同意，把进入决赛名单的猫带出笼子，来到安全而封闭的空间，一次一只。试着把猫抱起来，看看它是愿意和人类相处还是企图挣扎脱身。

7. 如果你可以轻易地把它抱在怀里，看看它有没有喵喵叫。是不是很快开始喵喵叫？叫多大声？叫多久？它是不是因为你注意到它而满怀感激，对你百依百顺？倘若是的话，恭喜你，你正抱着一只梦寐以求的猫。一般说来，愈会喵喵叫的猫，个性愈讨人喜欢。

结论

哈哈！终于结束了！你会发现，经过这些"相亲"大考验之后，挑选一只狗或猫可不只是第一眼相中，和隔壁邻居隔着围墙交换一下意见，或是单凭冲动就行。这些测验不是要来替你打分数，而是为你及你未来的宠物伙伴服务的，好让你和它从彼此的互动中缔结良缘。

十四　开一张完美宠物处方

开一张能增进生活情趣、符合你独特需求的宠物处方可不容易。事实上，这张处方需要用耐心、充分的调查、团队合作才能调配出来。以充分的信息做靠山，你更容易获得理想的伙伴关系，使人和宠物都能满足彼此的需求。在本章里，我想以达琳和影子之间的美好故事作为范例，阐述经由仔细收集信息和专业协助，人的渴望和需求如何与宠物搭配得天衣无缝。随后我们来看一些常见的医疗问题，并听权威的医学专家说明宠物如何帮助他们的病人过得健康快乐。

影子：达琳的哨兵、救星、灵魂伴侣

达琳把她的生命分为两个阶段：遇见影子之前和拥有影子之后。

1991 年，达琳的健康开始恶化。当时尚未发现的糖尿病造成她动脉变窄，并因此出现阻塞。1997 年，她差点因为血管修复手术失败所引起的动脉破裂而丧命。她于 1998 年 1 月中风，声带因此受损，造成说话困难。病况稳定之后，她和丈夫琼恩一起前往华盛顿州的亚基马和家人团圆，遇见了琼恩祖母养的一只名叫梅吉的迷你雪纳瑞犬。达琳发现，只要梅吉靠近她，她就觉得心

情平静许多，讲话也比较自在。

返家之后，达琳向她的神经科医生大卫·格里利讲述当梅吉靠近她时可以带给她平静感。格里利医生告诉她，他的确读过宠物能够帮助人舒解压力的一些研究。于是，格里利医生为她开了一张养狗的处方。

达琳询问过格里利医生之后，开始从图书馆及网络上收集大量资料，了解狗的性情、养狗的照护费用、狗脱毛的情况、容不容易受管教等问题，最后他们决定，迷你雪纳瑞犬就是最适合的狗。他们在一位兽医的帮助下，认识了名声响亮的育种专家朱迪·齐默尔曼，朱迪协助达琳从一窝小狗中挑了一只仅有 5 天大的小不点。朱迪连续好几个礼拜安排达琳来探望她的小伙伴，直到达琳生日那天，琼恩带着达琳一起去把刚断奶的小家伙接回家，达琳马上就给它取了个名字：影子。这只小狗很快便展现出它的才华，只在屋内受训三天，便轻易地学会了听口令完成坐下、留在原地别动、握手、翻滚、坐着举起前脚（做乞求状）与鞠躬的动作。

不过，影子直到 6 个月大才显露出真正的天分。那是圣诞节前两天，达琳感到很疲累，便在沙发上休息。但影子却用脚掌不停地摸达琳的手臂，一面哀号，一面望向沙发扶手旁的血糖检测仪。最后，达琳量了血糖值，发现她的血糖降至危险的程度。

这可不是偶然事件。一个月后，影子开始黏着达琳，不停地舔她的脸，一步也不离开，直到达琳注意到它。它接着把注意力转移到血糖检测仪上，达琳又量了一次血糖值，确认影子奇怪的坚持不是偶然。影子提醒达琳，她的血糖值正急剧下降，避免了她因为血糖过低而昏厥。

达琳一家和专业的驯犬师合力把影子训练成"医疗警示犬"。而今，每当达琳和影子出门，影子总自豪地穿上荧光橘色的协助犬背心，达琳随身携带格里利医生的宠物处方证明。

格里利医生这位爱狗人士体会到，宠物确实是一剂特效药。"就达琳这样曾严重中风的病人来说，超过两年的时间不需要找我复诊，足以证明影子在她的康复和维持生活品质方面有神奇疗效。"格里利医生说。见证了影子的疗愈力之后，格里利医生开始对患有癫痫和忧郁症的病人开具宠物处方，并建议患有慢性疼痛和行动不便的病人养猫。

领养影子之前，达琳因糖尿病的缘故每年进急诊室三四回；领养影子之后，她没再因为血糖太低而被紧急送往急诊室。达琳的内分泌科医生卡罗·威莎姆起初对狗所能提供的帮助相当怀疑，如今，她相当赞赏影子陪伴达琳时所发挥的正面功效。

尽管达琳每天依然要服用十种处方药，但她还是称影子为她的"灵丹"和"福气"。"影子是医生开的一剂最棒的药，"达琳说，"如果我们把影子比喻成一颗药丸，服用了之后我的人生全面改观，身体、精神与社交上都大幅改善。有这样的神奇疗效，称它是一颗万灵丹一点也不为过。"

宠物对于慢性疾病的疗效

达琳挑选宠物的准备工作是一个典范。她衡量了自己的病况以及身体和经济的限制，综合了兽医、医生、育种专家和驯犬师的意见，选了一只符合她的需求和生活方式的宠物。影子也为她的生活注入了安全感与爱。像这种经过深思熟虑才确定结合的事件每天都在发生。以下是宠物完美配合主人医疗的几个范例。

过敏和哮喘：哈……选得好

一般民众当中有大约 15% 的人对狗或猫过敏。患有哮喘的人当中对毛茸茸的动物过敏的占了三成左右。初步的研究显示，从小和猫或狗一起生活的婴儿，长大后患有过敏或哮喘的比例较低，这项结果大概会让一般父母和医生跌破眼镜。"传统意义上，大多数的人都认为，过度暴露在这些过敏原之下更容易引起过敏。"美国国立环境卫生科学研究院的达利尔·泽尔丁医生说，"但我认为这些结论正被重新审视。"

新的证据显示，婴儿愈早和宠物接触，身体愈能对过敏和哮喘形成抵抗力，保护孩子不对过敏原起反应，而不是等到真正引发过敏后再被重视。

"小孩子多和动物接触是件好事。"底特律的亨利·福特健康中心流行病科资深研究员克里斯汀·约翰逊博士说。她于 2001 年在美国胸腔协会研讨会上发表了一篇研究论文，针对 833 名儿童长达七年的追踪发现，和两只或两只以上的猫或狗生活的一岁儿童，长到 7 岁大时对其他过敏原较少起反应，而且年幼时和猫狗相处甚至能改善其中一些男孩的肺功能。

弗吉尼亚大学的哮喘及过敏性疾病专家托马斯·佩雷兹－迈尔斯医生经营了一家"猫屋"。他最近在《柳叶刀》医学杂志上发表的一篇研究论文指出，家中的动物（在他此次的研究里指的是猫）可以降低罹患哮喘的风险，因为动物能促使人体产生某种特殊的有益细胞，这些细胞能提高身体对过敏原的耐受性。瑞士的一组研究团队也得出同样的结论。不过，佩雷兹－迈尔斯告诫说，猫不是唯一的过敏原。"我们不能确定养猫是否能降低你对尘沙过敏的风险。很多小孩不会对猫过敏，但会对花粉过敏。"所以宠物未必是万能盾牌，无法抵挡所有会引起过敏或哮喘的因子。

研究者指出，新的发现支持医生所谓的"卫生假说"。这个理论认为，过去三十年来患有哮喘和过敏症愈来愈普遍的原因，和家庭愈来愈小、个人卫生标准愈来愈高有关。由于环境缺乏污染，所以人一接触过敏原或会引发哮喘的物质，免疫系统便过度反应。其他的研究也显示，住在农场、住宅周围有动物栖息或家中有猫狗，皆可防止气喘的发生。"我们不能贸然下定论，"琳达·福特医生说，"此时下结论依然言之过早。"

对很多会过敏的人来说，狗和猫是"尚可忍受"的朋友，但它们对患有哮喘的人而言，很可能会带来致命的威胁。

约翰是只可爱的小宠物，喜欢被人抱着轻抚。来找福特医生看病的人都认识它，它就住在福特医生的候诊室里。约翰是只青蛙，没有毛发也没有羽毛，因为福特医生所有的病人不是患了过敏就是有哮喘问题。

"我们希望让病人知道他们有另外的选择，"美国肺协会前任主席福特博士说，"不是非养狗养猫不可。"这家"无毛"的诊所里养了很多爬行动物，譬如鬣蜥、蛇、蜥蜴、蝾螈以及青蛙等两栖动物。乌龟、热带鱼和寄居蟹也非常适合当宠物。

切记："猫远比狗更容易引发气喘和过敏。"福特医生说。而且，公猫比母猫更容易掉毛。

位于纽约市布鲁克林区的长岛学院附属医院的研究人员指出，深色毛发的猫引发人中度至重度过敏反应的几率，是浅色毛猫的两到四倍。他们在美国过敏、哮喘及免疫学会的年会上公布了这项研究结果。福特医生认为，没有所谓的不掉毛屑、低过敏性的宠物。这个见解和一般人的想法大相径庭。她说，每只狗和猫都会产生毛屑，只是每个人对不同品种的反应不同。碰上患者坚持要养毛茸茸的宠物时，福特医生会建议他们养体型小的短毛狗，因为狗的身体面积小，夹带肤屑掉落的毛发就少。再说，愈小巧的动物愈容易清洗和打理，而且她建议每个礼拜打理一次。

老化：人生的智慧愈增长，身体的反应愈缓慢

有家医院的长期住院病房养了一条大型犬，不料这只狗后来竟和院内一名患有阿兹海默症的老绅士形影不离。这位老绅士比大多数的病人都更能和狗互动，他会带着狗到户外玩球，并赏它零嘴吃。

当这位老先生的健康状况开始走下坡路，心灵遁入失智痴呆这深不可测的世界时，他开始出现暴躁的举动。一天，老先生执着地猛敲那扇通往户外的上锁的大门。他愈敲愈沮丧，工作人员试图转移他的注意力，但他不理睬。只有那只狗晓得该怎么做。它出于直觉，安静地走到他身边，咬住他的袖口，温和地领着他走回房间内。

狗和某些人不一样，它会无条件地接纳人的缺陷。"狗不在乎你的长相如何，也不介意你是否忘了怎么绑鞋带。"阿肯色大学医疗科学中心老人学研究员凯西·理查兹博士说，"宠物能够给予老人所需要的社会互动。"

凯西讲到一只以阿兹海默症病房为家、名叫贵妇的拉布拉多混种母狗。在阿兹海默症病房养狗是院方许可的做法，并且愈来愈普遍。贵妇是"居家治疗师"，特别喜欢某些场合。院内工作人员会定期带来各式各样愿意让人轻抚的宠物，譬如山羊、小羊

羔和成年的绵羊。这座活生生的动物园使得无法和外界接触的病人恢复了生气，某些无法用言语沟涌的病人也出人意料地开始和动物互动。

切记：温顺的狗或猫（品种、体型大小不限）都是看护者可用来提升老弱妇孺生活品质的工具。不过，有利齿的小狗不适合用来陪伴老年人，因为它的牙齿很容易划破老年人自然而然变得愈来愈薄的皮肤。观赏金鱼亦不失为一种有意义的静态活动。养老院里也经常养鸟。"欣赏小鸟在巨大的笼子里飞翔，边休息边喂这些鸟，比呆坐在电视机前好多了。"凯西·理查兹这么说。

关节炎：硕大不是美

关节炎有很多种形式。事实上，美国关节炎基金会列出了上百种不同的关节炎症状，从单纯的手肘疼痛或是黏液囊炎，到造成行动严重不便的风湿性关节炎、退化性关节炎、纤维肌痛症、骨质疏松症等，不一而足。

对患有关节炎的人来说，挑选宠物时，体型大小非常重要。比方说，对某些患有关节炎的人而言，带着一只体型大的狗散步可能是相当愉快的运动，不过，一旦这只狗瞥见松鼠，瞬间拔腿往前冲时，情况可不妙。由皮带传至人手中的那股猛然拉扯的力道，甚至可以让关节炎立即发作，圣安东尼奥市关节炎诊断和治疗中心主任乔尔·洛斯坦医生这样说。

由于骨质疏松而骨骼脆弱的人，必须时时当心脚底下的一切，对小张地毯和猫也不能掉以轻心。洛斯坦医生建议，患有骨质疏松症的人必须在心灵的抚慰和陪伴与被宠物绊倒所造成的伤害之间，好好衡量得失轻重。

切记：要养就养小型犬。洛斯坦医生生活中的诸多乐趣，来自一只约克夏犬贝贝。贝贝是患有关节炎的人的最佳宠物。它的体重只有 5 磅，而据洛斯坦医生所言，5 磅是患有关节炎的人能够轻松举起的上限。

另一个好处是运动。当你牵着皮带另一端的小型动物——通常是小型犬——散步时，你那敏感的肩膀、手臂以及手不太需要用力。它们不会让你上气不接下气地走在街上。它们喜欢只走一小段路，这对患有关节炎的人来说是再好不过了。洛斯坦医生提倡患有关节炎的人用大量的搓揉抚摸来犒赏宠物，以便保持手部的灵活。

"狗或猫通常很乐意你成天搓揉它们的肚子。你以为你让它们很舒服，但事实上你也因为手的动作而感到更舒服，那毛茸茸的触感很能让人放松。"洛斯坦医生说。他认为这个过程是一种自我催眠。

宠物百忧解：一步步成就疗愈

海伦·克里和她的爱犬希拉里——一只澳大利亚牧羊犬和哈士奇的混种狗，都患了骨关节炎，也就是一般说的退化性关节炎。希拉里重达 80 磅，就它结实的体格来说是过重了些，需要减肥，它的兽医建议将它散步的时间和距离拉长。海伦也承认自己需要甩掉几磅肉，但是，为何不运动呢？

"太无聊，"海伦说，"我体重超标好几年了，而且我打从 10 岁起就有关节炎。我一直没听从医生的嘱咐好好照顾自己。我常吃一些不健康的食物，不运动，所以也甩不掉过多的肥肉。"

海伦没料到，兽医为希拉里所开的处方，对她的健康也有好处。海伦和希拉里开始每天两次绕着她们在弗吉尼亚州的公寓社区散步，成功地甩掉了多余的体重。

"每当想到我可能会伤害自己的狗，我就会检视自己，反省我的生活方式。"海伦这样说。

注意力不足过动症的孩子有福了

小孩子和宠物就像面包和黄油一样分不开，所以彼此必须搭配得宜。没有人愿意看到过于好斗的孩子和吉娃娃玩过肩摔，或是黑色的拉布拉多犬把脑瘫孩子撞倒。为有情绪、行为或健康方面问题的小孩挑选宠物时，需要相当谨慎才行。

大型犬是首选：对于好动儿来说，包括患有注意力不足过动症的小孩在内，养一只狗，尤其是大型犬，好处多多。

"过动儿的动作比较粗野。"在南加利福尼亚州执业的儿童心理学家邦妮·托拜厄斯博士说，"一只受过训练的大型犬更能容忍激烈的玩耍，特别是能够承受男孩用身体撞击它的力道。"

她鼓励小孩子蜷伏在大型犬身边，这种紧挨着的触感能让双方感到安定，就好像回到婴儿时代听母亲的心跳而感到放松一样。抱着一只温和的大狗，享受它无条件的接纳与爱，能够修补破碎的心，安抚受困的灵魂。

然而，你若正考虑送给小孩一只毛茸茸的宠物，托拜厄斯博士建议，首先要确定它不会引起孩子过敏。过敏的症状有时候看起来很像是过动行为。过敏会让小孩子容易闹脾气、躁动、不容易集中注意力，过动症也有这些症状。

如果小孩子有伤害宠物的前科，暂且别在家里养宠物（或赶快为家中的宠物安排临时住所），直到你找出孩子闹脾气的原因并想到解决办法。尽快安排相关咨询，任由孩子和宠物处在有伤害性的关系中相当不明智。

我来当你的靠山：经历父母离异或双亲死亡的孩子，承受了极大的精神压力，很可能会闹脾气，需要人听他倾诉。邦妮·托拜厄斯建议，当孩子的世界天崩地裂，毛茸茸的贴心宠物伙伴能够安抚孩子，给予心灵的慰藉。当孩子承受不了过重的精神负担时，会做出推挤、踹打、咬捏等过度反应的动作，他们对自己出手的力道有多大浑然不觉，抱着宠物时很可能把它掐得喘不过气来。她说，如果孩子养的是仓鼠、天竺鼠或小鸟的话，它们在这种情况下显然活不久。

神经系统方面有轻微问题的小孩，很容易对动物有过度反应。比方说，急奔的狗就会吓坏他们。为这些孩子挑选宠物时，你得着眼于动物的性情，而不是考量它的年纪。就这种情况来说，活泼好动的小狗会让这些孩子招架不住。倘若你想从动物收容所里挑选，邦妮建议，选一只个性安静、好控制的狗。可以邀请驯犬师陪你一同前往，帮助你做出最好的选择。

身体虚弱的小孩没有体力跟活蹦乱跳的宠物在地板上玩耍，这时候，猫就是一剂良药。长期卧病在床或必须坐轮椅的小孩，从抛毛线让小猫追逐的简单活动中，便能得到莫大的乐趣。选得好的话，一只蜷缩在腿上的猫会让孤单的孩子得到抚慰。毕竟，猫想赖着你可是很神奇的呢！睡不安稳的小孩也许可以在猫咪温暖的律动催眠下多打几次短暂的盹儿。行动不便的孩子还能教小鸟说话，或纯粹享受小鸟回馈给他们的热情。

不管你想挑什么样的宠物给哪一类的孩子，邦妮建议你聘请专业的训练师来帮助孩子和宠物培养关系。"让孩子和宠物一起上训练课程，"她说，"会让孩子更有动力向训练师请教，尽管父母也会告诉他们同样的内容。"

癌症："我会活得比宠物久吗？"

爱德华·克里埃根医生在美国著名的梅奥医学中心看诊近三十年来，医治了五万多名病人。"宠物能为病人剩余的生命添上丰富的色彩，这一点毋庸置疑。"克里埃根医生说，"饱受病痛折磨的癌症患者从宠物身上找到了活下去的意义与目标。乐观的人总比悲观的人活得更久。"

当你的免疫系统因为癌细胞和化疗而功能下降时，只要你保持平和愉快的心情，依然可以激活体内天生能杀死癌细胞的细胞，而心情平和愉快正是宠物送给我们的礼物。有一只毛茸茸的伙伴陪在你身边，其临床效果犹如广大的社会支持网络的一环，是一种信仰上的大跃进。就像克里埃根医生说的："心诚则灵。"

最佳良伴：对于正在接受艰难治疗的成人癌症患者，一只处于盛年的沉静的狗，要比一只刚出生没多久、可以把钢铁嚼烂的拉布拉多犬理想多了。而养一只需要大量散步时间和希望人时刻关注的小狗，对癌症患者和狗本身都没有好处。

癌症患者得先把自己照顾好，不该为狗是否有足够的活动量烦恼。对于正在逐渐恢复体力的病人来说，一只理想的动物，是无须多费心神照顾的，譬如一只喜欢赖在人家大腿上的懒猫。当然，也得考虑到，当主人住院治疗或需要外出一整天做化疗时，猫的安置问题。

忧郁：比变魔术还神！

奥布里·范恩是个职业魔术师，但对于同时也是幼儿心理学家的他来说，帮助患有忧郁症的成人和儿童，与从帽子里变出兔子这样的戏法相比，可要费事多了。不过，奥布里的确把一只名叫胡迪尼[①]的兔子用到实务工作中，他的其他帮手还包括三只狗、三只美冠鹦鹉、几只蜥蜴、一只鬃狮蜥以及好几条鱼。

家养的宠物，也是患有忧郁症的人所需要的社会支持的一环。奥布里说："忧郁的人会变得孤单、与人疏离，也可能刻意变得孤僻，但动物能够把他拉回人群里。"

忧郁症是最常见的精神疾病之一。专家认为，真正临床上所谓的忧郁症，起因于脑内化学物质的不平衡，尤其是血清素的分泌失调。对于脆弱的人来说，忧郁会导致无助绝望，这比起考试考砸了或约会被放鸽子而心情不好要严重多了。遗憾的是，很多患有忧郁症的人并没寻求治疗，他们很可能心情低落了好长一段时间，对人生感到无望，或者羞于承认自己需要接受心理咨询。

奥布里利用人与动物的情感冲击来帮助患者挥别忧郁。他记得，有位少女因为极度忧郁并有自杀倾向而住院，这女孩对动物非常感兴趣，于是奥布里建议她到动物收容所当义工。她确实接受了他的提议，担任起遛狗的工作，并领养了几只小猫，精神上也渐渐地康复了。

尤其在冬天，对忧郁的人来说这是最难熬的季节，一只需要到户外运动的狗能够帮助人把忧郁赶出门。对于偏爱室内动物的人，长尾鹦鹉或小冠鹦鹉都是不错的选择。

---

① 胡迪尼，Houdini，美国已故魔术巨匠，被誉为"现代魔术大师"。

糖尿病：天灵灵，地灵灵，我的鼻子最灵！

你可以说那是第六感，不过不管你如何称呼它，能够知道你的血糖正往下降的狗，确实不可思议，对有些糖尿病患者来说，这堪称救命奇迹。对罹患第一型糖尿病的病情更为严重的病人而言，血糖过低（医学上称为低血糖症）的情况和昏厥或猝死之间，可能只有一步之遥。

一如先前讨论过的，狗所察觉到的线索，可能是主人在低血糖的情况下更容易出汗或产生肌肉抽搐。也许狗察觉到主人的行为模式改变了，而这是人在血糖过低时常有的反应。

心脏病：降血压药，天然产品好

人类的心脏是灵敏的测压计，可以测出周遭压力的变化。而血压则是约翰·霍普金斯大学教授，同时也是巴尔的摩生活保健中心主任詹姆斯·林奇博士所谓的"随着我们讲话忽上忽下的跷跷板"。他发现，当我们与人交谈时，血压会上升；当我们和动物相处时，血压会下降。当我们和动物相处时，我们的身体会进入超级放松的状态，这状态本身是"天然"的降血压药。林奇博士是最早提出"抚摸动物会降低血压"这个观点的研究者之一。

尽管制药公司大力鼓吹心脏病药物的神奇效果，但詹姆斯不为所动，依旧在课堂上宣扬宠物治疗。他希望孩子尽量和真实世界里的生物接触、沟通、做伴。心脏病始于我们年轻时。想象一下，尽早为孩子注射宠物治疗这管强心剂，效果将会有多大。

林奇博士在他的一项研究中发现，正在阅读的小孩，一看见宠物出现在房内，血压立刻下降。宠物只要待在房内就好，小孩甚至不需要和宠物有所接触，血压便自然下降。

切记：科学研究反复向你证明，如果家里有宠物，你心脏病发作之后活过一年的几率很大。若患的是心血管疾病，最好还是养狗。养狗需要规律而温和的运动，这正是健康的心脏所不可或缺的保养之道。狗和猫都有助于减压，但总的来说，心血管疾病的最佳康复工具还是狗。

预防中风也有效

"医学倾向以高科技、高效能的方式来治疗中风，譬如大型手术和药物。"梅奥医学中心心脑血管疾病部门主任及脑神经学教授戴维·韦伯斯医生说，"那样做很好，但以生活方式为着眼点的温和的预防方法，包括宠物的运用，应受到同样的重视。"

中风是美国人死亡的第三大主因，也是造成美国人行动不便的主因。倘若你突然中风，迅速就医，且交由中风急救小组治疗，那也许可以改善结果。如果是梗塞型的中风，在黄金救援时间内服用某些清除血栓的药，的确可以救回一条命。但最好的救命方法，都不如预防来得有效，而宠物则有助于降低导致中风的主因——压力。压力对于生理的冲击，最明显的就是血压升高，当然，也包括了一些生理的征兆。

动物这种低科技的预防方法"对社会的影响，将比我们研发出来的任何高科技药物更深远"，韦伯斯医生说，他相信人和宠物的良好关系可预防中风。"研究显示，人和动物伙伴的互动能降低血压、心跳速率，减缓焦虑，也能使人心情开朗。"韦伯斯在他所著的《向中风说再见——中风之预防与治疗大全》一书中如是说。

切记：根据韦伯斯的看法，严重瘫痪的病人更能从温顺而无需照料的宠物身上受惠，譬如说，聆听美丽的金丝雀悦耳的歌声，而不是和爱闹的德国牧羊犬玩过肩摔。

有些中风病人有语言表达困难，这时，人和动物之间无言的情感交流更是无比重要。动物伙伴能陪伴因中风而行动不便的人度过每一天，并在他们严苛且漫长的康复过程中助上一臂之力。

疼痛，疼痛，离开我

因癌症或其他致命疾病所引起的疼痛使得很多人无法好好地生活，美国国立卫生研究院执行疼痛及缓和疗护计划的肿瘤科医生安·伯格这么说。美国国立卫生研究院里的医生用最新的实验性药物进行临床试验，但他们也探索另类疗法及辅助疗法。于是，抱着一只心爱的宠物，或单单抚摸它，成了疼痛治疗这个大机制运转时不可或缺的小齿轮。

"唯有把所有领域都涵盖进来，受苦的人才能得到帮助。"伯格博士说，"我们需要能提供精神照护的人，因为即便有些人没有宗教信仰，精神照护的问题也永远存在。人们总是会问——为什么是我？我为什么会碰到这种事？你可以运用艺术或音乐，而宠物治疗也帮助了一些患者，而且是最成功的一种方式。"

如果你有慢性疼痛病，养只宠物吧，别吃止痛药！宠物，尤其是猫和狗，止痛效果最神奇。当它们和我们一起窝在床上，开心地活蹦乱跳时，让我们忘了疼痛，接着又以一种无法言喻的方式蜷伏在我们身边，像一条毛茸茸的绷带，缓解了疼痛。

第三章　与宠物培养默契

十五　充分利用与宠物的关系

即便是我们这种视宠物如儿孙的人，和宠物之间依然存在促进亲密与默契的空间。我原本以为我和宠物之间的情感已经如胶似漆，但我很快体会到，我和它们的亲密程度还差很远，而实际上我们有许多机会让彼此情深似海。

我是在做完后面几章中的测验之后，有了这番当头棒喝般的感悟。我本来认为，凭我这辈子和动物相处的经验，早练就了锐利的眼光，一眼便能辨识动物的所有反常举动。我的宠物健康又快乐，或者说，我一厢情愿地这样以为。当我在贝克检测表上得到 C 的分数时，大为震惊，我还以为 A 绝对跑不掉呢。

想和你的宠物培养更深的默契，你必须花时间和它们相处。沙朗向我亲吻道晚安时，我会察觉它的口气让人退避三舍。看到莱奇臀部的毛发打结程度愈来愈严重，我知道得帮它梳理梳理，这样抱起来才会舒服。我了解斯库特渴望拥抱的眼神，也懂得我们家的多宝和探戈这两只猫，不得不自个儿找乐子的寂寞芳心。如果你的宠物毛发柔顺，口气清新，喜欢你和它们一道玩耍，正如你喜欢和它们玩耍一般，你会感觉到彼此间的联系。

当我看着我的答案卡时，简直泄气到极点。我钟爱的宠物的健康和幸福，因为我的疏忽和无心之举而受到连累。我发现，我因没能做到始终如一而失职。更有甚者，宠物们因为我忙乱的工作行程而受害：被仓促地摸摸头、散步时被急急忙忙地催赶着、游戏时间屡屡被放鸽子。于是我做了所有想痛改前非的人都会做的事：赶快恶补一番。

我访问了猫狗健康专家，在半信半疑之下消化了得到的新信息，并改变我的方式加以试验。我进行这些"如火如荼"的测试，是想知道这些新式做法——有些我觉得还蛮可笑的——是不是能让宠物在大多数人以为的健康快乐的充实生活里更进一步，达到猫和狗的极乐境界。我从对宠物付出更多的关注当中，学会增加它们每天的例行活动，使我们的感情更深厚，我也学会如何着眼于它们真正的渴望和需求。如今，我衷心向各位推荐我的经验。深厚的情感是你能送给宠物以及你自己的最佳礼物，这可是含有猫薄荷的老鼠玩具或鲜嫩多汁的牛排所比不上的。

你和宠物的关系有多紧密？如何做才能贴近理想的关系？在接下来的章节里，我将提供给你一些重要的诀窍和工具，帮助你强化和宠物之间的关系。

十六 小测试：给你和宠物之间的关系打分

请花一点时间完成理想宠物测验。这些测试题的目的，是评估你养的猫狗和你理想中的宠物之间的差距，并帮助你释放宠物自身独特的天分和潜力。这项理想宠物测验堪称宠物版的美国空军口号："尽你所能"。

切记，你对测验的结果有关键性的影响。唯有真正了解你的宠物，并和它们准确地沟通，你才能建立最佳的关系。我们和特里普博士合力发展出一套全新的做法，帮助你的狗或猫更快乐，更爱玩耍，更热情洋溢。

理想宠物测验无意于挑你或宠物的毛病，它的用意在于引导你与宠物之间的关系变得更加亲密。

理想宠物狗测试

就算你觉得自己已经拥有一只完美的狗，你还是可以做做这个测验，看看你那只小家伙表现得如何。你回答的"是"越多，表示你的狗和你理想中的狗愈接近。

理想家犬

看看你家的狗是否表现得像贵府的座上宾。依照你的狗的居家习惯和行为模式，回答"是"或"否"。

1. 确实在指定的地点大小便。 是☐否☐

2. 你命令它坐下它便坐下，任何情况皆然。 是☐否☐

3. 除非得到你的许可，否则不会靠近某些家具。 是☐否☐

4. 你命令它让路，它会让路。 是☐否☐

5. 能够不理会禁区内的垃圾以及它能够啃咬的物品。 是☐否☐

6. 能在你的暗示下友善地欢迎陌生人。 是☐否☐

7. 不会老想往外冲，也不会在邻近的街区晃荡。 是☐否☐

8. 能听令前往指定的地点静静等候你。 是☐否☐

9. 被拴上皮带或被放在狗窝里时，显得很知足。 是☐否☐

10. 与人保持距离，迎接人时不会跳到对方身上。 是☐否☐

11. 会高声吠叫要你提高警惕，但不会叫得过火也不恼人。 是☐否☐

12. 能够耐着性子让人剪趾甲、刷牙和洗澡。 是☐否☐

13. 看见来访的小孩子没有攻击的迹象。 是☐否☐

14. 呼之即来，挥之即去。 是☐否☐

15. 在屋内没有破坏性行为。 是☐否☐

16. 能够听令找到车钥匙、电视遥控器等有气味的物品。 是☐否☐

17. 体重在理想范围内。 是☐否☐

18. 毛发光滑茂密。 是☐否☐

19. 没有口臭。 是☐否☐

16～19：好狗狗大学毕业的高材生

12～15：老爸老妈没白花钱

8～11：早知道别让它加入兄弟会

7及以下：把它野鸡大学的毕业证书烧了吧

理想做伴狗

这个测验是要来看看你的狗是否是运动或旅行的好伙伴，回答"是"或"否"。

1. 解开皮带在公园或海滩上散步时，能够呼之即来。　　是□否□

2. 走到人行道边缘时会停下脚步，听候进一步指示。　　是□否□

3. 看见陌生的狗时，没有具攻击性或不守规矩的行为。　是□否□

4. 能和熟悉的狗友善地玩耍。　　　　　　　　　　　　是□否□

5. 在任何交通工具上皆表现得宜。　　　　　　　　　　是□否□

6. 在人群中行走时听从指挥。　　　　　　　　　　　　是□否□

7. 放开皮带时在安全的范围内活动。　　　　　　　　　是□否□

8. 听令在指定地点大小便。　　　　　　　　　　　　　是□否□

9. 听令进入狗窝内安静地休息。　　　　　　　　　　　是□否□

10. 趴下安静地等候，直到听到另一个口令。　　　　　　是□否□

11. 在公共场合靠近大人或小孩时，行为稳定。　　　　　是□否□

12. 看到手势便停止吠叫。　　　　　　　　　　　　　　是□否□

13. 当陌生人靠近时，能够听令反击。　　　　　　　　　是□否□

14. 接受梳洗美容时，不会害怕或有攻击行为。　　　　　是□否□

15. 能够舒适地待在狗窝内、车内、飞机上。　　　　　　是□否□

　　　12～15：五星级的旅行好伙伴

　　　9～11：我们会点一盏灯，等你平安归来

　　　6～8：让它住进宠物旅社才是上策

　　　5及以下：看不懂标语吗？"宠物请勿入内！"

理想耍宝狗

你的狗有多会耍宝？做做以下的测验，看看你是否有一只会耍把戏的"神犬"。

1. 坐下并握手——坐下来举起前脚掌打招呼。　　　　是□否□

2. 站立并握手——站立并举起前脚掌打招呼。　　　　是□否□

3. 翻滚——不停翻滚，直到你喊停为止。　　　　　　是□否□

4. 应答——根据你的暗示以点头和摇头表示"是"和"否"。是□否□

5. 瞬间倒地——装死，躺在地上一动也不动。　　　　是□否□

6. 装死——背靠地，四肢向上举高。　　　　　　　　是□否□

7. 吠叫——听令发声。　　　　　　　　　　　　　　是□否□

8. 倒退走。　　　　　　　　　　　　　　　　　　　是□否□

9. 驻守——走到垫子上躺下。　　　　　　　　　　　是□否□

10. 你丢它捡——把你往外抛的物品捡回来，譬如皮球、
　　木棍、飞盘。　　　　　　　　　　　　　　　　是□否□

11. 门铃响时前往特定的垫子上立定。　　　　　　　　是□否□

12. 8字形路线——在你的两腿间以8字形穿梭。　　　是□否□

13. 弹跳——四条腿立定往上弹跳。　　　　　　　　　是□否□

14. 敬礼——听令低头行礼。　　　　　　　　　　　　是□否□

15. 吸尘——吸吮泼洒在地的食物。　　　　　　　　　是□否□

　　12～15：狗界的魔术师

　　8～11：能在拉斯维加斯演出

　　4～7：儿童生日派对上的杂耍艺人

　　3及以下：太逊了，见不得人

248

理想选秀狗

你的狗准备好要在威斯敏斯特狗狗秀或地方的四健会上大放异彩了吗？看看你的狗表现如何。

1. 拉紧皮带或解开皮带以各种速度行进。 是□否□
2. 在主人的视线之外趴着不动，长达五分钟。 是□否□
3. 在主人的视线之外坐着不动，长达两分钟。 是□否□
4. 在主人的视线之外站立不动，长达一分钟。 是□否□
5. 离开主人，投掷物品，随后听令返回。 是□否□
6. 在远处听令坐下、趴下或站立。 是□否□
7. 听令跳上桌子或从桌上跳下。 是□否□
8. 捡回特定的物品并交到主人手中。 是□否□
9. 分辨气味，发现散发某人气味的物品。 是□否□
10. 跃过安全而合理的物品。 是□否□
11. 在看不到出口的管子内爬行。 是□否□
12. 爬过合理的障碍物，继续前行。 是□否□
13. 跃过合理的圈环。 是□否□
14. 通过美国养狗俱乐部的服从性测验。 是□否□

12～14："狗莱坞"明日之星——登上狗版《时尚》封面

9～11：入选"美狗"小姐总决赛

6～9：不妙，裁判发现狗妈有跳蚤

5及以下：你将颜面无光，丢脸超过15分钟

狗总自以为是人，而猫则自以为是神

很多人认为猫是一种独立、自行驯化的动物，直到近些年，猫消灭害鼠无与伦比的才能才受到根本的重视。然而，没有比这看法更偏离事实的了。没错，猫能一手控制害鼠的数目，而且多亏有猫，我们才能免于第二次鼠疫的肆虐。不过，比它们身为啮齿动物克星所发挥的功效更重要的，是它们象征了家庭的存在与永恒。有什么景象比一只蜷缩在你最爱的椅子上熟睡的小猫更能让你联想到宁静、满足和安心？有什么声音比悠扬的喵呜叫更甜美舒缓？

百忧解和乐复得① 这类药物越来越普遍的同时，猫也超越了狗成为美国最受欢迎的宠物，这实在不足为奇。任何毛色、外形、品种的猫，都是天然的最佳非处方抗压药。

一如很多养猫老手所证实的，猫总是自行其是。如果它们想要来点背部按摩，它们可不管你刚坐下摊开报纸，便满不在乎地跳到你的报纸上，毫无愧色。当你坐在电脑前火急火燎地赶报告时，你那只喜欢在键盘上来回走动或拖拽鼠标的猫肯定会过来"帮忙"。除非你是铁石心肠或赶报告赶得天昏地暗，否则你怎么狠得下心继续手边的事，对它的需求无动于衷？猫能使你脸上挂着微笑，提醒你把脚步放慢些。每个办公室和家庭不都该养一只猫吗？

以下是你和那只讨人欢心的猫增进情感的方法。

理想宠物猫测试

你有一只梦幻之猫吗？同样，在每项陈述后选"是"或"否"。回答的"是"愈多，你将愈为你养的猫自豪。

---

① Zoloft，抗忧郁剂的一种。

250

（注意：特里普博士没有提供选秀猫测验，因为选秀猫不会被要求在选秀赛上表演。）

理想家猫

1. 我回家时会上前来迎接我。　　　　　　　　是□否□

2. 渴望我温柔的抚摸搓搓。　　　　　　　　　是□否□

3. 喜欢蜷伏在我的大腿上。　　　　　　　　　是□否□

4. 只在规定的地点大小便。　　　　　　　　　是□否□

5. 召唤它进食时会闻声前来。　　　　　　　　是□否□

6. 和陌生人初见面时，表现得友善且落落大方。　是□否□

7. 不会破坏家中物品。　　　　　　　　　　　是□否□

8. 赏零嘴时会温和地接受，不会抓人或咬人。　是□否□

9. 洗澡时全身放松。　　　　　　　　　　　　是□否□

10. 尽兴地玩各种玩具。　　　　　　　　　　　是□否□

11. 远离不被允许靠近的角落和家具。　　　　　是□否□

12. 没有超重问题。　　　　　　　　　　　　　是□否□

13. 没有口臭。　　　　　　　　　　　　　　　是□否□

10~13分：模范猫

6~9分：成绩为"C"勉强及格的学生

5分及以下：往速食业发展前途不可限量

理想做伴猫

做做以下的测验，看看你的猫是不是陪你散步或窝在家里的好伙伴。

1. 系着项圈或铃铛依然能轻松自在地走路。　　　　　是☐否☐
2. 听令进入便携式畜笼。　　　　　　　　　　　　　是☐否☐
3. 待在便携式畜笼内依然安然自在。　　　　　　　　是☐否☐
4. 在友善的孩子面前表现十分轻松。　　　　　　　　是☐否☐
5. 能享受陌生人的轻拍抚摸。　　　　　　　　　　　是☐否☐
6. 允许陌生人抱它。　　　　　　　　　　　　　　　是☐否☐
7. 为它梳洗打理时没有攻击性，也不会紧张。　　　　是☐否☐

6～7：五星好旅伴

4～5：可以骄傲地带着它旅行

3及以下：你说的是野猫吗？

理想耍宝猫

你的猫是不是耍宝高手，让人拍案叫绝？

1. 呼之即来。 是□否□

2. 听你的暗示喵喵叫。 是□否□

3. 听令坐下及躺下。 是□否□

4. 可以坐着不动一段时间。 是□否□

5. 坐着举起前脚（做乞求状）。 是□否□

6. 在恰当的地方跳上跳下。 是□否□

7. "跳舞"——抬起后腿。 是□否□

8. 依暗示击掌。 是□否□

9. 依暗示翻滚。 是□否□

10. 捡回被抛出的物品。 是□否□

8~10：恭喜你，明日之星诞生了！

5~7：这猫还不错哦

3~4：换个经纪人吧

2及以下：谢谢，再联络

十七　健康检测清单

　　宠物对我们来说意义重大。光是疼爱它们就能增进我们的健康，我们也需要帮它们维持最佳的体能状况。每个月检视一次以下所列的 26 项宠物健康清单。每个月的健康检测将帮助你将问题扼杀在萌芽状态，早发现早治疗，避免无谓的病痛、花费或更糟糕的事发生。凡是回答"否"的选项都是个征兆，请立即咨询兽医，或带着宠物上医院就诊。

我的宠物

1. 表现正常，精神饱满。　　　　　　　　　　　是□否□

2. 在适量运动下不显疲累。　　　　　　　　　　是□否□

3. 没有生病迹象，也没有昏倒的情形。　　　　　是□否□

4. 胃口正常，体重没有明显变化。　　　　　　　是□否□

5. 没有呕吐或反胃的情形。　　　　　　　　　　是□否□

6. 粪便看起来正常（固态，成形，没有黏液）。　是□否□

7. 不会拖着臀部慢走或急奔。　　　　　　　　　是□否□

8. 毛发密实光滑，没有掉毛、失去光泽或毛屑过多的情形。　是□否□

9. 不会过度地搔抓、舔舐、啃咬自己的身体。　　是□否□

10. 皮肤没有发炎、红肿或生碎屑，身体没有臭味，也

不会出油。 是□否□

11. 身上没有跳蚤、壁虱、小蜘蛛。 是□否□

12. 身体没有肿块或硬块。 是□否□

13. 耳朵干净而没有异味。 是□否□

14. 不会摇头搔耳。 是□否□

15. 眼睛干净明亮，没有异常的分泌物。 是□否□

16. 听力正常，一如往常地对环境做出反应。 是□否□

17. 行走不会显得僵硬、疼痛或有困难。 是□否□

18. 腿部看起来很健康，趾甲短且干净利索。 是□否□

19. 呼吸正常，不会喘不过气或咳嗽。 是□否□

20. 口渴的情况正常，每天的饮水量差不多。 是□否□

21. 尿量和小便的频率每天差不多，尿色正常。 是□否□

22. 鼻子鲜润，没有分泌异物。 是□否□

23. 牙齿干净洁白，没有牙菌斑、牙垢、口臭。 是□否□

24. 牙龈呈粉红色，没有红斑、流脓、口臭。 是□否□

25. 没有恼人的习性（啃咬、挖掘、吠叫、嚼烂东西、
乱抖毛）。 是□否□

26. 受过户内大小便训练，并按时大小便。 是□否□

十八　缔结永恒的联系

　　但愿这些测验提高了你多方面的觉察力，增加了你和宠物互动的敏感度，并帮助你挖掘更多的方式来增进"永恒的关系"。你对宠物的健康和幸福指数有更多了解了吗？现在，让我们更深刻地来探究你理想中的狗或猫，就从我所说的"爱的回路"开始说起。

　　以崭新而更有默契的方式疼爱你的宠物有个附加好处，可强化荷尔蒙和神经层面的联系。简单地说，让我们来看看你应该如何在宠物的日常活动里添加巧思和创意，让你成为宠物心目中爱的达人。成为爱的达人的诀窍包括有疗效的抚触、增加互动式的游戏、刷牙、打扮，甚至偶尔准备特殊的点心或亲自为它下厨。我们还将探索多种和宠物沟通的方式。

　　最后，我们要领悟照顾宠物的重要性，以及如何让它们回归基本层面，譬如，让狗尽情地当狗，让猫尽情地当猫。我们身为照顾宠物的双亲，得去了解它们天生的性情与本领，并克制自己别把我们的宠物当成有四条腿、披着毛皮的人来看待。

爱的回路

　　想象一下，公园里的一把长椅上坐着三对相爱的组合。坐在其中一端的是一对年轻情侣，他们深情地凝望对方，男生轻抚女生的秀发，女生则轻轻搓揉男生的颈背。想必两人的荷尔蒙也沸腾高涨了。

长椅的另一端坐着一位母亲，她正轻轻摇晃着怀里的小宝宝，一派举世歌颂的爱与满足的景象。当这位母亲充满爱意地对宝宝轻声低语，并用她的指尖羽毛般地轻轻爱抚他的脸庞时，宝宝随之咿咿呀呀。这些声音和抚触，催化了双方的中枢神经系统强烈本能的交融。

长椅的中央坐着一位老人，他不停地抚摩在他腿上休息的小狗。这位老人低头看着小狗睡眼惺忪的双眸，并向它倾诉，爸爸有多么爱它。同样，对他们来说，彼此的荷尔蒙也波涛汹涌。

在每一对身上，感受的强度和持续的长度，在爱的回路里不停地来回激荡增强，形成封闭、亲密、深情款款的交流——如胶似漆的亲密，堪称身心的"荷尔蒙浴"。此时，焦虑和紧绷消失了。在不知不觉中，平稳的神经系统通过爱的回路运用荷尔蒙系统和免疫系统进行沟通，促使免疫系统发挥最大的功效，身心因而受惠无穷。科学终于在爱的回路上占有一席之地，验证了身体和心灵的密不可分，这是我们多年来知之甚笃的事实。

皮肤是身体最大的器官，也是大脑所接收的感觉刺激最复杂的来源。它不仅有触感，还能感知疼痛、温度和压力。基于这些感觉刺激的输入，以及原本存在的先天和后天因素，大脑释放内分泌激素，这种激素最终控制免疫系统的运作。迷惘而焦虑的大脑发送出混乱的信息，使得免疫系统不知所措；放松而充满爱意的大脑，则使得身心自然协调地整合在一起。这就是爱的回路之所以具有如此强大的疗愈力背后的生理机制。

密苏里大学哥伦比亚分校的博士丽贝卡·约翰逊援引她来自南非的同事约翰内斯·欧丹达教授的观点说，科学家能够指出从感觉的输入到神经激素的分泌这一连串的生理连锁反应。有个例子可以清楚地说明爱的回路：抚触能够刺激泌乳激素的分泌，而泌乳激素会刺激人寻求社会性的交流，并刺激催产素的分泌，而催产素又会促使人寻求身体接触。

　　催产素的接收器位于脑部专司愉悦及情感行为的区域内，丽贝卡说。当能够产生美好感受的天然生化物质被释放出来，我们会发现个体——不管是动物还是人类——会寻找能呼应这些感受的情境。宠物和人都会寻求愉快的经验并回避痛苦的感受。人和宠物之间这道联系的美妙之处，就是能够一举两得。

　　狗或猫舔舐伤口的情景常让我们联想到，它们的舔舐其实也能为我们疗伤止痛。每当你轻拍狗或猫时，它们总会以舔舐回报你，置身于人类有史以来最古老的这种疗愈仪式之中，你会感到舒畅。想象我那6英尺2英寸高的哥哥鲍勃让他那只约克夏犬巴迪用过度好动的舌头充当海绵，替他疼痛的膝盖和脚部做按摩的情景。我亲眼见过巴迪的舌吻按摩让他因痛苦而扭曲的脸绽放出笑容。

　　在爱的回路之中，与宠物的亲密接触使得疗愈力量在你们之间来回流动。凝视、倾听、抚触和倾诉，是爱的回路发光发热的关键。你听说过越多越好吧，爱的回路也是如此。无怪乎你投注愈来愈多的时间打造爱的回路，抚摸也好，轻声低语也行，你所得到的回报会愈来愈多。通常的情况是，你的猫会报以满足的呜呜叫，你的狗则开心地摇尾巴，而你搓揉它们的手会因此更加起劲，你的倾诉愈发浓情蜜意，它们的回应也更为热烈。

和宠物维持亲密关系似乎比较容易。当今的社会在我们身上施加了沉重压力，并极为注重个体性，而宠物却可以让我们无条件地以满腔的热情去爱。从现实来看，当长椅一端的恋人进入另一段恋情，襁褓中的宝宝长大成叛逆的青少年，宠物依旧留在你的世界里，用"柔情的眼神"凝视着你。它也许会变老，但它渴望留在你身边的心永远不变。

宠物的福利

爱的回路要发挥极致的功效，必须采取一些特定的做法。有感于诸位爱狗爱猫心切，我为各位找到了几种增进感情的最佳方式，包括为宠物梳理毛发、帮它们维持清新的口气、给它们有效的按摩、进行有趣的互动式游戏，以及偶尔亲自下厨，做一道营养与美味兼备的餐点，犒赏爱狗爱猫的味蕾。

柔顺又好抱的毛发

一只散发出臭味的宠物不可能待在它主人的腿上，更别说和主人同床共眠。你的宠物的毛发是否纠结在一起又臭气冲天，让你恨不得把它的毛皮"脱掉"，拿到"自助洗毛店"清洗？不管哪种宠物都需要定期理容。我们家的拉布拉多犬沙朗每两个月洗一次澡；斯库特每个月接受一次专业理容，并且每两个礼拜在家洗一次澡；多宝和探戈这两只短毛的猫会自行打理门面。我的首要原则是，宠物一定要抱起来很舒服，如果不是的话，赶快帮它洗个澡。

定期清洗和理容也会让你的宠物更舒适健康。想象一下，要是你从不洗澡也不梳头会是何等模样、有何感受：纠结成块的毛发可能有数百条的发丝缠绕在一起，一旦这块毛发打湿，就像毛衣过水愈缩愈紧，到最后，不但打结的毛发因拉扯而疼痛，底下的皮肤也会红肿发炎。若是你的宠物走到这一步——顺便一提，别叫着："赶紧过来洗澡吧！"只需把你的狗带到浴室，让它享受一场香喷喷的沐浴。如果它觉得这个过程一点也不好玩，那么"过来"这个词可会变成负面的信号，在其他情境下使用这个词时——譬如紧急叫唤它离开街道回到你身边——这口令也会失效。

宠物的感受可是很敏锐的！当斯库特听到第一滴水敲击浴盆的底部，或听到放着狗狗专用洗发精的橱柜被打开时人类几乎听不到的"咔嗒"一声，或趾甲剪碰到柜面的声音，它便一溜烟地跑得不见狗影，躲到屋内最深最黑的角落，把自己隐藏起来。就算你大喊"过来"，它也会置若罔闻，似乎听得到你脑里闪过的念头——"我该帮斯库特洗洗澡了。"

帮狗洗澡前，不妨定期地在浴盆旁边喂它进食，尤其是洗澡的前几天。备好难以抗拒的美味零嘴，在它表现出配合的举动时立即奖赏它，千万别在它挣扎着逃离浴缸之后赏它零嘴吃。你可以事先在浴盆底部铺上一条防滑垫或浴巾（即便浴盆底部已经有防滑设计）。对那些胆敢帮猫洗澡的勇士来说，准备一小块纱网供猫攀抓，洗起来会更顺手。在排水孔上放置一小团铁丝网，以便拦截掉落的毛发。在猫的耳朵里轻轻塞上棉球（别忘了事后取出来），并且往猫的眼睛里滴一滴矿油或抹上少许的眼药膏，免得洗发精浸到眼里。

抱着宠物到浴盆边——别在浴盆旁叫唤它前来，先把它的身体浸到温水里，但头部除外。保持它的头部干爽，直到身体其他部分洗净之后再洗头。这一点很重要，因为若一开始它的脸或耳朵就被浸湿，它会不停地甩头。使用质优的宠物专用中性洗发精和润发乳，别用人类的洗发精，也可以使用兽医推荐的药用洗发精。先在身体两侧和胸腹部位充分涂抹起泡后，再往颈部和背部涂抹。

为了避免在涂抹乳液的过程中，宠物为了把身体甩干弄得你浑身泡沫，当你清洗背部以外的地方时，可以在它的背部披上一条大毛巾。这条毛巾可以帮宠物保暖，也可以吸干它身上的一部分水分，以免它甩动身体时水沫溅得你全身都是，或溅得整屋子都是。如果你希望宠物的毛发闪闪发亮，你可以使用经兽医检验许可的润发乳，让它的毛发柔顺好梳理。润发乳不但可让刚洗完的毛发柔顺好梳理，下次梳理时也更容易。要彻底冲洗干净！用有长毛线的浴巾把毛发上的水分吸干，或者用吹风机把毛发吹干，把吹风机的喷嘴对准你正在梳理的地方。如果天气寒冷，在宠物的毛发干了之前，先把它留在屋内。

不论你为它理容的功夫做得多么周到，你总是要顾到"里子"，帮它补补身，喂它吃兽医推荐的使宠物皮肤健康、毛发浓密光亮有活力而且营养丰富的配方。兽医和宠物美容师在一两千米外便能看见宠物的皮毛像霓虹灯一样闪闪发亮，就知道它吃了养颜美发的保健食品。

大部分的宠物都喜欢人帮它梳理毛发，尤其是那些从小就开始定时梳理的。想想看，被人有节奏地梳理头发或在洗发时按摩头皮有多舒服啊！哈！光是想想就觉得通体舒畅。由于宠物的发质差异性很大，所以用来帮短毛的沙朗梳理毛发的刷子，对长毛的莱奇就不怎么好用。况且，猫的皮肤相当敏感，所以需要用比狗毛刷更柔软的梳子。

清新的口气

身为兽医的我，自然了解断裂的牙齿是细菌的温床，也是病菌直通血管的快速通道。宠物若患了由细菌引起的牙周病，那每咬一口食物，就是把细菌直接灌入血管里。进入血液循环的这些细菌是隐形杀手，将对肝、肾以及心脏造成长期伤害。我也了解，"牙痛不是病，痛起来要人命"，而且有时候我的宠物的口气，闻起来就像炎夏时的林堡干酪一样臭不可闻。

如果我知道我的疏忽将慢慢危害宠物的性命，造成它们的不适，而我们只在一臂之遥的地方，何不想点办法？事实上，85%的宠物在年纪超过 3 岁时牙齿都有毛病。有人说："我的宠物的牙齿看起来没那么糟。"兽医汤姆·穆里根反驳道："如果换成是你的牙齿，你觉得如何？"

"经常刷牙并定期接受专业的口腔保健不但能大大减少狗的口臭，甚至能完全消除口臭，还可以轻松地让它们的牙齿多加两年的寿命。"动物牙医简·贝洛斯说。听了她的指示之后，我开始帮我家的小狗刷牙。

我慢慢地着手，并谨记着安全为上。没有人希望被狗咬，即使是不小心的。我从按摩狗的脸开始，然后花一点时间把它们的嘴巴往上拉开，用手指碰触它们的牙齿。接着我拿牙刷搓揉它们的脸庞，再用沾过鲔鱼汁的牙刷按摩牙齿的两侧。到目前为止，一切顺利。

佳洁士并没有推出宠物专用牙膏。目前的宠物牙膏有很多种口味可选——牛肉口味、鸡肉口味、鱼肉口味以及薄荷口味，很少有宠物排斥这些牙膏。千万别用人类的牙膏，因为人类的牙膏添加了很多清洁剂，是针对人类一系列的刷牙动作——刷洗——吐出——漱口而调制的。对于宠物来说，进到嘴巴里的东西最后一定是吞到肚子里，如果把人类的牙膏吞下肚，它们会胃痛。我都用维克牌麦芽口味的牙膏来替它们刷牙，所有的狗都非常喜爱那种味道，如果我不加以阻止的话，它们可会把那牙膏当奶酪酱整管吃光光。我有一些特别为大狗设计的牙刷，帮斯库特刷牙时，我则在指尖套上有硬短毛的小刷子。

日复一日，我的宠物慢慢习惯了牙刷在它们的牙齿上像跳华尔兹般缓缓滑动绕圈，而且开始期待刷牙时间。几个礼拜之后，沙朗和莱奇比斯库特更热衷刷牙，总是在刷牙时争相要排第一。几个月下来，它们的口气已几近清新宜人，即便我看见它们在畜栏里狼吞虎咽地吃了马粪之后来轻吻我脸颊，我依然心满意足。全家福照片上它们一口珍珠般白亮的牙齿更是闪闪动人。

宠物和人一样。如果你一个礼拜刷一次牙，你的牙齿看起来会如何？最理想的是每天为你的宠物刷牙。不过即便你一个礼拜刷个三到四回，你的兽医还是会颁奖牌给你，而你的宠物会感激得呜呜叫或热情地挥动尾巴。不过，我还是没胆子帮猫——多宝和探戈——刷牙。

推拿按摩

你无须把给宠物按摩这份工作外包出去，没有经验一样做得来。别低估这种有目的的抚触的治疗效果。慢慢地着手进行，观察你的宠物最喜欢被按摩的部位在哪里，最喜欢的方式为何。除了美妙的五根手指之外，可试试别的理容工具。学会为你的宠物按摩绝对能促进你和它的感情，对它的健康也有好处。就长远来说，这可是绝佳的投资！

头几次按摩时，你可以把电视打开，在广告时段帮宠物按摩，免得你觉得时间太难熬。一旦习惯了之后，把电视关上，将全副心思放在宠物身上。每天腾出五或十分钟的时间，在你们俩心情沉淀下来、心无旁骛之际进行按摩。

用轻柔的口气对你的宠物说一些"情意绵绵"的话。用你有弧度的手顺着它的毛从头部到臀部轻轻地一路按压下来。用大拇指的指腹轻轻按摩眼睛、耳朵、头颅以及脊椎周围特定的几个点。让你的指尖（不是用指甲）在宠物全身上下滑动、按压、搔抓、推拿。在宠物感到最舒服的部位多下点功夫。骨头突出的地方别压得太用力，并留意肌肉特别紧绷或体温特别高的地方，加强这些部位的按摩。

按摩的时候，用指尖去感觉宠物身上有没有肿块或疥癣，检查有没有长跳蚤或壁虱。最重要的是，留意宠物的反应，并理解它们回应的信息。假设你的宠物在你的臂弯里舒展了筋骨，满足地呜呜叫，举起四肢搭着你的手，懒洋洋地摊开身体，或乐不可支地翻滚，你会知道它正徜徉在你的爱里。如果它开始抗拒，扭来扭去想逃开，你得换上宠物喜欢的某个动作，或马上停止按摩。

在科罗拉多州温莎市执业并获得多个奖项的兽医罗宾·唐宁医生，希望她的客户能够练就一手掌上功夫，把宠物从鼻尖到尾端按摩得舒舒服服，以促进建立彼此身心间的强烈联系。定期的接触可以助长亲密感和信赖感。我们从为宠物按摩当中感受到给予与付出的美好。我们熟悉了宠物身体的每个弧度和曲线，因而我们的直觉能够告诉我们，它是不是哪里不对劲，需要看兽医。

斯库特就是受惠于定期按摩的好例子。为了帮斯库特舒缓关节炎的疼痛，我请教了科罗拉多州立大学兽医系的两位整合医学专家，布伦达·麦克里兰医生以及娜达·罗宾森医生。这两位专家费了好多唇舌才说服我，我应该经常帮斯库特按摩。

她们教我用右手探索斯库特庞大身躯上的每个皱褶，搜寻是否有疼痛、肌肉紧绷以及体温异常之处，而这些部位深层的地方就是关节炎疼痛之所在。我得承认，起初我并不相信她们，但在好奇心和实验精神的驱使下，我试了推拿这种方法。就像打高尔夫球挥出漂亮的一杆，或某个大厨研发出冠军食谱一样，从斯库特直接的回应当中，我知道我是否用了恰当的手劲按压到了最正确的部位。它开始踮起脚尖，撑起身子迎向我的手，双眼微闭，因为渴望而呻吟叹息。它那神魂颠倒的陶醉模样，总让我觉得自己应该先确定一下四周真的没人在看！

就像机场领取行李处辛苦的工作人员彼此之间做的颈间按摩一样，斯库特渐渐爱上了背部推拿，继续接受每天三次的神奇震动指压。以前它总会在我坐在电脑前时和我的办公椅平行站着，等待我伸出手轻拍它的颈，如今它会慢慢地把背靠到我的椅子上（我总会想象它发出卡车倒退的声音），等待我认真地搓揉它的身体。我渐渐爱上能让它觉得舒坦的活动。而反过来，它也爱上了用它所知道的最佳方式回报我那爱的劳动——用它粗糙的舌头舔舐我的脸。

安逸舒适

我们希望把沙朗的生活安排得更舒适。自从沙朗把他的圆顶狗屋里的卧垫扯裂，撕成五彩碎片之后，多年来它总是和它时时刻刻叼着的一席破烂的安心毯，像莱纳斯①一样睡在沙地或草地上。冬天过后，我们发现那条毯子已经和雪冻成一块。于是我们把那毯子从冰块之中解救出来，清洗一番，收起来，直到夏天才让它拿来当野餐布。接着我们把它的狗窝升级，在里头放了一个塞有香柏的大型法兰绒枕头。当它夜晚回到狗屋里休息时，犹如躺在家庭旅馆里最舒服的一床棉被上。

莱奇喜欢一下子躺到地上，露出下腹部等人慢慢抚摩。它除了会心花怒放地吐出那输送带似的舌头外，还会高举起它想象中依然连在前腿残肢上的隐形脚掌，在胸腔的肌肉下缓缓地转动，向我索求更多的爱抚。如你所见，我们家的每条狗都会大声要我们深信对它们纵容溺爱是理所当然的，而我只会乐得毫无保留地奉上这些宠爱。

有目的的玩耍

你的狗是否为你的生活注入了无与伦比的欢笑、乐趣和轻松？我相信，每天的玩耍，就长期或短期来说，都比一天一粒的综合维生素好多了。我们都知道，开怀大笑胜过任何药物，但怎样才能开怀大笑呢？尽情玩乐！在玩乐之中，我们会大口吸气吐气，抛开压力，和别人打交道，活得更充实。对我们的宠物来说，玩乐也同样会带来这些好处。

当我们把车驶入车道上时，沙朗和莱奇总会开心地撒欢。我们家的狗怀抱着正确的生命态度，视玩耍为第一要务，甚至把玩耍看得比吃东西还重要，其余的一切则无足挂齿。我们人类也许不会把吃饭看得那么重要，但我们会聪明地有样学样，仿效宠物们时时刻

① Linus，漫画《花生漫画》中一位老抱着毛毯不放的小男孩。

刻在生活里添加乐趣。为了健康、快乐及更好地适应周遭环境，狗不只爱玩，而且会通过玩耍建立爱与关怀。

谁说对宠物有益的事对我们无益？下回当你的狗把它最爱的玩具叼到你面前，或你家的猫马力全开地在屋里飞快奔驰，在你回过头去继续完成手边的那件事之前，不妨三思一下。再怎么忙，也一定挤得出一丁点儿时间玩乐。

别理老狗学不会新把戏这种古谚，你可以让一只老狗学会新把戏——用有趣好玩的方式教它一些新招吧，帮它激活记忆。做得好的话，你的狗还会以为接受训练是在玩乐呢。要让老狗重现昔日风采，可多多利用正面强化手段，舍弃负面惩罚。

比方说，假设你有一只 80 磅重的狗，在你忙了一整天下班时总是热情洋溢地像保龄球般向你奔来。先保护你的身体，然后是你那双尼龙丝袜，接着训练你的狗，不管看见谁从前门来，都自动坐下，并彬彬有礼地迎接对方进门。每当它听令坐下，你便赏它小零食和大量的赞美。在它做对事情时奖赏它，在它犯错时冷落它。慢慢地，它就会晓得，如果它气定神闲，而不是像只犀牛般往门口冲，那么自然会有美妙的甜头等着它。

另一个好玩的游戏是"拾荒打猎"。留下它的部分正餐，并磨炼它的打猎技能。每晚在它进食前，要求它找出零食。大部分的狗都很喜欢接受任务。首先，教会你的狗坐下等候。接着，你把零食藏在它看得到的地方。让它等上几秒钟之后，指示它"把零食找出来"，待它找到宝藏大快朵颐时，大力赞美它。当你的狗学会这游戏之后，开始把零食藏在不容易看得到的地方，譬如餐椅后面、咖啡桌底下、楼梯顶端或客厅的一角。你要记得你在哪些地方总共藏了多少零食，以此来评估它的表现。

教猫耍宝的 101 招

谈到耍把戏表演特技，这并不是狗的独门绝活，猫可不让它专美于前。一如大名鼎鼎的马戏团驯猫师巩特尔·嘉贝－威廉姆斯说的，只有一种动物几乎无法被训练，那就是家猫。"猫我行我素。"他说。有些猫无心向学，但表演得很过火。训练猫耍把戏的唯一法门是耐心、爱心和恒心。训练课程要短而有趣，不能搞得像非做不可的苦差事一样。

你的猫会是下一个摩里斯[①]吗？会不会在电影《猫狗大战》的续集里演出？也许机会不大。但如果你花一点时间以正面的方式训练它，你将激励它的心灵，增强它的自信心，并让你和它的关系更亲密。在这过程中，你可以磨炼它的社交技巧，提升它对你的信赖，鼓舞它来找你做伴。慢慢地，你的猫的行为举止说不定会和狗很像。我还是少废话啦！

以下是两个经典的狗把戏，你可以教教你那多才多艺的虎斑猫。

坐直，小猫！

要训练猫学把戏，时机决定一切。趁你的猫肚子饿而且心平气和的时候下手。待它气定神闲，缓缓靠近它。拿个零食，挪到它头上二三厘米的地方，用甜美的语调说："坐直。"如果它扑打零食或站起身来，别给它零食，等待它再度坐下。随后，把这过程重复一通。当它坐直，并把身体重心压在后脚上时，把零食赏给它。赞美它，用诚恳而贴心的口气说："猫咪好棒！"每天反复

---

① Morris，九条命猫粮广告中的猫模特。

做几次，直到它懂得这个游戏。至于选零食，一定要选一种难以抗拒的食物，别用平常赏给它的那些，效果会更好。

握手

你家养的是不是会在门边欢迎访客的友善的猫？教它握手这招，保证它变成亲善大使。着手训练前，先让它在你面前坐定。拿一个小零食碰触它的右前脚，并说：握手。在它举起脚掌的那一刻，你把手放在那脚掌之下一会儿，对它大加赞美，并赏它零食。慢慢练习，久而久之这个动作自然会演变为轻轻的握手。重复这些步骤四五次，一旦它成功地做了两回握手的动作，或开始觉得无趣，又或者转身回去睡觉时，赶紧下课。

家庭烹饪

至少一个礼拜大展厨艺一次，亲自担任宠物的私人主厨，自制菜肴或美味点心。

你可以向兽医请教，如何烹饪令你的宠物垂涎欲滴而又有益健康的食物。我常手忙脚乱地帮我那可爱的拉布拉多犬沙朗制作可口的点心。有时候，则是把它那耐咬的中空玩具①浸到肉汁里，或在里面抹上花生酱或乳酪，当作正餐前的开胃菜。这好比狗界的用餐顺序，先上甜点，主菜其次。沙朗会开心地舔咬这个由原本难吃的橡胶摇身一变而成的可口美食。夏天时，我们会把樱桃汁或葡萄汁冻成骨头形状，让所有的狗大啖冰棒，这种方法百分百让"热狗"凉快下来。

---

① Kongtoy，用天然橡胶制成，富有弹力，可将食物或零食塞入其中。宠物只忙于思考如何把零食弄出来，并咬嚼玩耍，会减少其他破坏行为。

我们为猫准备有机的猫薄荷，好让它们时时活力旺盛，并试过数十种新推出的猫零食，就为了寻找那种令猫无法抗拒的绝妙滋味。然而事实证明，那珍馐像传说中的圣杯一样难寻。多宝和探戈的主要点心，就是它们的食物盆里随时堆满的食物。很多猫在食物稀少时对它们的地盘特别敏感，也会变得更具攻击性。身为它们的兽医兼握有开罐器的我做了个决定，允许多宝和探戈稍微胖一点也更快乐一些。当特雷莎为了制作沙拉而烹调鸡肉或鲔鱼时，也会心血来潮地顺便为小猫准备特别的餐点，大约一个礼拜一次。看到我们端来的特制餐点时，它们的眼睛瞬间为之一亮，就像珠宝店橱窗里展示的宝石一样绽放璀璨的光芒。

不过，别期望太高。即便在你家那专属的、具有个性又设计感十足的食物盆里堆满美食，它依然会听从本性的指挥，不会暴饮暴食，或者它就是爱吃腐烂的东西。我曾逮到沙朗津津有味地嚼着腐坏的臭鼬死尸。祝它胃口大开！

回归宠物的天性

狗喜爱交际。只要斯库特走到屋外，不管是办它的私事、出去透气，还是追逐一个钟头前跑过的花栗鼠，沙朗和莱奇总会跑过去和它打招呼，热情洋溢地舔它的鼻子和嘴巴。

狗是群居的动物，喜欢和它们的弟兄们厮混，即便在它们不能巡视地盘，没办法和伙伴闯荡，或看不到其他狗时也一样。身为宠物的"父亲"，我知道它们会以声音联络感情，在街坊之间此起彼落地呼叫回应，进行一场狗界的远程会议。每一只狗都清楚地知道咆哮、嗥叫、尖叫、哀号、低吠或音调起伏代表什么意思。庞大的大丹犬和小不点吉娃娃使用同样的语言。各种犬吠传达出快乐、伤心、恐惧、孤独、警告，甚而只是要让大家知道：喂，有谁听见我了吗？我好——好——好寂寞啊。

当你执意为宠物打造尘世天堂时，我要奉劝你，别着了迷似的铆足全力提供给它人类所享用的一切。我们时常犯的一个错，就是自以为是地把人类对生活品质和条件的需求加到猫狗身上。我们应该让狗活得像狗，猫活得像猫，别让它们为了符合你心目中理想而僵化的人类特质或亲密关系而背离它们的本性。

看到群居的狗找不到伙伴的苦闷，或猎食性的猫看着窗前呼奔而过的猎物却捕不着的无奈，我们应该比它们更忧心才是。无法大展天生的才能，将危害它们的健康、快乐和寿命。多年前我便发觉，动物园里被关在铁笼内得不到任何刺激的动物，会变得沮丧、无聊、自暴自弃，它们不健康也不快乐。没有得到适当刺激的宠物，或更糟糕的，成天被关在笼子里或被铁链拴着的宠物，如同遭到单独监禁一样难受。

让我们来切身感受一下处在那种情况下是何滋味。想象你正在看 3D 电影，但你却被禁止戴 3D 眼镜。接着音效渐渐地愈来愈小声，银幕上的色彩也愈来愈淡，最后只成了一团模糊的灰影。你依然听得到仿佛是极远处传来的声音，同样的影像依旧在你眼前上映，但你无法像从前一样看得很清楚。

这就是我们和斯库特玩追逐游戏、让沙朗搜寻藏起来的网球并把它叼回来、和多宝及探戈玩玩具并互相追逐的原因，是要磨炼它们猎物的本能，而非只是虚耗生命。我们会带着马离开马场，来到山间的一处牧草地，任它们奔驰，开足马力挥洒活力。

尽管宠物和我们极为相像，但它们也和我们很不一样。正如一位朋友告诉我的：猫和狗骨子里就像电脑一样，只要输入的指令正确，它们就会做出固定的反应。每次我看见不小心迎面撞上窗户的小鸟坠落受伤，还没来得及上前搭救，总被沙朗捷足先登，将它玩弄于股掌之中，或是在斯库特追着花栗鼠跑时，又或是在多宝和探戈悄悄地跟踪蚱蜢时，我总能深深了解到，再多的社会化训练、行为训练、人类陪伴的潜移默化与规劝，都无法凌驾于猫和狗体内基因的影响力之上。数千年来，它们那些行为从远古的祖先身上一代代传下来，深深烙印在它们的脑子里。当你要诱导、激励宠物们在当今的现代家庭里表现出让人满意的行为时，你的要求可不能违反铭刻在它们体内的遗传密码所下的指令。

别再把你偏爱的某种性情不假思索地套在宠物身上，不如让它们自然展现独特的个性，这个性是你的奇想或愿望所无法束缚的。如果你允许宠物表现出自然的行为，那么你将达到宠物和人类之间极致完美的境界，彼此心有灵犀。

心心相印

我们大多数人都感受过我们和宠物的默契臻于完美的时刻。你可以称它是奇妙经验、一种境界或是本性的召唤。我们应该摒除过度解释或猜测，单纯地欣赏这种关系——充分证明了人类和动物王国的其他成员之间存在着强劲的联系——并想办法增强这种联系。

我曾看过我儿子雷克斯悄悄越过草地靠近睡梦中的沙朗的情形。客观地看，沙朗是一只重达 80 磅的肉食性掠食动物。它的大嘴张着，露出专门用来撕裂猎物血肉的弯曲犬齿。当 11 岁大的雷克斯想模仿刚从电视上看来的世界摔跤冠军的身手，把他整个身体往沙朗身上翻摔时，我在一旁看着。当雷克斯的身体落下，沙朗爆出一声巨吼，从梦中惊醒，面临它身为狗最不堪的梦魇：我被攻击了！

它做何反应？它舔了舔雷克斯的脸，前腿往下蹲伏，摆好玩乐的姿势，准备接下雷克斯使出的任何招式，再怎么猛烈都无所谓。嘿，他不是在攻击我，他是在跟我玩！它咧着嘴笑，摇晃着尾巴。笑笑闹闹，猛然奔跑一会儿之后，他轻拍着它，它舔着他。这幕人与宠物玩乐的情景，在世界各地的公园和各家后院上演。当你想到这么一只体格优异、绝顶聪明的掠食性动物，会愿意看在玩乐的分上，让一个比它弱小且全然不同类的动物戏闹摆布，会感到不可思议。如果外星人降落地球，想了解我家后院发生的这个情景，却不知道人类和狗之间所形成的这种联系，他们会以为人类渴望甚至喜欢和他们的生态系统里最恐怖的终结者——狼的后裔——直接面对面地接触和玩耍。

令人不解的是，我们却没有更加敬畏和欣赏这层联系。地球上超过 4000 种的哺乳动物当中，只有几十种成为人类的家畜，其中更只有两种打破了我们的心防，进入我们的家园。人口统计数据显示，美国每 10 户家庭中有 6 户家庭养宠物，但每 10 户中只有 3 户有小孩。当和我一样出生于人口高峰期的人慢慢变老，腰围愈来愈宽，发际线愈来愈往后移时，我们的心却依然炽热。我们的巢空了，宠物将更加重要，维系着我们对生命的热爱。

宠物和我们很像，但毕竟和我们不一样。我们从和宠物相依共生的关系里发现，宠物往往比人类还像人类，能够展现出人性中最善良、最美好的本质。宠物不会撒谎欺瞒，它们忠心耿耿，而且无条件地付出爱。拥有这些特质的宠物比比皆是，但具有这些特质的人类却少之又少。

通过宠物，我们拥有一种务实而可靠的日常方式，可以和自然界联系，并打破人类及其所创造的一切桎梏。这道特殊的情感联系给了我们无与伦比的天人合一之感。它向我们揭示，我们不能凌驾在自然之上，我们是它的一部分。我们的狗和猫代表了一种亲密而持久的凝视，凝视着另一类哺乳动物的心灵和精神，它们也如同一缕丝线，牵引着我们回到广袤无垠的自然之中。蕴藏在这道生命的牵系之内的，是一股简单、确切、能够疗伤止痛的力量。

宠物是一种图腾，代表我们所珍视的价值，引领我们回到人类和自然自古以来便存在的牵系之中。它们让我们意识到，我们在这世上并不孤单，而是和所有生灵融合在一起。它们带我们步出我们原本小小的天地，让我们重新认识周遭更宽广的世界。我们对彼此的需要——一半出于灵性，一半发自内心——将带给我们健康和幸福。

图书在版编目（CIP）数据

我的宠物朋友 ／（美）贝克尔（Becker,M.），（美）莫顿（Morton,D.）著；
钟蓓译. —南京：译林出版社，2014.7
书名原文：The healing power of pets
ISBN 978-7-5447-4221-4

Ⅰ.① 我… Ⅱ.①贝·· ②莫·· ③钟·· Ⅲ.①宠物－通俗读物
Ⅳ.①S865.3-49

中国版本图书馆CIP数据核字（2014）第067092号

书　　名　**我的宠物朋友**
作　　者　〔美国〕马蒂·贝克尔 达内尔·莫顿
译　　者　钟　蓓
责任编辑　陆元昶
特约编辑　谢晗曦
出版发行　凤凰出版传媒股份有限公司
　　　　　译林出版社
出版社地址　南京市湖南路1号A楼，邮编：210009
电子邮箱　yilin@yilin.com
出版社网址　http://www.yilin.com
印　　刷　三河尚艺印装有限公司
开　　本　640×960毫米　1/16
印　　张　19.25
字　　数　216千字
版　　次　2014年7月第1版　2014年7月第1次印刷
书　　号　ISBN 978-7-5447-4221-4
定　　价　32.80元
译林版图书若有印装错误可向承印厂调换

著作权合同登记号　图字: 10—2011—537 号